世纪高职高专规划教材

高等职业教育规划教材编委会专家审定

ASP.NET 4.0 网站建设基础教程

主　编　王　翔

副主编　刘丽丽　陈　薇

北京邮电大学出版社
www.buptpress.com

内容简介

本书以一个基于三层架构设计与开发的“企业新闻发布网站”项目作为实践主线，为突出ASP.NET的实践特点和应用方向，采用了“先学习、后操作，先模仿、后思考”的模式，将Web应用程序设计与开发过程中所必须掌握的知识归纳为若干案例，每个案例解决一个问题。初学者可在简要学习案例涉及知识点后，模仿案例，获得直接体验，然后再次回顾和案例相关的知识，在实操中加深理解并巩固学习成果。通过案例的逐一串联，逐步地构成完整的知识体系，有利于初学者快速掌握ASP.NET应用程序设计中最常用、最核心的知识和技能。全书共分9章，内容包括走进ASP.NET4.0、C#4.0语言基础、面向对象程序设计基础、使用服务器控件、内置对象、数据库与数据访问控件、ADO.NET访问数据库、创建统一风格的网站等。

本书立足于让学生能“看得懂、学得会、用得上”，强调学生技能的培养，是一本面向高职高专院校计算机应用、计算机软件、计算机网络、电子商务等专业的实用型能力教材。此外，本书也可以作为网站开发与建设技术的培训教材和自学读本。

图书在版编目(CIP)数据

ASP.NET 4.0网站建设基础教程/王翔主编. --北京:北京邮电大学出版社，2012.6(2019.1重印)
ISBN 978-7-5635-2960-5

Ⅰ.①A… Ⅱ.①王… Ⅲ.①网页制作工具—程序设计—高等职业教育—教材 Ⅳ.①TP393.092

中国版本图书馆CIP数据核字(2012)第058840号

书　　名：ASP.NET 4.0网站建设基础教程
主　　编：王　翔
责任编辑：彭　楠
出版发行：北京邮电大学出版社
社　　址：北京市海淀区西土城路10号(邮编:100876)
发 行 部：电话:010-62282185　传真:010-62283578
E-mail：publish@bupt.edu.cn
经　　销：各地新华书店
印　　刷：北京玺诚印务有限公司
开　　本：787 mm×1 092 mm　1/16
印　　张：15.25
字　　数：380千字
版　　次：2012年6月第1版　2019年1月第2次印刷

ISBN 978-7-5635-2960-5　　定　价：32.00元

前　言

.NET 技术是微软近年来推出的主要技术，自从.NET 2.0 版本问世之后，越来越多的开发人员和企业已经能够接受.NET 技术带来的革新。ASP.NET 4.0 是目前微软最新的Web应用开发可视化平台，它不仅在语言和技术上弥补了原有的 ASP.NET 2.0 与 ASP.NET 3.5 的不足，并提供了很多新的控件和技术特性以提升开发人员的生产力。与之相应，Visual Studio 2010 除了保持与 Visual Studio 旧版本相同的特点之外，也提供了大量新的特色帮助提升开发人员的编程效率。

本书站在实践与应用的角度，比较系统地介绍了 ASP.NET 4.0 及其应用与开发技术，主要包括走进 ASP.NET 4.0、C# 4.0 语言基础、面向对象程序设计基础、使用服务器控件、内置对象、数据库与数据访问控件、ADO.NET 访问数据库、创建统一风格的网站及三层架构系统的搭建等内容。

鉴于 ASP.NET 所涉及的内容众多，本书尽可能介绍各个方面的主要内容，对实际设计与开发过程中使用较少的知识点只作了简略介绍，而对那些应用性强、开发中使用频率较高的知识点则通过一系列小规模精选案例进行了相对全面、深入的阐述和分析。

本书第 1、4、6、7、9 章由王翔编写，第 2、3 章由刘丽丽编写，第 5、8 章由陈薇编写，沈明、陈忠、傅宜宁、李莉等老师参与了部分内容的编写。本书的编写得到了广州航海高等专科学校及广东第二师范学院的大力支持与帮助，再此一并表示感谢。

限于作者的水平，书中难免有不妥、疏漏之处，敬请广大读者批评指正。

编　者

前言

目　　录

第1章　走进ASP.NET 4.0

ASP.NET是Web开发技术高速发展的产物，是当前主流的Web应用程序开发技术之一，它构建于.NET Framework之上，使得从传统的数据库访问技术到如今的分布式应用开发技术等一系列技术都发生了变革。而且，它在快速开发、编译与部署等方面的优势是任何一种互联网开发技术都无法比拟的。也正是因为这些优点，一批又一批的开发人员加入到ASP.NET开发阵营当中。通过ASP.NET，我们可以简单快速地开发出企业级的、高性能的、便于维护的Web应用系统。

为了让大家能够有一个良好的学习开端，对Web开发中的一些基础知识及ASP.NET的基本概念与技术特点等有一个较为清楚的认识，本章将从Web服务器的基本工作流程、Web开发技术的发展历程入手，逐一介绍一些与ASP.NET密切相关的概念性知识，如什么是.NET(读做“dot-net”)、什么是.NET FRAMEWORK等。除了这些必须有所了解的概念性知识外，本章还会对Microsoft Visual Studio 2010集成开发环境的构成及使用加以介绍，最后还将带领大家接触一个简单的ASP.NET应用程序案例。

1.1　Web服务器工作流程

一个Web服务器通常也被称为HTTP服务器，它通过HTTP协议与客户端通信。这个客户端通常指的就是Web浏览器。

Web服务器的工作流程可以简单的归纳为：客户端连接服务器；客户端向服务器发送资源请求；服务器收到这个请求后，将为用户查找资源并在依据资源类型进行相应处理后向客户机发送应答响应，将结果返回给客户端浏览器；客户机与服务器断开。如图1.1所示。一个简单的事务处理事件就是这样实现的，需要注意的是，客户端与服务器之间的通信是无连接的，也就是当服务器发送了应答后就与客户机断开连接，等待下一次请求。

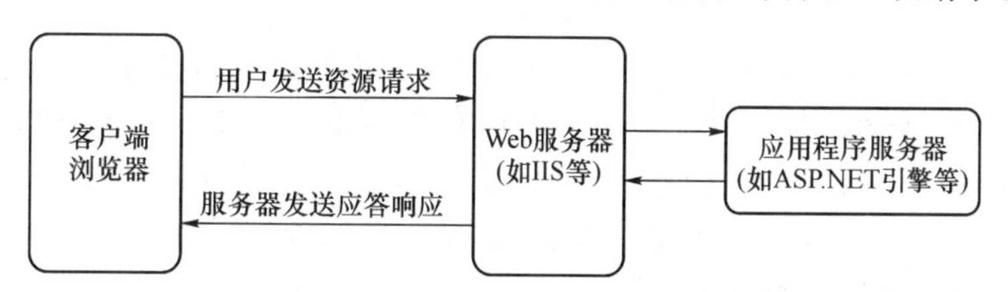

图1.1　Web服务器简化工作流程

服务器上的资源内容多种多样，既可以是普通的HTML页面、音频文件、视频文件或图片等，也可以是使用某种网页技术设计的动态页面。不同的资源类型对服务器的要求也各不相同。

1.2 Web 开发技术的发展历程

1.2.1 静态网页与动态网页

静态网页是早期的 Web 网站向用户提供信息的一种形式,它的扩展名通常为 htm 或 html。静态网页的内容一般由网站发布时即固定的文字、图片、视频等元素构成,这些内容只能由人工更新,网站的用户也只能被动地浏览网站提供的网页内容。其特点如下。

(1) 网页内容不会发生变化,除非设计者人工修改了网页的内容。

(2) 不能实现和网站用户之间的交互。信息流向是单向的,即只能从服务器到浏览器。服务器也不能根据用户的选择或需求调整返回给用户的内容。

随着网页技术应用的普及,人们对网页信息的及时更新提出了更高的要求。随着数据库和脚本技术(如 ASP、PHP 和 JSP 等)的发展,越来越多的站点开始采取新型的页面发布方式。在这一方式下,Web 服务器实现了与用户的交互,能够按照用户的需要动态地、即时地构造 Web 页面,这些动态构造的页面就被称为“动态网页”。通常动态网页都需要后台数据库的配合,从而实现留言板、论坛、聊天室、校友录等页面功能。

静态网页与动态网页的区别在于 Web 服务器对它们的处理方式不同。当 Web 服务器接收到对静态网页的请求时,服务器直接将该页发送给客户端浏览器进行解释,服务器不进行任何处理。如果接收到对动态网页的请求,在从 Web 服务器中找到该文件后,还需将它传递给一个被称做应用程序服务器的特殊模块,由它负责编译和执行网页,将执行后的结果传递给客户端浏览器。

静态网页是网站建设的基础,静态网页和动态网页之间也并不矛盾,动态网站建设时可以采用“静动结合”的原则,适合采用动态网页的地方用动态网页,如果没有交互需求也可以考虑用静态网页的方法来实现。另外,有时为了网站适应搜索引擎检索的需要,即使采用动态网站开发技术,也会将网页内容转化为静态网页发布。

1.2.2 动态网页技术

1. CGI

CGI(Common Gateway Interface,公共网关接口)是添加到 Web 服务器的模块,提供了在服务器上创建脚本的机制。CGI 允许用户调用 Web 服务器上的另一个程序(如 Perl 脚本)来创建动态 Web 页,且 CGI 的作用是将用户提供的数据传递给该程序进行处理,以创建动态 Web 应用程序。CGI 可以运行于很多不同的平台(如 UNIX 等)。不过 CGI 存在不易编写、消耗服务器资源较多的缺点。

2. JSP

JSP(Java Server Pages)是一种允许用户将 HTML 或 XML 标记与 Java 代码相组合,从而动态地生成 Web 页的技术。JSP 允许 Java 程序利用 Java 平台的 JavaBeans 和 Java 库,运行速度比 ASP 快,具有跨平台特性。已有允许用户在 IIS 服务器中使用 JSP 的插件模块。

3. PHP

PHP 是指超文本预处理程序(HyperText Processor)。它起源于个人主页(Personal Home Pages),使用一种创建动态 Web 页的脚本语言,语法类似 C 语言和 Perl 语言。PHP 是开放源代码和跨平台的,可以在 Windows NT 和 UNIX 上运行。PHP 的安装较复杂,会话管理功能不足。

4. ASP

ASP(Active Server Pages,动态服务器页面)是 Web 服务器上的模块(asp. dll 文件),它允许使用 VBScript 和 JavaScript 脚本语言编程,在服务器端使用 Windows 提供的任何功能,如数据库存取、E-mail 收发、网络功能、文件处理、图形处理、系统功能等,但它只能在 Windows 平台上运行。

5. ASP. NET

ASP. NET 是一种基于. NET 框架开发动态网页的新技术,它依赖于 Web 服务器上的 ASP. NET 模块(aspnet_isapi. dll 文件),但该模块本身并不处理所有工作,它将一些工作传递给. NET 框架进行处理。ASP. NET 允许使用多种面向对象语言编程,如 VB. NET、C#、C++、Jscript. NET 和 J#. NET 语言等,它也只能在 Windows 平台上运行。

1.3　. NET 与 ASP. NET

ASP. NET 是微软推出的 ASP 的下一代 Web 开发技术。ASP. NET 顾名思义是基于 . NET平台而存在的,在了解 ASP. NET 之前就需要首先了解什么是. NET 技术,并了解 . NET 技术的核心——. NET 应用程序框架。

1.3.1　什么是. NET

. NET 技术是微软近几年推出的主要技术,微软为. NET 技术的推出可谓是不遗余力。2002 年微软发布了. NET 技术的第一个版本,但是由于系统维护和系统学习的原因,. NET 技术当时并没有广泛地被开发人员和企业所接受。而自从. NET 2.0 版本之后,越来越多的开发人员和企业已经能够接受. NET 技术带来的革新。

对于. NET,可以这样认为:. NET 是微软公司要提供的一系列产品的总称。具体说来,. NET 由以下部分组成:. NET 战略、. NET Framework、. NET 企业服务器和. NET 开发工具。

- . NET 战略是指把所有的设备通过 Internet 连接在一起,并把所有的软件作为这个网络所提供的服务的想法。
- . NET Framework 是一个程序设计环境,它提供了具体的服务和技术,方便开发人员建立相应的应用程序。
- . NET 企业服务器是指如 SQL Server 之类的. NET Framework 应用程序使用的服务器端产品。它们虽然不是由. NET Framework 编写成的,但是它们都支持. NET。

- 为了能够在.NET Framework 上进行程序开发，微软把 Visual Studio 进行升级，并把升级后的产品命名为 Visual Studio.NET。这就是.NET 开发工具。

1.3.2 .NET 应用程序框架

.NET 应用程序框架是一个多语言组件开发和执行环境，无论开发人员使用的是 C# 作为编程语言还是使用 VB.NET 作为其开发语言，都能够基于.NET 应用程序框架而运行。.NET 应用程序框架主要包括三个部分，分别为公共语言运行库(Common Language Runtime, CLR)、基类库和活动服务器页面(ASP.NET)，其结构如图 1.2 所示。

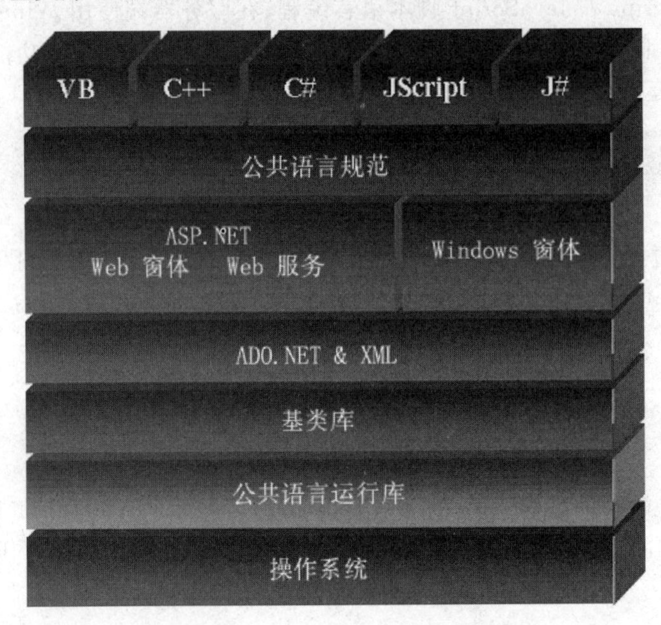

图 1.2 .NET 应用程序框架结构

1. 公共语言运行库

公共语言运行库在组件的开发及运行过程中扮演着非常重要的角色。在经历了传统的面向过程开发，开发人员寻找更多的高效的方法进行应用程序开发，这其中的发展成为了面向对象的应用程序开发，在面向对象程序开发的过程中衍生了组件开发。

在组件运行过程中，运行库负责管理内存分配、启动或删除线程和进程、实施安全性策略，同时满足当前组件对其他组件的需求。在多层开发和组件开发应用中，运行库负责管理组件与组件之间的功能的需求。

2. 基类库

.NET 框架为开发人员提供了一个统一、面向对象、层次化、可扩展的类库集(API)。现今，C++开发人员使用的是 Microsoft 基类库，Java 开发人员使用的是 Windows 基类库，而 Visual Basic 用户使用的又是 Visual Basic API 集，在应用程序开发中，很难将应用程序进行平台的移植，当出现了不同版本的 Windows 时，就会造成移植困难。

.NET 框架统一了微软当前的各种不同类型的框架。.NET 应用程序框架是一个系统级的框架，对现有的框架进行了封装，开发人员无须进行复杂的框架学习就能够轻松使用

.NET应用程序框架进行应用程序开发。无论是使用C#编程语言，还是使用Visual Basic编程语言，都能够进行应用程序开发，不同的编程语言所调用的框架API都来自.NET应用程序框架，所以这些应用程序之间就不存在框架差异的问题，在不同版本的Windows中也能够方便地移植。

注意：.NET框架能够安装到各个版本的Windows中，当有多个版本的Windows时，只要安装了.NET框架，任何.NET应用程序就能够在不同的Windows中运行而不需要额外移植。

3. 活动服务器页面

.NET框架还为Web开发人员提供了基础保障，ASP.NET是使用.NET应用程序框架提供的编程类库构建而成的，它提供了Web应用程序模型，该模型由一组控件和一个基本结构组成，使用该模型使ASP.NET Web开发变得非常容易。开发人员可以将特定的功能封装到控件中，然后通过控件的拖动进行应用程序的开发，这样不仅提高了应用程序开发的简便性，还极大精简了应用程序代码，让代码更具有复用性。

.NET应用程序框架不仅能够安装到多个版本的Windows中，还能够安装到其他智能设备中，这些设备包括智能手机、GPS导航以及其他家用电器。.NET框架提供了精简版的应用程序框架，使用.NET应用程序框架能够开发容易移植到手机、导航器以及家用电器中的应用程序。

开发人员在使用Visual Studio 2010和.NET应用程序框架进行应用程序开发时，会发现无论是在原理上还是在控件的使用上，很多都是相通的，这样极大地简化了开发人员的学习过程，无论是Windows应用程序、Web应用程序还是手机应用程序，都能够使用.NET框架进行开发。

1.3.3 ASP.NET

ASP.NET是一个统一的Web开发模型，它提供了为建立和部署企业级Web应用所必需的服务。同时，ASP.NET是.NET应用程序框架的一部分，是一种可以在高度分布的Internet环境中简化应用程序开发的计算环境。当编写ASP.NET应用程序的代码时，可以访问.NET应用程序框架中的类。可以使用与公共语言运行库(Common Language Runtime，CLR)兼容的任何语言来编写应用程序的代码，这些语言包括Microsoft Visual Basic、C#、JScript .NET和J#。使用这些语言，可以开发利用公共语言运行库、类型安全、继承等方面的优点的ASP.NET应用。因此，它有如下特点。

(1) ASP.NET是同.NET应用程序框架集成在一起的，运行在公共语言运行库环境之内。ASP.NET建立在.NET应用程序框架的编程类之上，它提供了一个Web应用程序模型，并且包含使生成ASP Web应用程序变得简单的控件集和结构。

(2) ASP.NET是编译执行的，它支持多种编程语言，同时，它也是面向对象的。在ASP.NET应用开发中，可以使用与CLR兼容的任何语言来编写应用程序的代码，以使用C#编写的页面代码为例，它会经过如下两个阶段的编译过程，如图1.3所示。

第一阶段，当ASP.NET页面第一次被请求时，C#代码首先被C#编译器编译成.NET的中间语言MSIL(Microsoft Intermediate Language)。实际上，不管采用何种.NET

语言,在此阶段都会被对应的编译器编译成相同的 MSIL 代码,这也是.NET 能够做到语言无关性的关键所在。

图 1.3　页面代码的编译过程

第二阶段,当 ASP.NET 页面实际执行的时候,MSIL 代码会被 JIT(Just-In-Time)编译器编译成机器代码,通常也将此阶段称为即时编译。编译产生的机器码会被存放在缓存中,当页面被再次执行时,代码并没有发生变化,系统将直接从缓存中读取机器码,从而可大大提升执行效率。

(3) ASP.NET 是跨浏览器和跨设备的。如果在开发中完全使用 ASP.NET 自带的 Web 服务器控件,那么这些 Web 服务器控件将会根据客户端的浏览器来自动生成相应的 HTML。这样,不用编写任何额外代码就能够实现跨浏览器支持。

1.4　初识 Microsoft Visual Studio 2010

使用.NET 4.0 框架进行应用程序开发的最好的工具莫过于 Microsoft Visual Studio 2010,Visual Studio 系列产品被认为是世界上最好的开发环境之一。使用 Visual Studio 2010 能够快速构建 ASP.NET 应用程序,并为 ASP.NET 应用程序提供所需要的类库、控件和智能提示等支持。本节将介绍如何安装 Visual Studio 2010 以及 Visual Studio 2010 中窗口的使用和操作方法。

1.4.1　安装 Visual Studio 2010

Visual Studio 2010 的安装过程较为简单,按如下步骤操作即可。

(1) 单击 Visual Studio 2010 的光盘或 Visual Studio 2010 试用版(可到微软中国下载 http://www.microsoft.com/visualstudio/zh-cn/download)中的 setup.exe 进入安装程序,如图 1.4 所示。

(2) 进入 Visual Studio 2010 安装程序界面后,单击"安装 Visual Studio 2010"链接即可进行 Visual Studio 2010 的安装,如图 1.5 所示。

【提示】在进行安装前,安装程序首先会加载安装组件,这些组件为 Visual Studio 2010 的顺利安装提供了基础保障,在完成组件的加载前不能够进行安装步骤的选择。

(3) 在安装组件加载完毕后,可以单击"下一步"按钮进入安装选项与路径选择窗口,在这里可以进行安装路径的选择并自定义安装组件,如图 1.6 所示。

【提示】在选择路径前,可以选择要安装的功能:"完全"或"自定义"。选择"完全",将安装 Visual Studio 2010 的所有组件;如果仅需要安装其中的几个组件,可以选择"自定义"进行组件的选择安装。如果仅做 ASP.NET Web 应用程序开发,安装下划线标示的功能即可,如图 1.7 所示。

图 1.4　Visual Studio 2010 安装界面

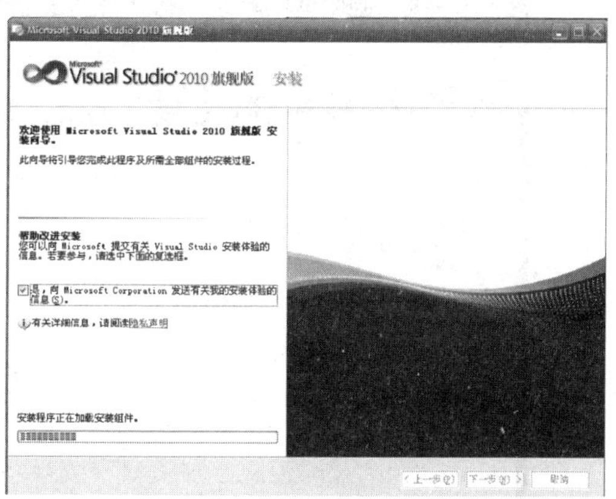

图 1.5　正在加载安装组件

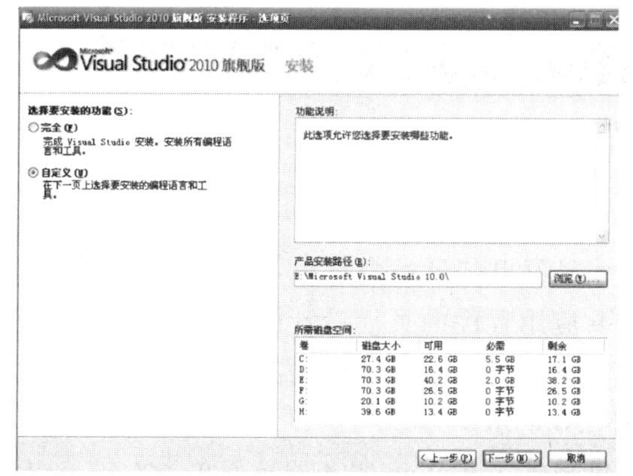

图 1.6　自定义安装功能

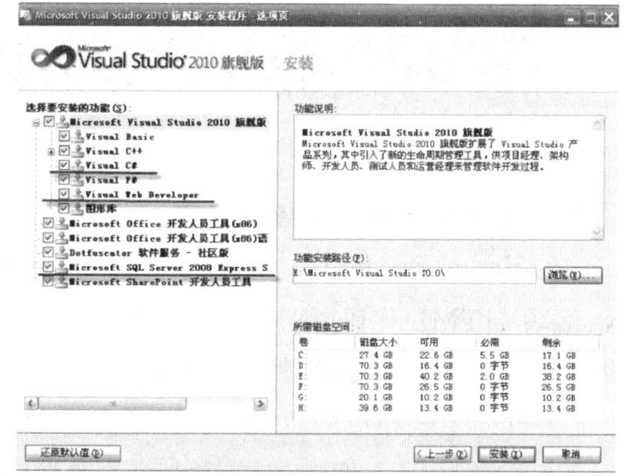

图 1.7　Web 开发必须功能

（4）路径确定并选择了所需组件后，单击“安装”按钮即可进行 Visual Studio 2010 的安装。

1.4.2　Visual Studio 2010 集成开发环境

1. 主窗口

Visual Studio 2010 极大地提高了开发人员对.NET 应用程序的开发效率，为了能够快速进入.NET 应用程序的开发过程，当然需要尽快熟悉 Visual Studio 2010 的开发环境。启动 Visual Studio 2010 后，会呈现如图 1.8 所示的 Visual Studio 2010 主窗口界面。

Visual Studio 2010 主窗口中包括了多个子窗口，可以通过“视图”菜单下相应的菜单项显示或关闭它们。图 1.8 中，左侧为“页面设计与代码编辑”窗口，用于页面的可视化设计及应用程序代码的编写和样式控制；中间为“工具箱”，用于各类服务器控件的存放；右侧为“解决方案资源管理器”窗口，用于呈现解决方案及各种资源文件等，可以将它看做是整个项目的“大管家”。

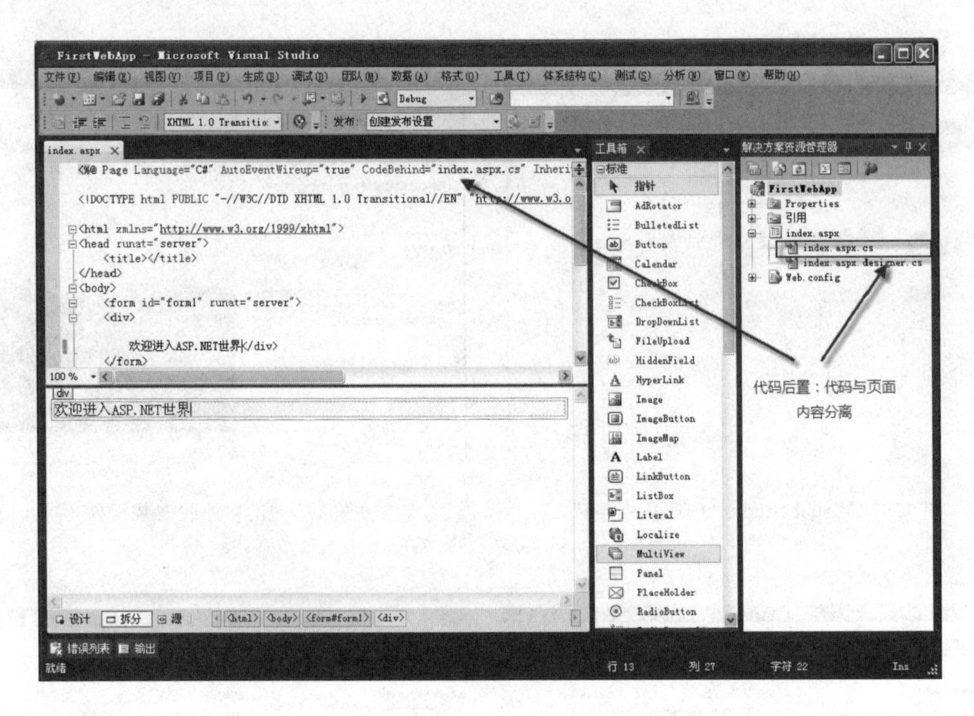

图 1.8　Visual Studio 2010 主窗口界面

2. 页面设计与代码编辑窗口

在 Visual Studio 中，页面设计窗口与代码编辑窗口共享一个窗口，可以在这里设计页面、编写 HTML 代码、编写 C#代码等。在 Web 应用程序的页面设计中，可以使用“拖曳”的方式将 Web 服务器控件拖曳到页面设计窗口，从而轻松完成页面的布局设计，与此同时它也会自动生成相应的页面 HTML 代码，如图 1.8 所示。

当要修改 Web 服务器控件的相关属性时，只需要在该 Web 服务器控件单击右键，选择“属性”，就可以在属性窗口设置控件的属性了。在这里还可以为控件添加相应的事件。当然，也可以通过鼠标双击控件的方法来为控件添加事件，如图 1.9 所示。

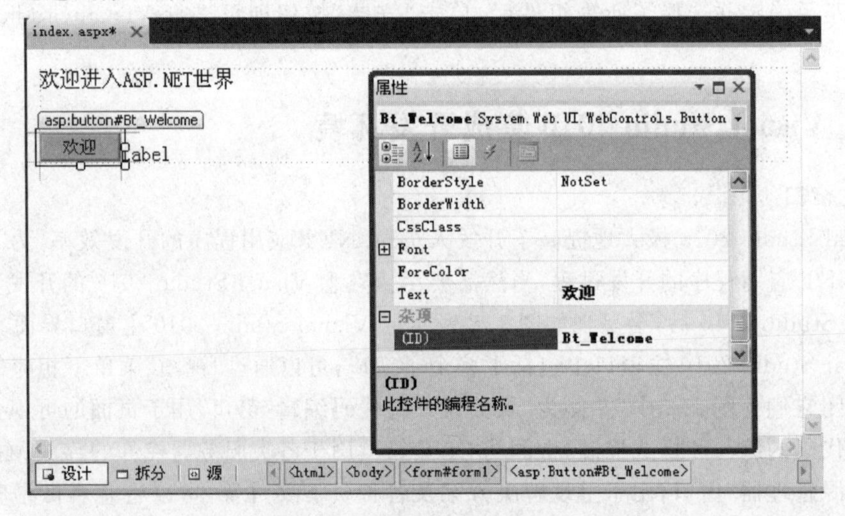

图 1.9　选择“设计”选项及控件的属性设置窗口

图 1.9 中，页面设计窗口下面有 3 个按钮：设计、拆分和源。它们是 Visual Studio 提供的 3 种 Web 页面的设计模式，分别适合于不同使用习惯的设计人员与不同的阶段需求。

(1) 设计模式：它提供可视化的页面设计，控件元素拖曳上去后就能够马上看到设计效果，很适合那些对 HTML 代码书写不熟练的设计人员或在界面设计阶段采用。

(2) 源模式：它是提供纯 HTML 代码方式的设计模式，适用于那些对 HTML 代码比较熟悉的设计人员或在界面的修改、完善阶段采用。

(3) 拆分模式：如图 1.8 左侧窗口所示，它合并了上面两种设计模式，让我们既能够看到页面的设计效果，又能够了解其对应的 HTML 代码，可在完成页面布局的同时学习对应的 HTML 代码，非常适合于初学者采用。

3. 工具箱

工具箱是 Visual Studio 2010 中的基本窗口，可以使用工具箱中的控件进行应用程序的快速开发。在“视图”菜单下单击“工具箱”菜单项，可以在主窗口中显示如图 1.10 所示的“工具箱”窗口，其中包含了如图 1.11 所示的默认选项卡类别。

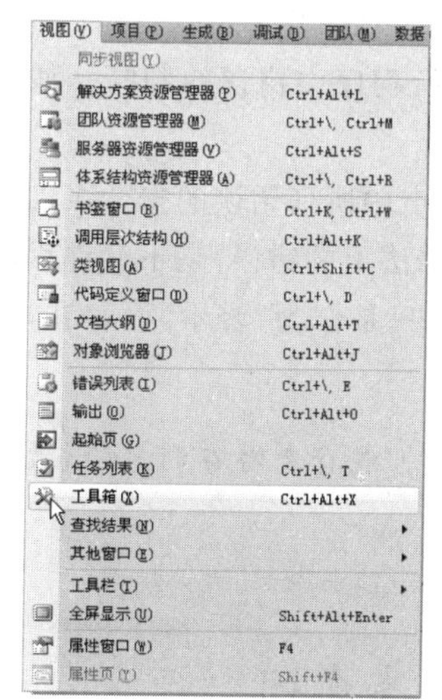

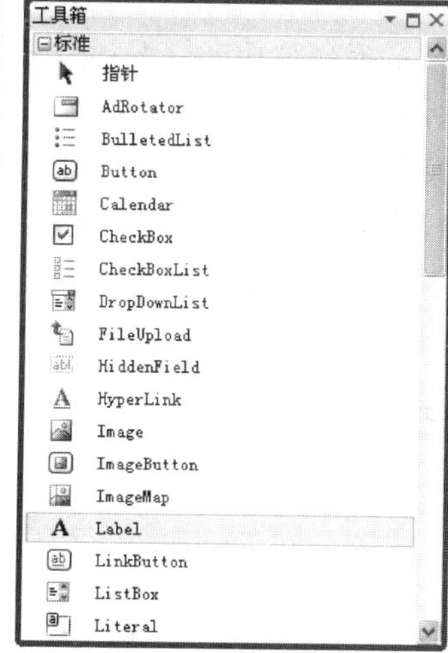

图 1.10　工具箱

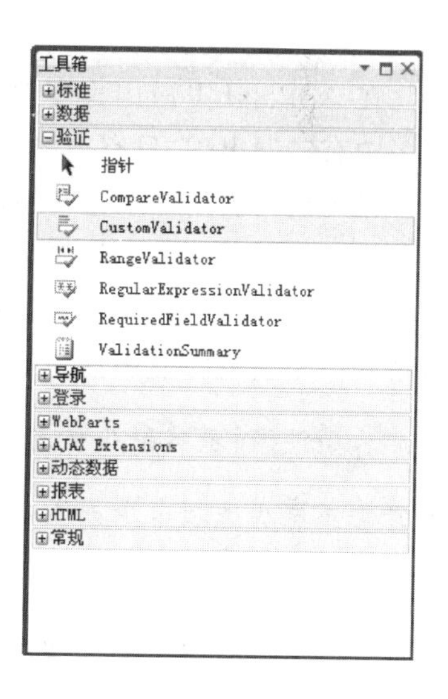

图 1.11　默认选项卡

控件工具箱中包含了 Web 应用程序开发时常用的控件，也被看做 Visual Studio 的一大特色。利用工具箱中的控件，我们无须编写任何代码，使用鼠标“拖曳”的操作方式即可完成页面的界面设计，而且这些控件都可以做到跨浏览器和跨设备运行。

在对工具箱控件有所熟悉后，还可以按照我们的使用习惯自定义工具箱的选项卡名(如标准、数据等)以及选项卡中的控件项。可以右击选项卡标题来选择“重命名选项卡”、“添加选项卡”或者“删除选项卡”，在工具箱的空白处右击并选“选择项”就可以添加一个或者多个项。当然，也可以把一个项从一个选项卡拖放到另一个选项卡内。

4. 解决方案管理器

为了能够方便用户进行 Web 应用程序的开发，默认情况下，在主窗口的右侧会呈现一个解决方案管理器，如图 1.8 右侧窗口所示。在这里，不仅可以查看整个项目的项目文件，还可以管理项目解决方案，并在项目解决方案下根据设计需要随时添加、修改、删除子项目或者其他杂项文件等。可以在解决方案管理器中进行相应的文件选择，双击后相应文件的代码会呈现在页面设计窗口。

5. 错误列表窗口

在Web应用程序的设计与开发中，常常会遇到各种各样的错误，调试运行时它们就会在错误列表窗口中显示出来，如图1.12所示。我们可以在相应的错误上双击，快速跳转至错误所在的代码行。

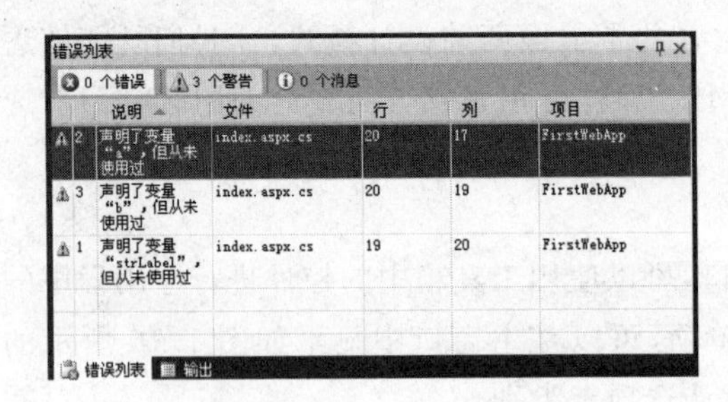

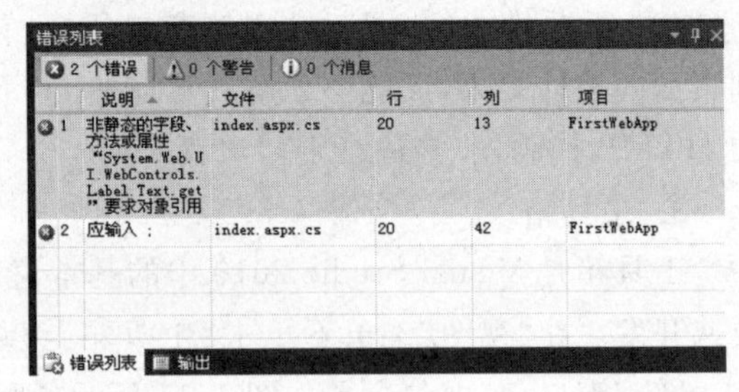

图1.12 错误列表窗口

在ASP.NET应用程序运行前，系统会对其进行编译并进行程序中错误的判断。如果程序中有错误出现，只有在修正了所有的错误后才能够继续运行。

在错误列表窗口中包含错误、警告和消息选项卡，这些选项卡中所列错误的安全级别不尽相同。错误选项卡中的错误信息，通常代表相应代码行存在语法上的错误，是不允许程序继续运行的，而警告和消息选项卡中所列信息安全级别则较低，只是作为"警示"而存在，通常情况下不会危害应用程序的运行和使用。

注意：虽然警告信息不会造成应用程序运行错误，但是可能存在潜在的风险，最好同时修正警告选项卡中列出的错误信息。

1.5 第一个ASP.NET应用程序实例

1.5.1 创建Web应用程序的一般步骤

(1) 创建Web项目或网站：启动Visual Studio 2010后，单击菜单"文件"→"新建项目"选项，在弹出的新窗口中选择"Web"分类下的"ASP.NET空Web应用程序"模板，然后选择位置路径，即可创建一个空白Web应用程序项目；或者单击菜单"文件"→"新建网站"选项，在弹出的新窗口中选择"Visual C#"分类下的"ASP.NET空网站"模板，然后选择位置路径，即可创建一个空网站。

【提示】在以"ASP.NET应用程序"方式构建的网站项目中，可以非常方便地引用其他的类库，并且其自身也可以作为类库被引用，非常适合于项目需要分模块、分层次进行开发的场合，如本书第9章介绍的项目实践案例即是基于这种方式进行设计与开发的。

与"ASP.NET应用程序"相比，"ASP.NET网站"方式采用了全新的开发结构，一个网站对应一个目录结构，这个目录下的所有文件都是作为项目的一部分而存在的，它抛弃了命名空间的概念，但以这种方式建立的网站不可以作为类库被引用，比较适合于建立小型的网站系统。

(2) 添加页面文件：单击菜单“项目”→“添加新项”，选择“Web 窗体”模板，然后输入页面文件名称，即可创建一个 Web 页面。

(3) 在页面中添加控件：在解决方案资源管理器中双击页面文件，并将页面设计窗口切换到设计视图，从“工具箱”中选择相应控件拖曳到页面中，即可完成页面的界面设计。

(4) 编写页面功能代码：在页面中选中欲填写事件代码的控件(如按钮控件等)，双击该控件即可切换到代码设计器，编写相应的事件代码，完成页面的功能设计。

以上是创建单个页面的基本步骤，若要添加多个页面，可重复(2)、(3)、(4)步骤。

(5) 设置项目起始页：当一个项目中有多个 Web 页面的时候，就需要设置其中的一个页面为项目的起始页。选择要设置的 Web 页面并右击鼠标，在弹出的快捷菜单里选择“设为起始页”命令。值得注意的是，Visual Studio 总是将 Default. aspx 默认为起始页，如果不设置，系统将默认为 Default. aspx 页面。

(6) 编译运行：设置好项目的起始页之后，按“F5”键或工具栏上的“启动调试”按钮就可以开始调试该 Web 项目了。如果没有错误产生，Visual Studio 将在一个动态随机选择的端口上启动它整合的 Web 服务器，然后通过默认浏览器显示页面结果。

(7) 部署应用程序：右击项目文件，在弹出的快捷菜单中选择“发布”选项，即可完成部署操作。

1.5.2　一个简单的 ASP. NET 应用程序实例

下面用一个简单的应用实例来介绍具体的创建方法。

【案例 1-1】设计一个如图 1.13 所示的实现简单登录验证功能的单页面 Web 应用程序，页面界面由表格、标签(Label 控件)、文本框(TextBox 控件)和命令按钮(Button 控件)组成。

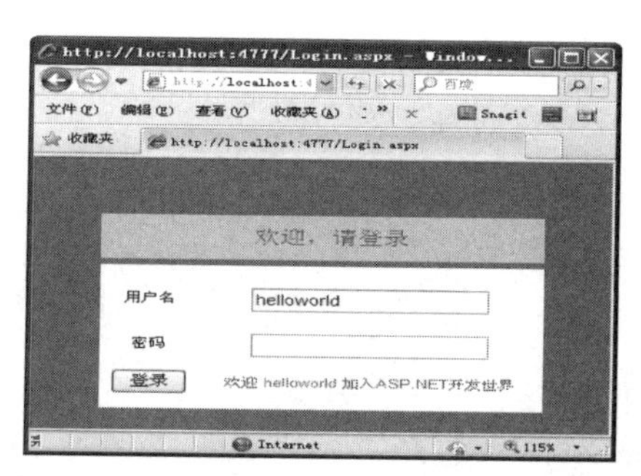

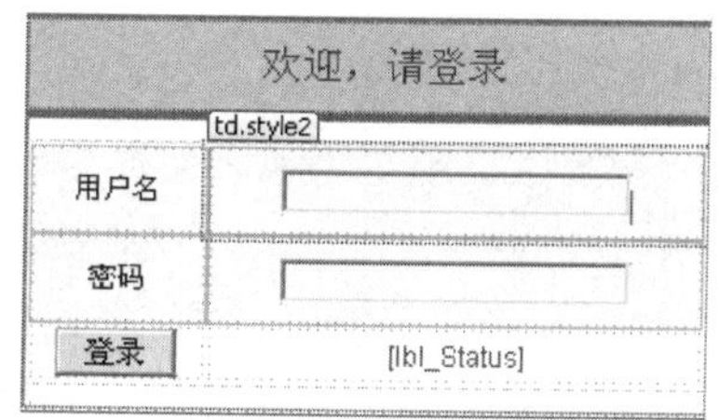

图 1.13　登录页面运行结果与页面控件布局

方法与步骤如下。

1. 创建 Web 窗体界面

(1) 创建 Web 应用程序项目。启动 Visual Studio 2010 后，单击菜单“文件”→“新建项目”选项，在弹出的新窗口中选择“Web”分类下的“ASP. NET 空 Web 应用程序”模板，然后为项目命名并指定位置路径，即可创建一个空白 Web 应用程序项目，如图 1.14 所示。

(2) 添加 Web 窗体(即页面文件)。单击菜单“项目”→“添加新项”，选择“Web”分类下的“Web 窗体”模板，然后输入文件名称“Login. aspx”，即可创建一个页面，如图 1.15 所示。

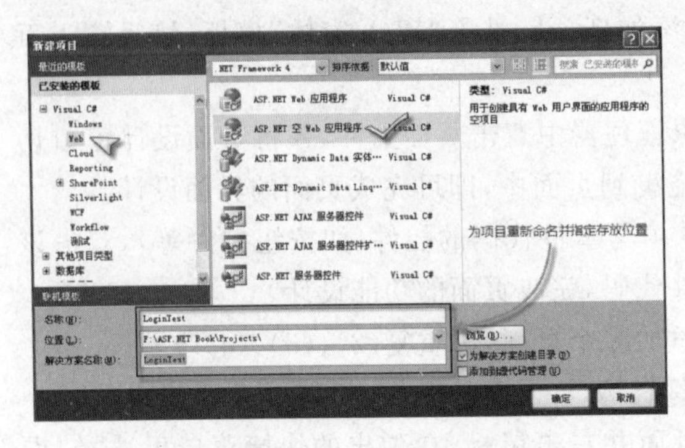

图 1.14　创建空白 Web 应用程序项目

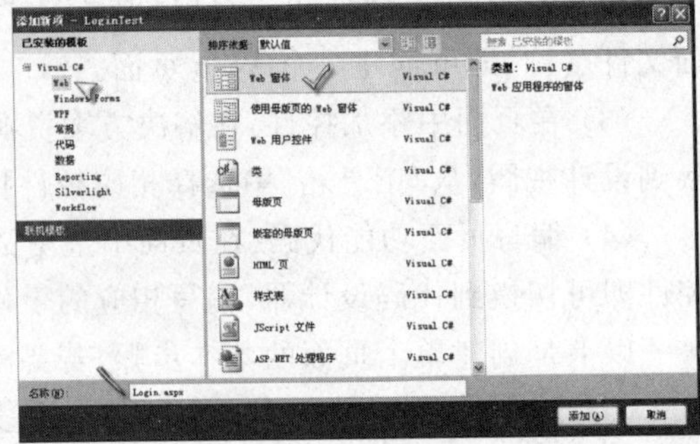

图 1.15　创建 Web 窗体

(3) 向页面中添加控件并设置属性。在解决方案资源管理器中双击打开 Login. aspx 文件，为了能够直观地看到页面的编辑效果，可在页面设计窗口下方选择“拆分”视图。对于本案例界面，需要首先单击菜单“表”→“插入表”命令，插入一个 3 行 2 列的表格。然后，在“工具箱”里展开“标准”分类列表，这样就能将标准服务器端控件一览无余。在“标准”分类列表里选中“Label”控件，按住鼠标左键将其拖入 Login. aspx 页面表格的第一行第一列单元格中，在属性框里面将“Label”控件的“(ID)”属性设置为“lbl_Username”，“Text”属性设置为“用户名”，如图 1.16 所示。

依照上面的方法，继续选择 2 个 Label 控件、2 个 TextBox 控件及 1 个 Button 控件，并参照如图 1.17 所示的布局样式依次拖入 Login. aspx 页面对应的单元格中。各控件的属性设置如表 1.1 所示。

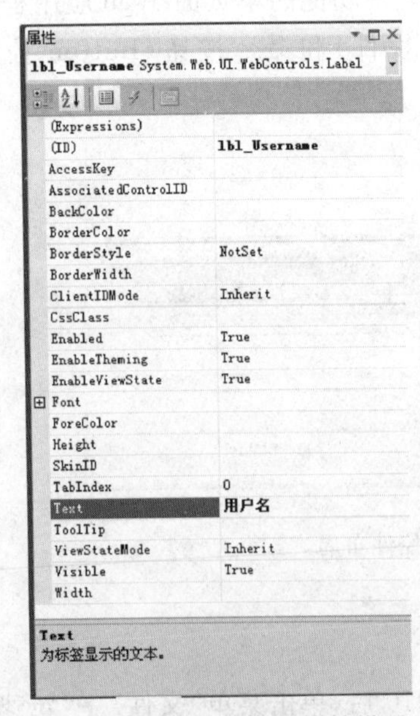

图 1.16　Label 控件的属性设置

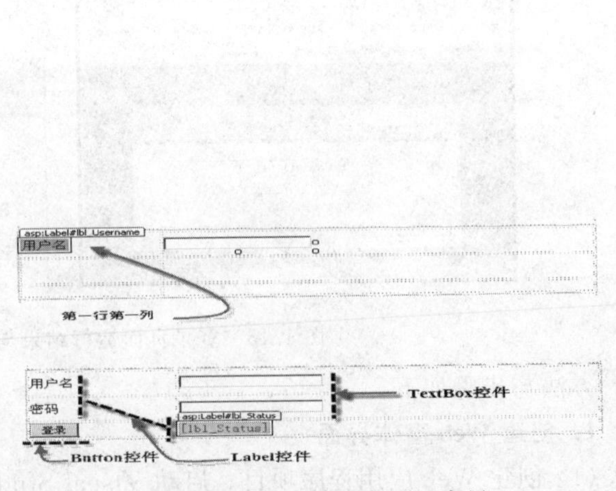

图 1.17　控件类型与页面布局

表 1.1 控件的属性设置

控件类型	控件标识(ID)	属性:属性值	说　明
TextBox	txt_Username	Width:155px	输入用户名
	txt_PWD	Width:155px TextMode:Password	输入密码
Label	lbl_Username	Text:用户名	显示“用户名”文本
	lbl_PWD	Text:密码	显示“密码”文本
	lbl_Status	Text:留空 Forecolor:#FF3300	显示登录验证结果
Button	btn_Login	Text:登录	登录按钮,进行登录验证

2. 编写程序代码

完成 Login.aspx 的页面设计后,就需要编写相关代码来实现需要的功能了。双击按钮控件“登录”,系统会自动生成一个“Click”事件过程并跳转至代码编辑器。事件过程的代码结构如下所示:

```
protected void bt_Login_Click(object sender, EventArgs e)
{
        //在此处添加自定义代码
}
```

在事件过程中添加如下以黑体标识的代码:

```
protected void bt_Login_Click(object sender, EventArgs e)
{
  //读取文本框控件的 Text 属性,判断用户名及密码是否同预设值相符
  if (txt_Username.Text = = "helloworld" & txt_PWD.Text == "123456")
      //设置显示标签文本
      lbl_Status.Text = "欢迎" + txt_Username.Text + "加入 ASP.NET 开发世界";
  else
      lbl_Status.Text   = "登录失败,请重新检查";
}
```

3. 保存应用程序

使用“文件”菜单中的“全部保存”命令或单击工具栏上的“全部保存”按钮,可以将所有编辑过的代码和设计的页面存盘。

4. 运行和调试程序

可以通过如下三种方式进行。

(1) 右键单击项目中的.aspx 页面文件,在弹出的快捷菜单中选择“在浏览器中查看”选项即可浏览选择的页面。

(2) 从“调试”菜单中选择“开始执行(不调试)”命令。

(3) 按“Ctrl”+“F5”组合键。

注意：以上三种方式只运行程序，而不对程序代码进行调试，若需调试运行，需在程序中设置断点后，单击工具栏上的 ▶（"启动调试"按钮）或者使用快捷键"F5"。

运行程序后，若无错误产生，即可显示页面的设计界面，如图 1.18 所示。输入用户名"helloworld"，密码"123456"，单击"登录"按钮，标签中将显示"欢迎 helloworld 加入 ASP. NET 开发世界"，如用户名或密码有误，则会显示"登录失败，请重新检查"，运行结果如图 1.18 所示。

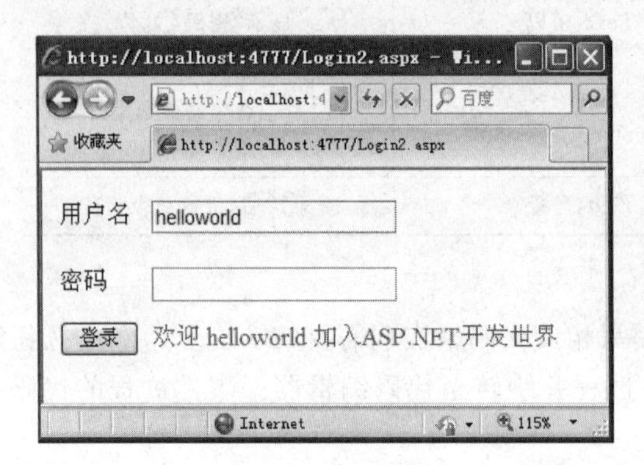

图 1.18　登录页面运行结果

【思考】通过图 1.13 与图 1.18 的对比，不难发现两者在外观上存在着较大差别，如何修改才能使两者一致？

【试一试】请采用"ASP. NET 空网站"的方式重新实现案例 1-1，并对比两种形式文件在结构上的区别。

习　题

1. 填空题

(1) 静态网页文件的后缀是________。

(2) 在 ASP. NET 中，源程序代码先被编译成中间代码(IL 或 MSIL)，然后再编译成机器代码，其主要目的是________。

2. 选择题

(1) 关于动态网页，以下说法正确的是(　　)。

A. 只有包含在服务器端执行的脚本才是动态网页

B. 包含有动画、视频或声音的网页也是动态网页

C. 根据不同用户的请求返回不同结果的网页是动态网页

D. 使用 ASP. NET 生成的网页一定是动态网页

(2) 关于 ASP. NET，以下叙述不正确的一项是(　　)。

A. ASP. NET 与 ASP 只是名称相似，它们之间没有任何关系

B. ASP. NET 显著的功能和特点是代码编译执行和支持 Web 服务

C. ASP. NET 的主流和推荐的脚本语言是 C#

D. ASP. NET 可以用于开发 Web 数据库应用程序

(3) 以下不属于 ASP. NET 特点的是(　　)。

A. 多语言支持　　B. 代码编译执行　　C. 缓存机制　　D. 较差的安全性

(4) 以下(　　)不是. NET 框架的组成部分。

A. . NET 基类库

B. 公共语言运行库

C. Internet Information Server (IIS)

D. ASP. NET

3. 简答题

(1) 简述静态网页与动态网页在运行时的最大区别。

(2) 简要描述 ASP. NET 与 Visual Studio 2010 之间的关系及 ASP. NET 的特点。

(3) 简要叙述 ASP. NET Web 应用程序开发的一般步骤。

第2章　C# 4.0语言基础

在开始进行 ASP.NET 应用程序设计前，需要首先选择一种.NET 编程语言，C#（读做 C Sharp）是随.NET 技术一起发布的新一代面向对象的编程语言，综合了 Visual Basic 的高生产率和C++的灵活性，在描述算法时更加简洁明了，具有很多优越的技术特性，无疑将成为我们的上上之选。本章将首先介绍 ASP.NET 中 C# 程序的结构，然后依次介绍 C# 的基本数据类型、常量与变量、运算符和表达式以及程序控制结构，最后介绍 C# 中的数组、结构与枚举类型。

2.1　ASP.NET 中的 C# 程序

当前市面上大多数教材与参考书籍在介绍 C# 语言基础时都是以“控制台应用程序”为基础进行的，并以命令窗口方式演示结果。这样做会使程序文档相对简单，直观方便，但却与后续 Web 开发应用的实际情况有所脱节。考虑到这一问题，本章将结合第 1 章介绍的 Visual Studio 2010 中的 ASP.NET 编程环境展开 C# 语言基础的介绍。

2.1.1　在 Web 网站中创建 C# 程序

第 1 章介绍了使用“ASP.NET 空 Web 应用程序”模板的简单案例，本章将采用另外一种形式，即通过“ASP.NET 空网站”模板创建一个空网站。新建一个 Web 网站的简单流程为：单击菜单“文件”→“新建网站”选项，在弹出的新窗口中选择“Visual C#”分类下的“ASP.NET 空网站”模板，然后选择位置路径，即可创建一个空网站，如图 2.1 所示。

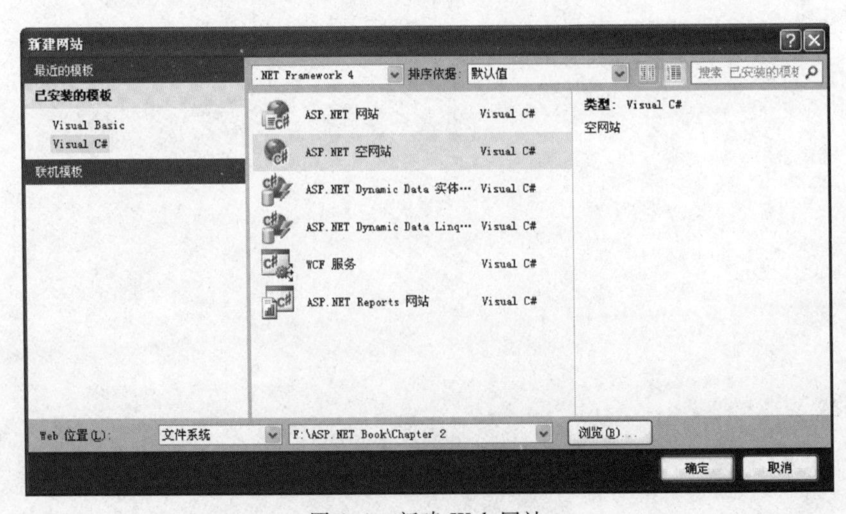

图 2.1　新建 Web 网站

网站生成后，只包含了一个名为“web. config”的配置文件，如图 2.2 所示，我们还需要在解决方案资源管理器中的项目处单击右键选择“添加新项”选项，如图 2.3 所示，在弹出的窗口中，选择“Web 窗体”并重名为 chapter2-1. aspx，如图 2.4 所示。因为“将代码放在单独的文件中”为默认选项，所以在单击“添加”按钮后，系统默认会生成“chapter2-1. aspx”与“chapter2-1. aspx. cs”两个文件，这种将 HTML 标记与服务器控件标记等(设计界面)保存在一个文件中，并将编程语言功能代码(代码隐藏页)保存在另一个文件中的方式，被称做代码隐藏页模型。

图 2.2　ASP. NET 空网站结构

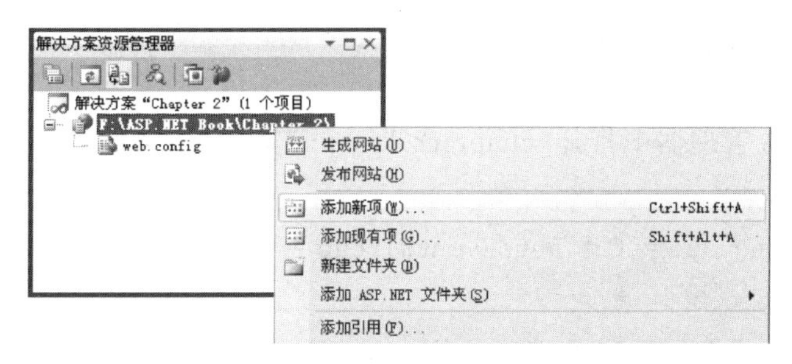

图 2.3　为网站添加新项

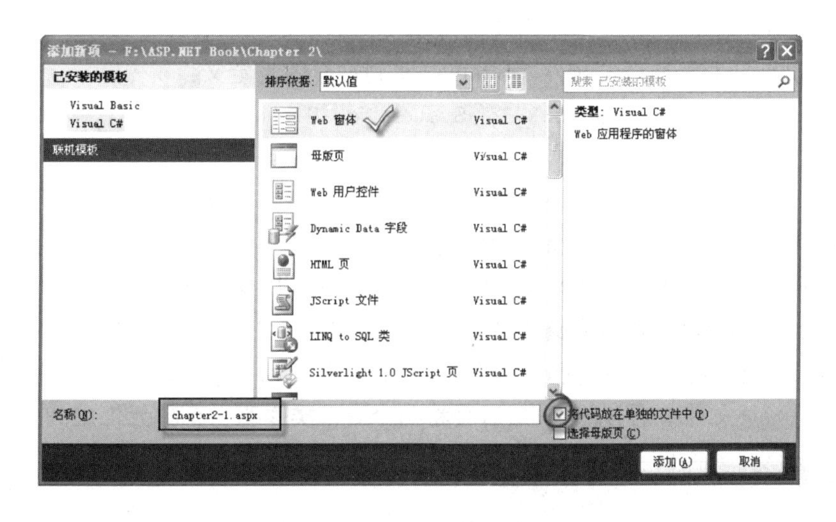

图 2.4　添加 Web 窗体并重命名

在资源管理器中双击刚刚添加的“chapter2-1. aspx. cs”文件，在 Page_Load 方法中添加如图 2.5 所示的代码，按“Ctrl”+“F5”组合键在不调试的情况下运行页面，结果如图 2.6 所示。

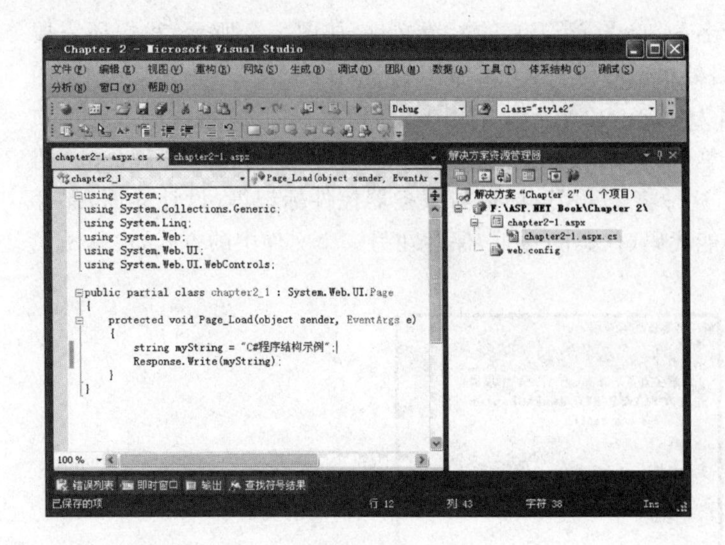

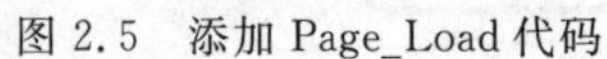
图 2.5　添加 Page_Load 代码

图 2.6　运行结果

2.1.2　代码隐藏页模型

在解决方案资源管理器中打开“chapter2-1.aspx”文件，在文件的头部可以看到这样一行页面指令：

```
<%@ Page Language="C#"AutoEventWireup="true" CodeFile="chapter2-1.aspx.cs" Inherits="chapter2_1" %>
```

其中，Language属性指定了页面的编程语言，AutoEventWireup属性指示页的事件是否自动绑定，CodeFile属性指定了与aspx文件关联的代码隐藏文件的路径，Inherits属性则指示了代码隐藏页中使用partial关键字声明的分部类的名字。

打开“chapter2-1.aspx.cs”文件，其中可以看到这样的类定义：

```
public partial class chapter2_1 : System.Web.UI.Page
{…}
```

其中，partial关键字表示该代码隐藏文件中只包含了一个完整类的一部分，“:”则表示了类的继承关系，即这个分部类继承自基页类Page。

将以上两个文件归结起来就构成了代码隐藏页模型，其编译与运行过程如下。

(1) 在对页面编译时，编译器将首先基于.aspx文件生成一个与代码隐藏页中同名的分部类，用于包含页面控件的声明，然后读取aspx页以及在@Page指令中使用Inherits属性引用的代码隐藏页文件中的分部类，最后会将两个分部类作为一个单元汇编为一个完整类。

注意：用于声明控件的分部类与代码隐藏文件中的分部类共同构成了一个完整类，所以当在代码隐藏页中需要使用控件时，无须再次显式声明，可以直接使用。

(2) 在页面运行时，ASP.NET还将以(1)中生成的类作为基类生成一个派生类，派生类中会包含生成该页所需的代码。最终，派生类和代码隐藏类将编译成程序集，运行该程序集可以将页面运行结果输出到浏览器显示。

代码隐藏页模型的编译与运行过程如图 2.7 所示。

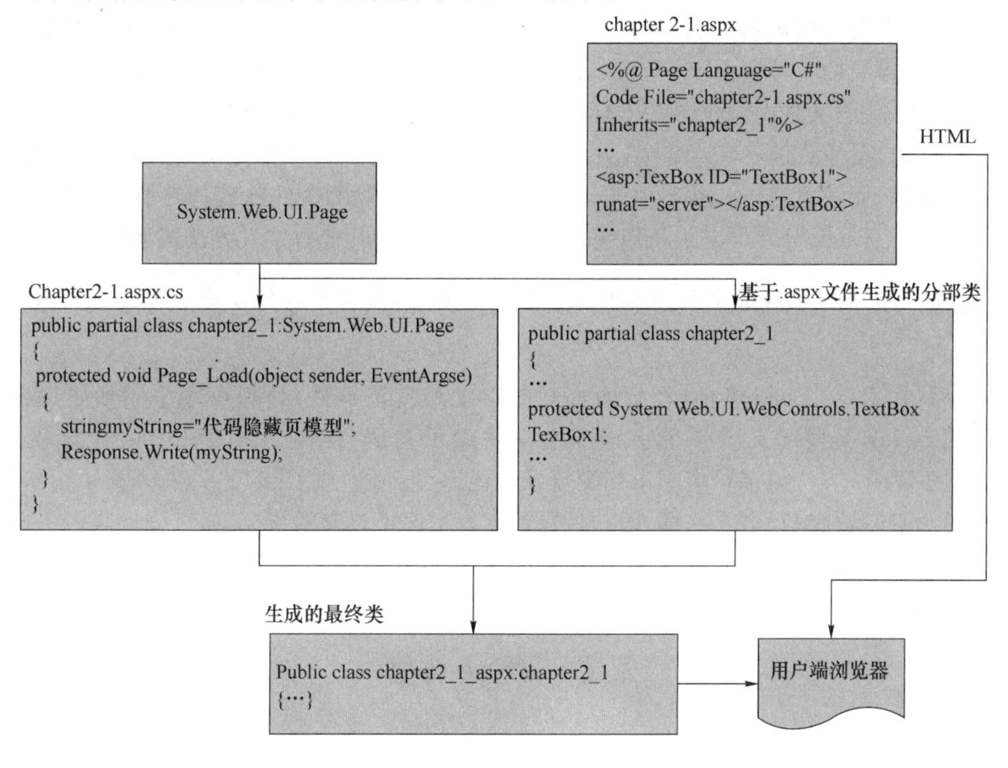

图 2.7　代码隐藏页模型的编译与运行过程

2.1.3　C# 程序的结构

在了解了代码隐藏页模型的编译与运行过程后，我们将结合“chapter2-1.aspx.cs”文件，针对代码隐藏页中的 C# 程序结构进行简要分析与说明，图 2.5 中的代码如下所示：

```
using System;
using System.Collections.Generic;
using System.Linq;
using System.Web;
using System.Web.UI;
using System.Web.UI.WebControls;

public partial class chapter2_1 : System.Web.UI.Page
{
    protected void Page_Load(object sender, EventArgs e)
    {
        string myString = "C# 程序结构示例";
        Response.Write(myString);
    }
}
```

其中,using 关键字的作用是以命名空间的形式引用.NET 框架中已有的类库资源,该关键字必须出现在程序代码的开头部分。using 关键字通常情况下会出现多次,其目的是引用类库中程序需要的各种资源。

接下来,代码文件中包含了一个自定义的分部类"partial class chapter2_1",它是在创建页面文件时自动生成的。在 C# 中,关键字 class 用于引导一个类的定义,类的各种成员(如变量、方法等)则放置在{…}中。在分部类中,类定义通常由事件处理程序构成(如 Page_Load、Button_Click 等),但是也可以包含我们需要的任何其他自定义方法或属性。

注意:C# 中没有全局函数和全局变量的概念,它要求任何方法和变量都必须在类中定义。

最后,在 Page_Load 事件(在页面加载时自动触发该事件)处理程序中添加了两条语句:使用 string 类型定义了一个字符串变量并赋了初值;使用 ASP.NET 内置对象 Response 的 Write 方法将字符串输出到浏览器上。

【提示】同其他编程语言一样,语句就是在 C# 程序中包含的指令,通过分号表示一条语句的结束。

2.2 数据类型

数据类型是对各种数据形态的描述,如整型、字符型、浮点型等。C# 中的数据类型可以理解为内部数据类型与用户定义数据类型,如 int(整型)、char(字符型)等均为内部类型,而用户自定义的类(class)或接口(interface)则为用户自定义类型。我们也可以根据数据存储形式将数据类型分为值类型与引用类型。

2.2.1 值类型

值类型,直接存放真正的数据,值类型都有固定的长度,值类型的变量都保存在堆栈(stack)上。作为值类型的变量,都有自己的独立数据存储区,因此对一个变量的操作不会影响其他的变量。简单类型、结构类型、枚举类型都属于 C# 值类型的范畴。

如表 2.1 所示,简单类型包括整型、浮点型、布尔型、字符型(char)等基本的数据类型。

表 2.1 C# 的简单数据类型

C# 数据类型	对应.NET 框架类型名	大小/位	说明
byte	System.Byte	8	无符号的字节,所存储的值的范围是 0～255,默认值为 0
sbyte	System.SByte	8	带符号的字节,所存储的值的范围是 −128～127,默认值为 0
short	System.Int16	16	带符号的 16 位整型,默认值为 0
ushort	System.UInt16	16	无符号的 16 位整型,默认值为 0
int	System.Int32	32	带符号的 32 位整型,默认值为 0
uint	System.UInt32	32	无符号的 32 位整型,默认值为 0

续表

C#数据类型	对应.NET 框架类型名	大小/位	说　明
long	System. Int64	64	带符号的 64 位整型，默认值为 0
ulong	System. UInt64	64	无符号的 64 位整型，默认值为 0
float	System. Single	32	单精度的浮点类型，默认值为 0.0 f
double	System. Double	64	双精度的浮点类型，默认值为 0.0 d
decimal	System. Decimal	128	128 位高精度十进制数，默认值为 0.0 m
bool	System. Boolean	8	逻辑值，true 或者 false，默认值为 false
char	System. Char	16	无符号的 16 位 Unicode 字符，默认值为'\0'

一个简单类型变量的声明代码如下所示：

```
int  myID = 10;                 //使用 C# 数据类型声明整型变量
System.Int32 myID = 10;         //使用框架数据类型声明整型变量
```

注意：所有的简单类型均可看做.NET Framework 框架类型的别名。如上面示例代码中用到的 int 即是 System.Int32 的别名，C# 数据类型及其别名可以互换，上面的代码即使用了两种声明方式来声明同一个变量。

2.2.2　引用类型

C 语言中有指针的概念，指针实质上是对变量存储的地址进行操作。C# 中不允许在代码中使用指针，要实现类似的操作就要用到引用类型。C# 的引用类型存储的是实际数据的内存引用，引用类型位于受管制的堆(Heap)上，作为引用类型的变量可以引用同一对象，因此当两个引用类型变量指向同一地址时，它们之间就会产生相互影响。

引用类型包括类(class)、接口(interface)、数组、委托(delegate)、object 和 string。其中，object 和 string 是两个比较特殊的类型，object 是 C# 中所有类型(包括所有的值类型和引用类型)的根(基)类，string 类型是一个从 object 类直接继承的密封类型，表示一个 Unicode 字符串。

引用类型的变量分两步创建：首先在栈上创建一个引用变量，然后在堆上创建变量数据，再把数据所占内存空间的首地址赋给引用变量。

以数组的创建为例，示例代码如下：

```
int[] a,b;                      //声明数组，在栈上创建引用变量 a,b
a = new int[] { 1, 2, 3 };      //在堆上根据数组元素个数创建数组变量本身
b = a;                          //引用变量 a,b 指向了同一块堆内存空间
for (int i = 0; i < 3; i++)
{
    b[i] = b[i] + 1;            //修改堆上数组元素的值
    Response.Write(a[i] + ";" + b[i] + ";");  //结果 2;2;3;3;4;4;
}
```

其中，a、b 是指向数组的引用变量，a 的值是数组元素{1,2,3}存放在堆内存的地址，两个引

用型变量之间的赋值使得 a、b 指向了同一块内存空间，如图 2.8 所示。

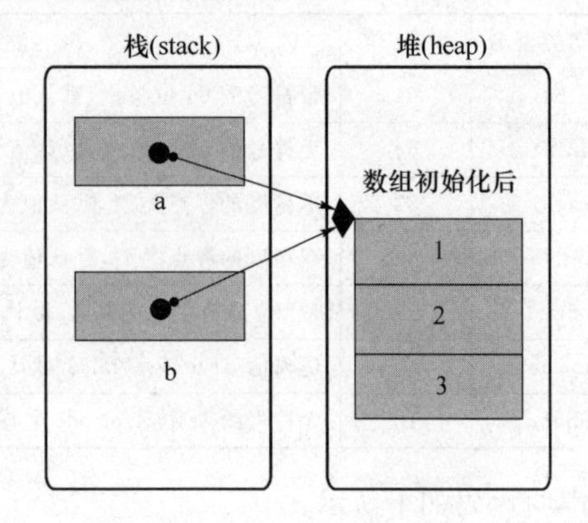

图 2.8 引用类型的赋值

2.2.3 装箱与拆箱

值类型与引用类型之间的转换被称做装箱(boxing)与拆箱(unboxing)。通过装箱，可以将值类型显式或隐式地转换成引用类型，拆箱是将封装在引用类型的值拆解出来的过程。任何值类型、引用类型都可以和对象类型(object)之间进行转换。

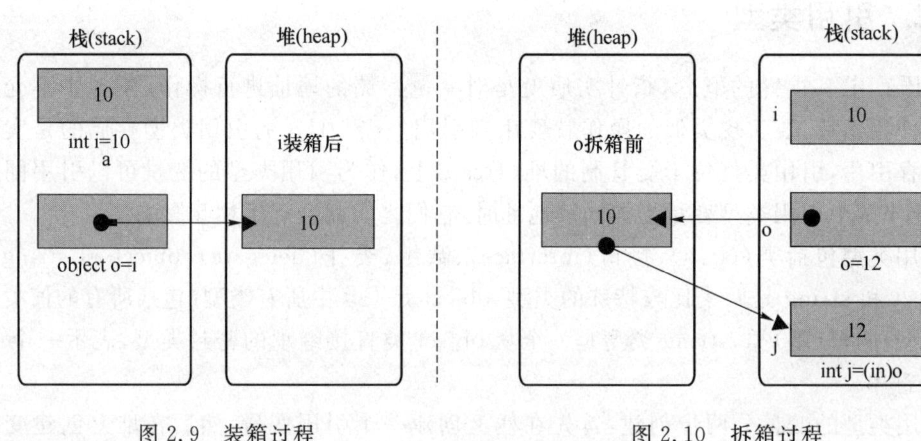

图 2.9 装箱过程　　　　图 2.10 拆箱过程

下面的示例代码对 int 型变量 i 进行了装箱操作：

```
int i = 10;
object o = i;              //隐式装箱
// object o = object (i); //显式装箱
//使用对象的 GetType 方法在页面中输出装箱对象的类型
Response.Write("装箱后类型：" + o.GetType().ToString());
                           //装箱后类型：System.Int32
```

装箱过程如图 2.9 所示，下列示例代码演示了对象的拆箱过程：

```
o = 12;
//int j = o;                //不能将 object 类型隐式转换为 int
```

```
int j = (int)o;              //显式拆箱
//string k = (string)o;     //编译可以通过,但会引发转换异常
```

拆箱过程如图 2.10 所示。通过以上两个代码段可以看出,装箱可以通过显式或隐式的方式实现,但拆箱必须使用显式方式进行。

注意:拆箱过程中,编译器并不检验封装在 object 对象中的数据与被拆箱对象数据类型的一致性,但如果两者类型不一致,程序执行过程中可能会引发转换异常,如图 2.11 所示。

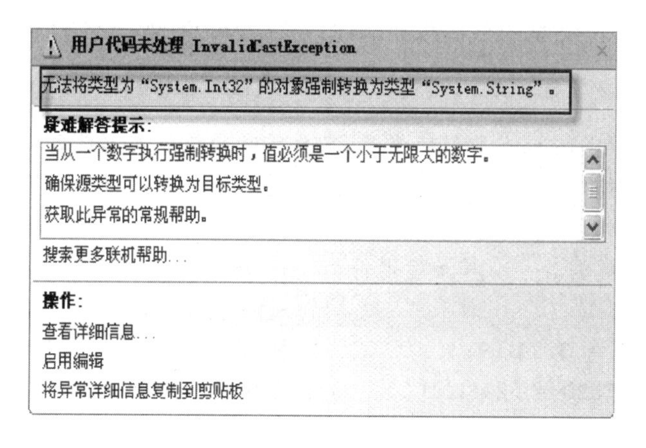

图 2.11　拆箱过程引发异常

【思考】如何保证在加入拆箱语句 k=(string)o;后不引发程序异常?

2.3　常量与变量

2.3.1　常量

常量,顾名思义是指在程序运行的过程中,其值保持不变的量。C# 的常量包括数值常量、字符常量、字符串常量、布尔常量和符号常量等。

每种不同类型的常量有不同的表示方式,说明如下。

- 整数常量是不包含小数部分的数,如 10、0、-100 等。
- 浮点常量是带小数点的数,如 11.23、-96.3、0.0 等。
- 字符常量是用单引号括起来的单个字符,如'A'、'%'、'a'等。

由于 C# 是一种强类型语言,所以常量也有类型。那么数值常量的类型是什么呢? 例如,1212311 或者 0.23 的类型是什么? 对此,C# 给出了一些易于理解的规则来予以解决。

第一,对于整数常量,常量的类型取能保存该数值的最小整数类型即可,首先考虑的是 int 类型。类型的取值范围由小到大依次是 int、uint、long、ulong,具体类型要由数值所属的范围决定。

第二,浮点数直接量的类型统一为 double 类型。

对于数值常量，如果想改变 C# 默认的类型，可以通过附加后缀来显式地指定其类型，说明如下。

- 如要指定 long 类型的直接量，加上后缀 l 或 L。例如，10 是 int 类型，10 L 则是 long 类型。
- 要指定无符号整数，则加上后缀 u 或 U。例如，100 是 int 类型，而 100 U 是 uint 类型。
- 要指定无符号长整型，使用 ul 或 UL。例如，110 UL 是无符号长整型。
- 要指定 float 类型的直接量，则在常量后加上 f 或 F，如 10.19 F。
- 要指定 decimal 类型的直接常量，则加上后缀 m 或 M，如 89.6m。

注意：虽然整数常量默认创建为 int、uint、long、ulong 类型，但是可以将它们赋值给 byte、sbyte、short 或 ushort 类型的变量，只要所赋的值能表示成目标类型即可。

符号常量一经声明就不能在任何时候改变其值。C# 中，采用 const 语句来声明符号常量，其语法格式为

```
const  ＜数据类型＞  ＜常量标识符＞ = ＜表达式＞
```

例如：

```
const float PI = 3.14159;          // 声明常量 PI，代表 3.14159，单精度型
const string STUID = "201101001"; // 声明常量 STUID，代表"201101001"，字符串型
```

注意：符号常量必须在定义的同时赋初值，不允许在定义之后的程序段中改变常量值，如程序中出现 PI=3.14 时，程序将无法编译通过。C# 程序中使用符号常量可以防止某些数据值被修改，并使整个程序描述更加清楚。

2.3.2 变量

变量是指在程序运行的过程中，其值可以发生改变的量，它表示数据在内存中的存储位置。每个变量都有一个数据类型，用以确定哪些数据值可以存储在该变量中。

C# 是一种数据类型安全的语言，变量必须先声明后使用。C# 中，声明变量的语法格式为

```
＜数据类型＞  ＜变量名＞  [= ＜表达式＞][,…];
```

对以上语法格式说明如下。

(1) ＜变量名＞必须遵守 C# 合法标识符的命名规则。

(2) [= ＜表达式＞]为可选项，可以在声明变量时给变量赋一个初值（即变量的初始化），例如：

```
float  r = 2.5;
```

等价于：

```
float  r;
r = 2.5;
```

(3) 一行可以声明多个相同类型的变量，且只需指定一次数据类型，变量与变量之间用逗号隔开，例如：

```
int num1 = 10, num2 = 12, num3 = 14;
```

2.4　运算符与表达式

运算符与表达式是程序设计中最基本也最重要的组成部分，表达式由操作数和运算符构成，大部分情况下，对运算符类型的分类都是根据运算符所使用的操作数的数目来进行的，一般可以分为 3 类。

- 一元运算符：只使用一个操作数，如！、自增运算符（++）等。
- 二元运算符：使用两个操作数，如最常用的加减法 i+j。
- 三元运算符：三元运算符只有一个“?:”。

除了按操作数数目来划分外，运算符还可以按照运算功能分为以下几类。

- 算术运算符
- 关系运算符
- 逻辑运算符
- 位运算符
- 赋值运算符
- 条件运算符
- 自增自减运算符
- 字符串连接运算符

2.4.1　算术运算符

算术运算符用于完成算术运算，操作数类型可以是整型也可以是浮点型。C# 的算术运算符及相应的表达式示例如表 2.2 所示。

表 2.2　算术运算符

运 算 符	表达式示例	结果及说明
-	-3	对数字 3 进行取负运算
+	3+4	3 加上 4，结果为 7
-	3-4	3 减去 4，结果为 -1
*	5×2	5 乘以 2，结果为 10
/	10/4	10 除以 4，结果为 2
%	10%3	取 10 除以 3 的余数，结果为 1

算术运算符的优先级顺序由高到低依次为-（取负）、*、/、%、+、-（减）。

2.4.2　关系运算符

关系运算符用于比较两个操作数的值，关系运算的结果为布尔类型（bool）的值，即 true 或 false。C# 的关系运算符及相应的表达式示例如表 2.3 所示。

表 2.3　关系运算符

运算符	表达式示例	结果(假设 a、b 均为某同一类型变量)
==	a == b	若 a 等于 b,则为 true,否则为 false
!=	a != b	若 a 不等于 b,则为 true,否则为 false
<	a < b	若 a 小于 b,则为 true,否则为 false
<=	a <= b	若 a 小于等于 b,则为 true,否则为 false
>	a > b	若 a 大于 b,则为 true,否则为 false
>=	a >=b	若 a 大于等于 b,则为 true,否则为 false

C#中,值类型和引用类型都可以通过==或!=来比较它们的数据内容是否相等。对值类型来说,比较的是它们的数据值;而对引用类型来说,若相等则说明两个引用指向同一个对象实例。

关系运算符“＞、＞＝、＜、＜＝”要求两侧操作数的数据类型只能是数值类型,即整型、浮点型、字符型及枚举型等。

2.4.3　逻辑运算符

逻辑运算符用于判断操作数之间的逻辑关系,逻辑表达式的值也是一个布尔类型值。C#的逻辑运算符及相应的表达式示例如表 2.4 所示。

表 2.4　逻辑运算符

运算符	表达式示例	结果(假设 a、b 均为某同一类型变量)
!	!(a>b)	若 a 大于 b,则为 false,否则为 true
&&	a>b&&b>0	若 a 大于 b 同时 b 大于 0,则为 true,否则为 false
||	a>b||a>0	若 a 大于 b 或者 a 大于 0,则为 true,否则为 false

逻辑运算符(&&、||、!)的运算规则如下。

(1) 逻辑非(!):由真变假或由假变真,进行取反运算。例如,!(1>2)的值为 true。

(2) 逻辑与(&&):对两个操作数进行与运算,如果两个操作数均为 true,则结果为 true,否则为 false。例如,(1>2)&&(2>0)的值为 false。

(3) 逻辑或(||):对两个操作数进行或运算,如果两个操作数其中有一个为 true,则结果为 true,只有当两个操作数均为 false 时,结果才为 false。例如,(1>2)||(1>0)的值为 true。

2.4.4　位运算符

计算机处理的数据都是以二进制的形式存储的,C#提供了一些专门针对二进制数的运算符,即位运算符。位运算符按二进制位进行运算,C#的位运算符如表 2.5 所示。

表 2.5　位运算符

<table>
<tr><th>运算符</th><th>含 义</th><th>说　明</th></tr>
<tr><td>&</td><td>与</td><td>两个二进制位同为 1 时结果为 1,否则为 0</td></tr>
<tr><td>|</td><td>或</td><td>两个二进制位同为 0 时结果为 0,否则为 1</td></tr>
<tr><td>^</td><td>异或</td><td>两个二进制位相同时结果为 0,否则为 1</td></tr>
<tr><td>~</td><td>取补</td><td>按位取反,即 ~ 0 = 1,~ 1 = 0</td></tr>
<tr><td><<</td><td>左移</td><td>操作数按位左移,最高位移出,最低位补 0</td></tr>
<tr><td>>></td><td>右移</td><td>操作数按位右移,最低位移出</td></tr>
</table>

2.4.5　赋值运算符

赋值运算符有两种形式:一种是简单赋值运算符(=),另一种是复合赋值运算符(如+=)。C# 的赋值运算符及相应的表达式示例如表 2.6 所示。

表 2.6　赋值运算符

运算符	表达式示例	结果(假设表达式从上至下依次计算)
=	a =10	a = 10
+=	a += 1	a = 11(相当于 a = a + 1)
-=	a -= 2	a = 9(相当于 a = a - 2)
*=	a *= 3	a = 27(相当于 a = a * 3)
/=	a /= 4	a = 6(相当于 a = a / 4)
%=	a %= 5	a = 1(相当于 a = a % 5)

2.4.6　条件运算符

条件运算符“?:”也称为三元运算符,它是后面要介绍的选择结构控制语句 if…else 的简化形式,具有 3 个操作数。其语法格式如下:

＜条件表达式＞ ? ＜条件成立的返回值＞ : ＜条件不成立的返回值＞

其中,＜条件表达式＞的值是一个 bool 值,即 true 或 false。若表达式的值为 true,返回＜条件成立的返回值＞;否则,返回＜条件不成立的返回值＞。例如:

```
c=a>b? a:b        //a 大于 b,则 c=a,否则 c=b,即 c 为 a、b 中较大的一个值
```

【提示】虽然三元运算符看起来很简单,但它常常会导致程序难以理解,可读性差。因此在实际的编程中,并不提倡这么做,而应当尽量避免使用它,采用选择结构控制语句 if…else 来解决类似的问题。

2.4.7　自增和自减运算符

C# 与 C/C++ 相同,保留了自增运算符(++)和自减运算符(--),它们是一元运算符,且操作数只能是变量。

1. 自增运算

自增运算符(++)的作用是对变量的值加 1。自增运算符(++)可以放在被操作变量的前面(称为前自增),也可以放在被操作变量的后面(称为后自增)。

前自增与后自增有很大的区别，前自增的执行过程是先使变量的值加 1，再执行其他运算；而后自增则是先执行其他运算，再使变量的值加 1。例如：

```
int a,b;
a=9; b= ++a;          //a 与 b 的值均为 10
a=9; b=a++ ;          //a 的值为 10,b 的值为 9
```

2. 自减运算

自减运算符(－－)的作用是对变量的值减 1。自减运算符(－－)可以放在被操作变量的前面(称为前自减)，也可以放在被操作变量的后面(称为后自减)。

前自减与后自减也有很大的区别，前自减的执行过程是先使变量的值减 1，再执行其他运算；而后自减则是先执行其他运算，再使变量的值减 1。

2.4.8 字符串连接运算符

字符串连接运算符只有一个，即"＋"，它一般用于连接两个字符串。字符串连接表达式的结果仍为字符串类型的数据，例如：

```
"C#" + "语言基础"              //结果为"C#语言基础"
```

【提示】当"＋"连接的对象中既有字符串又有数字时，则可以省略数字的字符串定界符("")。例如，"Visual" ＋ "Studio" ＋ "2010"可以写成"Visual" ＋ "Studio" ＋ 2010，这样做虽不会影响计算的结果，但是不推荐这样做。

2.4.9 运算符的优先级与结合性

在创建表达式时，往往需要一个或多个运算符。当有多个运算符参与运算操作时，编译器会按照运算符的优先级来控制表达式的运算顺序，然后再计算求值。我们在生活中也常常遇到这样的计算，如 1＋2＊3。如果在程序设计中，编译器优先运算"＋"运算符并进行计算，显然就会造成错误的结果。

1. 运算符的优先级

根据运算符所执行运算的特点和它们的优先级，可将它们归为元运算符和括号、一元运算符、算术运算符、移位运算符、关系运算符、位运算及逻辑运算符、条件运算符、赋值运算符 8 个类别，其优先级顺序如表 2.7 所示(从上至下优先级依次降低)。

表 2.7 运算符的优先级

<table>
<tr><th>类　别</th><th>运 算 符</th></tr>
<tr><td>元运算符</td><td>( )、＋＋、－－(作为后缀)、typeof</td></tr>
<tr><td>一元运算符</td><td>＋、－(取负)、!、~、＋＋、－－(作为前缀)</td></tr>
<tr><td>算术运算符</td><td>＊、/、%、＋、－</td></tr>
<tr><td>移位运算符</td><td><<、>></td></tr>
<tr><td>关系运算符</td><td><、>、<=、>=、is、==、! =</td></tr>
<tr><td>逻辑运算符</td><td>&、^、|、&&、||</td></tr>
<tr><td>条件运算符</td><td>?:</td></tr>
<tr><td>赋值运算符</td><td>=、＊=、/=、%=、＋=、－=、<<=、>>=、&=、^=、|=</td></tr>
</table>

2. 运算符的结合顺序

当操作数出现在相同优先级的运算符之间时，如表达式“3-2-1”，按从左到右的顺序计算结果为 0，如果按从右到左计算，则结果为 2。由此可见，当表达式中包含相同优先级的运算符时，一定要明确运算符的结合顺序。

运算符的结合顺序分为左结合和右结合两种。C# 中，所有的一元运算符都是右结合的。而对于二元运算符，除赋值运算符(包含复合赋值运算符)外，其他的都是左结合的。

2.5 流程控制

一般情况下应用程序代码都不是按顺序执行的，可能经常会遇到选择性或重复性的问题。例如，判断用户是否已注册，如果用户已注册则允许用户登录，否则就跳转到注册页面，就是一个典型的选择性问题，而判断用户是否注册的过程需要反复同已注册用户数据比对，就构成了一个典型的重复性问题(循环)。在 C# 中，主要的流程控制语句包括条件语句、循环语句、跳转语句及异常处理等。

2.5.1 条件语句

在日常的事件处理中常常需要根据不同的情况，采用不同的措施来解决问题。同样，在程序设计中，也要根据不同的给定条件而采用不同的处理方法，条件语句就是用来解决这一类问题的。

C# 提供了两种条件语句结构，即 if 语句和 switch 语句。其中，if 语句包括多种呈现形式，这些形式分别是 if、if…else、if…else if。

1. 单分支 if 语句

if 语句是用于实现单个条件(即只有一个条件)选择结构的语句。

if 语句的语法格式如下：

```
if (<条件表达式>)
{
    <语句组>
}
```

对以上语法格式说明如下。

(1) <条件表达式>可以是关系表达式或逻辑表达式，表示执行的条件，运算结果是一个 bool 值(true 或 false)。

(2) <语句组>可以是一条语句，也可以是多条语句。当只有一条语句时，花括号({})可以省略，但并不提倡这么做。

(3) 如果表达式的值为 true，则执行后面 if 语句所控制的语句；如果表达式的值为 false，则不执行 if 语句控制的语句，而直接跳转执行后面的语句。

2. if…else 语句

if…else 语句是用于实现双分支选择结构的语句。

if…else 语句的语法格式如下：

```
if (<条件表达式>)
{
   <语句组1>
}
else
{
     <语句组2>
}
```

对以上语法格式说明如下。

(1) 如果条件表达式的值为 true,则执行 if 语句所控制的语句组 1;如果条件表达式的值为 false,则执行 else 语句所控制的语句组 2。

(2) <条件表达式>可以是关系表达式或逻辑表达式,表示执行的条件。

3. if…else if 语句

if…else if 语句是 if 语句和 if…else 语句的组合,其一般形式如下:

```
if (<条件表达式1>)
   { <语句组1> }
else if (<条件表达式2>)
   { <语句组2> }
…
else if (<条件表达式 n-1>)
   { <语句组 n-1> }
else
   { <语句组 n> }
```

对以上语法格式说明如下。

(1) 如果表达式 1 的值为 true,则执行 if 语句所控制的语句组 1;否则,判断表达式 2,如果表达式 2 的值为 true,则执行语句组 2;否则,继续判断下一个表达式;依次类推,判断表达式 $n-1$ 的值是否为 true,如果为 true,则执行语句组 $n-1$,否则执行语句组 n。

(2) 添加到 if 子句中的 else if 语句的个数没有限制。

(3) 用于测试多个条件。

4. if 语句的嵌套

if 语句的嵌套是指在一个 if 语句结构中将要执行的语句又是一个 if 语句的情况,这种 if 语句又包含 if 语句的结构就称为嵌套的 if 语句。为避免二义性,C♯规定 else 语句与和它处于同一模块的最近的 if 相匹配,其一般形式如下:

```
if (<条件表达式1>)
{
  …
   if (<条件表达式2>)
   {
     …
```

```
    }
    else
    {
        …
    }
…
}
else
{
  …
}
```

嵌套的if语句的执行过程与前面介绍的类似，嵌套的层数一般没有具体的规定，但是一般来说超过10层的嵌套就已很少见了。

5. switch 语句

在if语句中，if语句只能测试单个条件，如果需要测试多个条件，则需要书写冗长的代码。而switch语句能有效地避免冗长的代码并能测试多个条件，其语法格式如下：

```
switch (<表达式>)
{
    case <常量表达式 1>:
        <语句组 1>
        break;
    case <常量表达式 2>:
        <语句组 2>
        break;
     ⋮
    case <常量表达式 n>:
        <语句组 n>
        break;
    [default:
        <语句组 n + 1>
        break;]
}
```

对以上语法格式说明如下。

(1) <表达式>为必选参数，一般为变量。

(2) <常量表达式>是用于与<表达式>匹配的参数，只可以是常量表达式，不允许使用变量或者有变量参与的表达式。

(3) <语句组>不需要使用花括号({})括起来，而是使用break语句来表示每个case子句的结尾。

(4) default子句为可选项。

多分支 switch 语句的执行过程如下。

(1) 首先计算＜表达式＞的值。

(2) 用＜表达式＞的值与 case 后面的＜常量表达式＞逐个匹配，若发现相等，则执行相应的语句组。

(3) 如果＜表达式＞的值与任何一个＜常量表达式＞都不匹配，在有 default 子句的情况下，则执行 default 后面的＜语句组 $n+1$＞；若没有 default 子句，则跳出 switch 语句，执行 switch 语句后面的语句。

注意：在 C/C++中，可以被允许不写 break 而贯穿整个 switch 语句；但是在 C#中不以 break 结尾是错误的，并且编译器不会通过。

【案例 2-1】在 2.1 节建立的网站 Chapter 2 中添加一个网页，并命名为 chapter2-2.aspx，利用 switch 语句及 if 语句把百分制学生成绩转换为“优、良、中、及、不及”五等级制成绩并在页面中输出结果。

方法与步骤如下。

(1) 向网页中添加控件并设置属性：打开工具栏，从“标准”分类中拖曳一个 Text 控件及两个 Button 控件，并设置 Button1 与 Button2 控件的 Text 属性分别为“switch 转换”与“if 转换”。

(2) 双击“switch 转换”按钮，在 Button1_Click(按钮单击事件过程)中添加如下以黑体标识的代码：

```
protected void Button1_Click(object sender, EventArgs e)
{
    int score = int.Parse(TextBox1.Text);       //将 string 类型转换成 int 类型
    switch (score / 10)
    {
        case 10:
        case 9: Response.Write("你的等级制成绩为:优");break;
                                                //必须使用 break 跳出
        case 8: Response.Write("你的等级制成绩为:良");break;
        case 7: Response.Write("你的等级制成绩为:中");break;
        case 6: Response.Write("你的等级制成绩为:及");break;
        default: Response.Write("你的等级制成绩为:不及");break;
    }
}
```

(3) 双击“if 转换”按钮，在 Button2_Click 事件过程中添加如下以黑体标识的代码：

```
protected void Button2_Click(object sender, EventArgs e)
{
    int score = Convert.ToInt16(TextBox1.Text);  //将 string 类型转换成 int 类
型的另一种方法
    if (score >= 90)
```

```
        Response.Write("你的等级制成绩为:优");
    else if(score >= 80)
        Response.Write("你的等级制成绩为:良");
    else if(score>=70)
        Response.Write("你的等级制成绩为:中");
    else if(score>=60)
        Response.Write("你的等级制成绩为:及");
    else
        Response.Write("你的等级制成绩为:不及");
}
```

（4）按“Ctrl”+“F5”组合键或工具栏上的▶按钮，在弹出的菜单中选择“不进行调试直接运行”，如图 2.12 所示，运行结果如图 2.13 所示。

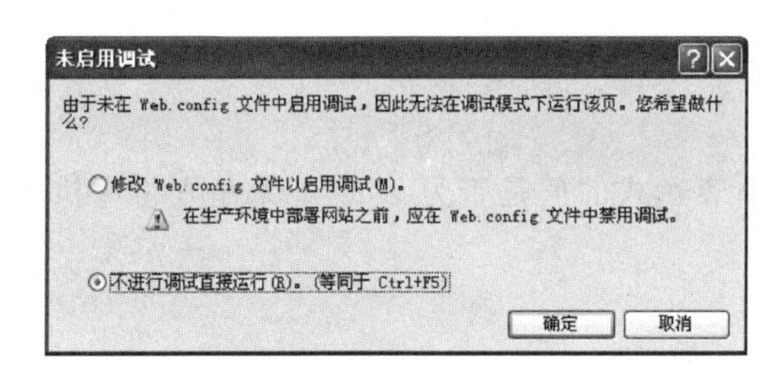

图 2.12　不调试运行

图 2.13　网页运行结果

【思考】案例代码中并未检测文本框的输入字符串的格式，可能会引发运行异常，如何改进代码避免此情况发生？

【试一试】为代码补充数值范围判断功能，保证输入的成绩必须在 0～100 之间。

2.5.2　循环结构

循环结构用于代码段的重复执行，它是程序设计中的一个非常基本但也非常重要的流程控制结构。C＃提供了 while、do-while、for 和 foreach 共 4 种循环语句，下面分别进行介绍。

1. while 语句

while 语句的语法格式如下：

```
while(<表达式>)
{
    <循环体>
}
```

其执行过程是：首先判断条件表达式的值，如果为 true，则执行循环体，然后再次计算表达式；一旦条件表达式的值为 false，则执行 while 结构之后的语句。

例如，假设存款本金为 10 000 元，年利率为 3%，下面的示例代码可完成 3 年后的本息合计的计算。

```
decimal x = 10000M;  //decimal 专门用于货币类型变量的定义
int i = 0;
while(i<3)
{
    x = x + x * 0.03M;
    i++;
}
Response.Write("3 年后本息合计为:" + x);
```

2. do-while 语句

do-while 语句类似于 while 语句,是 while 语句的变形。do-while 语句的语法格式如下:

```
do
{
    <循环体>
}while(<表达式>)
```

其执行过程是:首先执行循环体,然后判断表达式的值是否为 true,如果是则再次执行循环体,否则结束循环。

仍以计算本息合计为例,示例代码如下:

```
decimal x = 10000M;   //decimal 专门用于货币类型变量的定义
int i = 0;
do
{
    x = x + x * 0.03M;
    i++;
}while(i<3)
Response.Write("3 年后本息合计为:" + x);
```

3. for 语句

for 语句是最为复杂、也最为灵活的一种循环结构。通常,for 语句按照指定的次数执行循环体,循环执行的次数由一个变量来控制,把这种变量称为循环变量。for 语句的语法格式如下:

```
for ([<表达式 1>]; [<表达式 2>]; [<表达式 3>])
{
    <循环体>
}
```

对以上语法格式说明如下。

(1) <表达式 1>、<表达式 2>、<表达式 3>均为可选项,但其中的分号(;)不能省略。

(2) <表达式 1>仅在进入循环之前执行一次,通常用于循环变量的初始化,如"i = 0"中的 i 为循环变量。

(3) ＜表达式 2＞为循环控制表达式，当该表达式的值为 true 时执行循环体，为 false 时跳出循环。其通常是循环变量的一个关系表达式，如“i ＜= 10”。

(4) ＜表达式 3＞通常用于修改循环变量的值，以使循环能趋于结束，如“i ++”。

(5) ＜循环体＞即重复执行的操作块。

for 循环的执行顺序如下。

(1) 若存在循环初始化表达式 1，则执行它。

(2) 若存在循环判断表达式 2，则求其值。

(3) 若表达式 2 的值为 true 或为空，则执行循环体，然后执行表达式 3 并转到(2)；若其值为 false 则转到(4)。

(4) 结束循环，执行 for 语句之后的语句。

继续以计算本息合计为例，示例代码如下：

```
decimal x = 10000M;   //decimal 专门用于货币类型变量的定义
int i;
for(i = 0;i<3;i ++ )
{
    x = x + x * 0.03M;
}
Response.Write("3 年后本息合计为：" + x);
```

4. foreach 循环语句

foreach 循环语句是 C# 中新引入的循环控制结构，主要用于对集合中各元素的遍历。foreach 语句的语法格式为

```
foreach (类型 标识符 in <集合表达式> )
{
    <循环体>
}
```

对以上语法格式说明如下。

(1) 标识符是指 foreach 循环的迭代变量，它只在 foreach 语句中有效，其类型应与集合元素的类型一致。

(2) 集合表达式是指被遍历的集合，如数组等。

例如，下面的示例代码可完成对数组 a 中元素个数的统计：

```
int count = 0;
int[] a = {1,3,5,7,9,11};        //定义数组并初始化
foreach(int i in a)
{
    count ++ ;
}
Response.Write("数组 a 包含：" + count + "个元素");
```

上面的 foreach 语句指定了集合中的元素类型(int)和标识(i)，并在“in”关键字之后指定了集合对象数组 a，在循环过程中数组 a 的每一个元素的值将被赋值给 i，并执行循环体

内指定的操作。

foreach 语句中,迭代变量是一个只读的局部变量,也就是说在 foreach 语句中不能改写它的值,例如:

```
foreach(int i in a)
{
    i++; //错误,不能修改迭代变量的值
}
```

C#语言规定:如果一个对象支持接口 IEnumerable 或 IEnumerable<T>,那么就可以将该对象作为 foreach 语句遍历的集合对象。C#的数组类型就是默认支持该接口的,因而支持 foreach 遍历。另外,还有字符串类型 string 也支持该接口,因此可以使用 foreach 遍历字符串中的每一个字符。

例如,统计字符串中有多少个字符'o'的示例代码如下:

```
string testString = "I love asp.net programming";
int count = 0;
foreach(char ch in testString)
{
    if (ch == 'o')
        count++;
}
Response.Write("字符串中有" + count + "个 o 字符");
```

2.5.3 跳转结构

如果一个循环语句循环条件始终为 true,那么循环语句就会无休止地执行下去,直到耗尽所有资源,这就是通常所说的"死循环"。示例代码如下:

```
int sum = 0, i = 1;
for(;i<=100;)
{
    sum = sum + i;
}
```

代码的本意是想求 1+2+…+100 的和,但是由于循环条件始终为 true,循环将一直进行下去,导致死循环。

注意:在编写程序时一定要避免死循环的发生,无外乎通过两种方式:一是改变循环控制变量的值,使循环趋于结束;二是使用跳转语句强制"跳出"循环。

1. break 语句

在 switch 语句中我们已经使用过 break 语句,它表示"跳出"switch 结构。同样,在任意一种循环语句中使用 break 语句都能跳出当前循环,并继续执行循环语句之后的代码。例如:

```
string testString = "I love asp.net programming";
```

```
int count = 0;
foreach(char ch in testString)
{
    count ++ ;
    if (ch == 'o')
        break;                  //若当前ch为'o'字符,则跳出循环
}
```

【思考】以上代码实现了什么功能？若不使用break语句,如何实现？

2. continue 语句

break语句在跳出循环后将执行循环语句之后的代码,而continue语句用于结束本次循环,开始下次循环。也就是说,它只是忽略了本次循环中尚未执行的代码。例如:

```
//计算1～100之间所有能被3整除的数的和
int sum = 0;
for (int i = 1; i <= 100; i++)
{
    if (i % 3 != 0)
        continue;
    sum += i;
}
```

3. return 语句

return语句出现在一个方法内,用于整个方法的返回,此时程序的控制权转交该方法的调用者。如果方法为void类型(空类型),则可以省略return语句。如果方法有返回值,那么必须使用"return表达式"格式的语句,其中的表达式就是方法的返回值。

4. goto 语句

goto语句用于无条件跳转到指定语句去执行。其语法格式如下:

```
goto 标号;
标号: 语句;
```

其中,"标号"就是定位在某一语句之前的一个标识符,必须符合标识符的命名规则。

例如:

```
string testString = "I love asp.net programming";
int count = 0;
foreach(char ch in testString)
{
    count ++ ;
    if (ch == 'o')
        goto found;             //若当前ch为'o'字符,则跳出循环
}
found: Response.Write("字符串中第一个o字符在第" + count + "位");
```

注意：goto 语句最常见的用法是将控制传递给特定的 switch-case 子句以实现部分 case 子句的贯穿操作。但它是典型的非结构化控制语句，滥用该语句会导致程序结构混乱，大大降低程序的可读性，因此如无必要，在程序中应尽量避免使用。

2.6 数组、结构与枚举

2.6.1 数组

如果需要使用同一类型的多个变量，就可以使用数组。数组是一种数据结构，可以包含同一类型的多个元素。在 C# 中，数组实际上是对象，这是 C# 的数组与其他程序设计语言的数组的最大差别。另外，在声明及使用的方式等方面，C# 的数组与其他程序设计语言的数组也有所不同。

1. 一维数组的声明

在 C# 中，声明一个一维数组的一般形式如下：

＜数组类型＞[] ＜数组名＞

对以上语法格式说明如下。

(1) ＜数组类型＞是指构成数组的元素的数据类型，可以是 C# 中任意的数据类型。

(2) [ ]必须放置在＜数组类型＞之后，表明后面的变量为数组类型。

(3) ＜数组名＞跟普通变量一样，必须遵循 C# 的合法标识符规则。

注意：声明数组时必须使用方括号[]，且必须写在数组名之前，数组类型之后。另外，声明数组时不能指定数组的大小。

2. 创建数组对象实例

数组是引用类型，数组变量引用的是一个数组实例。声明一个数组时，不需要指定数组的大小，因此在声明数组时并不分配内存，而只有在使用 new 关键字创建数组实例后，才指定数组的大小，同时给数组分配相应大小的内存。

声明数组和创建数组实例可分别进行，也可以合在一起写，相应形式如下：

＜数组类型＞[] ＜数组名＞

＜数组名＞ = new ＜数据类型＞[size]

或

＜数组类型＞[] ＜数组名＞ = new ＜数据类型＞[size]

其中，size 表明数组元素的个数。

例如：

```
string[] mystrs;  //声明数组
mystrs = new string[5];   //创建数组实例
string[] mystrs = new string[5];   //声明数组的同时创建数组实例
```

3. 一维数组的初始化

一维数组的初始化有以下 4 种常用的形式。

(1) 语法形式 1 如下：

＜数组类型＞[] ＜数组名＞ = new ＜数据类型＞ [size] { val1, val2, …};

数组声明与初始化同时进行时，size 就是数组元素的个数。它必须是常量，而且应该与大括号内的数据个数一致。例如：

```
string[] mystrs = new string[5] { "Hello", "welcome", "to", "ASP.NET", "world"};
```

(2) 语法形式 2 如下：

＜数组类型＞[] ＜数组名＞ = new ＜数据类型＞ [ ] { val1, val2, …,valn };

默认 size，由编译系统根据初始化表中的数据个数，自动计算数组的大小。例如：

```
string[] mystrs = new string[] { "Hello", "welcome", "to", "ASP.NET","world"};
```

(3) 语法形式 3 如下：

＜数组类型＞[] ＜数组名＞ = { val1, val2, …,valn };

数组声明与初始化同时进行，这种情况下，可省略 new 运算符。例如：

```
string[] mystrs = {"Hello", "welcome", "to", "ASP.NET","world"};
```

(4) 语法形式 4 如下：

＜数组类型＞[] ＜数组名＞ ;

＜数组名＞ = new ＜数组类型＞ [size] { val1, val2,… };

当数组声明与初始化分开在不同的语句中进行时，size 同样可以默认，也可以指定一个变量，但 new 运算符一定不能省略。例如：

```
string[] mystrs ;
mystrs = new string[5] { "Hello", "welcome", "to", "ASP.NET", "world"};
```

4. 一维数组元素的访问

对数组中的一个元素进行读、写等操作，称为访问单个数组元素。如果要访问数组中的数组元素，就需要将数组名与下标(即数组元素的索引号)结合起来，下标用以标明数组元素在数组中的位置。在 C# 中，数组元素的索引值是从 0 开始的。

访问一维数组中的单个数组元素的一般形式如下：

＜数组名＞ [＜下标＞]

【案例 2-2】在网站 Chapter 2 上添加一个 Web 窗体，命名为 chapter2-3. aspx。定义一个一维数组用于存储学生成绩，并在页面加载时输出所有学生的成绩及最高分。

方法与步骤如下。

(1) 在 chapter2-3. aspx. cs 代码页文件的页面加载事件过程中添加如下以黑体标识的代码：

```
protected void Page_Load(object sender, EventArgs e)
{
    int id = 0,max;
    int[] scores = new int[10] {68,75,85,92,90,72,73,85,91,76 };
                                        //定义一维数组并赋初值
    max = scores[0];                    //scores[0]是数组的第一个元素
```

```
    foreach (int i in scores)                    //遍历数组
    {
        id++;
        Response.Write("第" + id + "个学生的成绩是:" + i + "<br/>");
    }
    for (int i = 1; i < 10; i++)                 //循环比较,求最大值
    {
        if (scores[i] > max)
            max = scores[i];
    }
    Response.Write("最高分是:" + max);
}
```

(2) 按“Ctrl”+“F5”组合键运行页面,结果如图 2.14 所示。

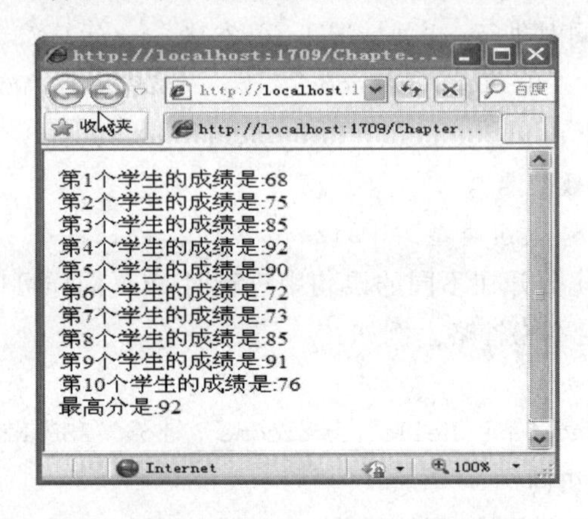

图 2.14　页面运行结果

【试一试】修改案例代码,将所有学生的成绩按降序(从高到低)输出。

5. 多维数组的声明

多维数组的声明方法与一维数组类似,只是在<数组类型>后的方括号中添加若干个逗号,逗号的个数由数组的维数决定,有 n 个逗号,就是 $n+1$ 维数组。其一般形式如下:

<数组类型>[<若干个逗号>] <数组名>

例如:

```
float [ , ] scores;    //scores 是一个 float 类型的二维数组
char [ , , ] table;    // table 是一个 char 类型的三维数组
```

6. 多维数组的初始化

多维数组的初始化是将每维数组元素设置的初始值放在各自的大花括号内。为表述方便,下面将以最常用的二维数组为例加以讨论,同一维数组一样,二维数组的初始化也具有 4 种形式。

(1) 语法形式 1 如下:

<数组类型>[,] <数组名> = new <数组类型>[size1, size2]{{ val11,

val12, …,val1n },

{ val21, val22, …,val2n }, …,{ valm1, valm2, …,valmn }};

在声明二维数组时，使用 new 关键字对其实例化，数组元素的个数是 size1 * size2，数组的每一行分别用一个花括号括起来，每个花括号内的数据就是这一行的每一列元素的值，初始化时的赋值顺序按矩阵的“行”存储原则。例如：

int[,] nums = new int[4,4]{ { 1, 3, 5, 7 }, { 2, 4, 6, 8 }, { 3, 5, 7, 9 }, { 4, 6, 8, 10 } };

(2) 语法形式 2 如下：

<数组类型> [ ] <数组名> = new <数组类型> [,] {{ val11, val12, …,val1n }, { val21, val22,…,val2n }, …, { valm1, valm2, …,valmn }};

默认 size，由编译系统根据初始化表中花括号“{}”的个数确定行数，再根据“{}”内的数据确定列数，从而得出数组的大小。例如：

int[,] nums = new int[,]{ { 1, 3, 5, 7 }, { 2, 4, 6, 8 }, { 3, 5, 7, 9 }, { 4, 6, 8, 10 } };

(3) 语法形式 3 如下：

<数组类型> [,] <数组名> ={{ val11, val12, …,val1n },

{ val21, val22, …,val2n }, …, { valm1, valm2, …,valmn }};

例如：

int[,] nums = { { 1, 3, 5, 7 }, { 2, 4, 6, 8 }, { 3, 5, 7, 9 },{ 4, 6, 8, 10 } };

(4) 语法形式 4 如下：

<数组类型> [,] <数组名> ;

<数组名> = new <数组类型> [size1, size2] {{ val11, val12, …,val1n },

{ val21, val22, …,val2n }, …, { valm1, valm2, …,valmn }};

把数组声明与初始化分开在不同的语句中时，size1、size2 同样可以默认，但也可以是变量。例如：

int[,] nums ;

nums = new int[,]{ { 1, 3, 5, 7 }, { 2, 4, 6, 8 }, { 3, 5, 7, 9 },{ 4, 6, 8, 10 } };

三维或三维以上的多维数组的初始化方法类似于二维数组的初始化方法。

7. 多维数组元素的访问

多维数组元素的访问与一维数组元素的访问类似，只是需要使用多个下标，并用逗号隔开。以访问二维数组为例，单个数组元素的一般形式如下：

<数组名> [<行下标>, <列下标>]

例如，前面定义的数组 nums，如要访问其中的第二行、第三列的数组元素“6”和最后一行、最后一列的“10”，则应当使用“nums[1, 2]”和“nums[3, 3]”。

【案例 2-3】在网站 Chapter 2 上添加一个 Web 窗体，命名为 chapter2-4. aspx。定义一个二维数组用于存储 5 名学生 3 门课程的成绩，并在页面加载时输出平均成绩最高的学生的成绩及该生的学号。

方法与步骤如下。

(1) 在 chapter2-4. aspx. cs 代码页中的页面加载事件过程中添加如下代码：

```
protected void Page_Load(object sender, EventArgs e)
{
    int i, j, id = 0;
    float max = 0;
    //二维数组的最后一列用于存储每个学生三门课的平均分
    float[,] scores = { {80, 75, 92, 0}, { 61, 65, 71, 0 }, { 59, 63, 70, 0 }, {
85, 87, 90, 0 }, { 76, 77, 85, 0} };
    for (i = 0; i < 5; i++)
    {
        for (j = 0; j < 3; j++)
            scores[i, 3] += scores[i, j];
            scores[i, 3] = scores[i, 3] / 3;
    }
    for (i = 0; i < 5; i++)
    {
        if (scores[i, 3] > max)
        {
            max = scores[i, 3];
            id = i;
        }
    }
    Response.Write("平均成绩最高的学生学号是:" + id + "<br/>");
    Response.Write("三门课平均分是:" + max );
}
```

(2) 按“Ctrl”+“F5”组合键运行页面,结果如图 2.15 所示。

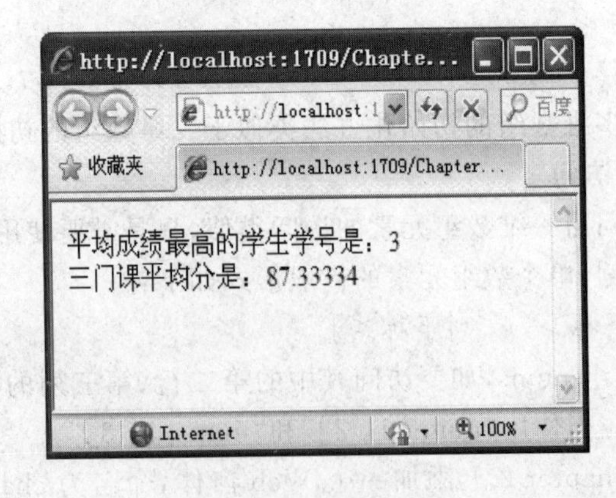

图 2.15　页面运行结果

【思考】案例中采用了创建数组时预留一列的方式来存储每个学生的平均分。还有什么方式适合这一操作?

2.6.2　结构

类是引用类型，这意味着需要通过引用来访问类对象。这不同于可以直接访问的值类型。然而，有时能够像访问值类型那样直接访问对象是有用的，优点之一是可以提高效率。通过引用来访问类对象增加了每次访问的系统开销，并且会消耗额外的空间。对于非常小的对象，这种额外的空间消耗可能比较明显。为了解决这些问题，C# 提供了结构类型。

结构类型是用户自己定义的一种类型，它是由其他类型组合而成的，可包含构造函数、常数、字段、方法、属性、索引器、运算符、事件和嵌套类型的值类型。结构与类的最大区别在于：结构为值类型而不是引用类型，并且结构不支持继承。

struct 关键字用于声明结构类型，基本语法格式如下：

```
struct 结构类型名：接口
{
    成员声明；
}
```

注意： 结构不能继承其他结构或类，也不能作为其他结构或类的基结构。然而，一个结构可以实现一个或多个接口，在结构名之后使用逗号分隔的列表指定这些接口。关于类与接口，会在第 3 章中给出详细讲解。

【案例 2-4】在网站 Chapter 2 上添加一个 Web 窗体，命名为 chapter2-5. aspx。定义一个银行账户结构，用以演示结构类型的使用方法。

方法与步骤如下。

(1) 在解决方案资源管理器中双击 chapter2-5. aspx. cs 文件，进入代码编辑窗口，在分部类中声明一个银行账户结构类型，代码如下：

```
struct Account
{
    public string name;                     //账户名
    public double balance;                  //存款金额
    public Account(string n, double b)      //自定义构造函数
    {
        name = n;
        balance = b;
    }
}
```

(2) 在 chapter2-5. aspx. cs 代码页的页面加载事件过程中添加如下代码：

```
protected void Page_Load(object sender, EventArgs e)
{
    Account  acc1 = new Account("王佳", 3232.5); // 自定义构造函数
    Account  acc2 = new Account();              // 默认构造函数
    Account  acc3;                              // 无构造函数
```

```
    Response.Write(acc1.name + " 的存款金额为" + acc1.balance);
    if(acc2.name == null)
      Response.Write ("acc2 账户不存在");
    // acc3 变量在使用前必须首先初始化
    acc3.name = "张萌";
    acc3.balance = 1099.8;
    Response.Write (acc3.name + "的存款金额为" + acc3.balance);
}
```

注意:虽然定义与使用方法与第 3 章要介绍的类及对象十分相似,但结构仍然为值类型,要注意理解与区分。

(3) 按"Ctrl"+"F5"组合键运行页面,结果如图 2.16 所示。

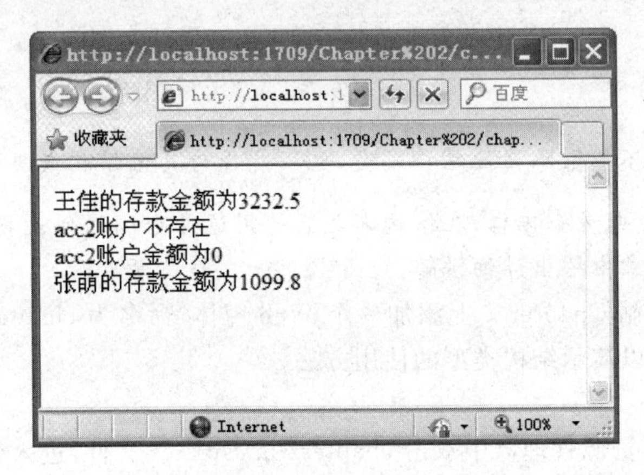

图 2.16　页面运行结果

【提示】在完成第 3 章中"类"的学习后,请再回顾此案例,仔细对比结构与类的异同点。

2.6.3　枚举

枚举类型是用户自定义的数据类型,是一种允许用符号代表数据的值类型。枚举是指程序中某个变量具有一组确定的值,通过"枚举"可以将其值一一列出来。例如,如需要将一个星期的 7 天分别用单词符号 Monday、Tuesday、Wednesday、Thursday、Friday、Saturday 和 Sunday 来表示,就可以使用枚举类型。

1. 枚举类型的定义

枚举类型是值类型的一种特殊形式,是一种用户自己定义的由一组指定常量集合组成的类型,基本语法格式如下:

```
enum 枚举名[: 基本类型名]
{
    枚举成员 [ =常数表达式],
    ...
}
```

例如：

```
enum Days {Sun, Mon, Tue, Wed, Thu, Fri, Sat};
```

或

```
enum Color { Red, Green = 5, Blue}
```

每个枚举类型都有一个相应的整数类型，称为枚举类型的基本类型。一个枚举声明可以显式地声明 byte、sbyte、short、ushort、int、uint、long 或 ulong 中的一个基本类型。一个没有显式声明一个基本类型的枚举声明，基本类型为 int。

注意：C#中，基础类型不能隐式转换为枚举类型，枚举类型也不能隐式转换为基础类型。例如，int i=Color. Red；是错误的，一定要作显式强制类型转换，int i = (int)Color. Red;。

2. 枚举成员的赋值

一个枚举成员的数值，既可以使用等号"="显式地赋值，也可以不显式地赋值，而使用隐式赋值。隐式赋值按以下规则来确定值。

(1) 对第一个枚举成员，如果没有显式赋值，则其数值为 0。

(2) 对其他枚举成员，如果没有显式赋值，则其值等于前一枚举成员的值加 1。

例如：

```
enum Days {Sun, Mon, Tue, Wed, Thu, Fri, Sat};
```

其枚举成员 Sun、Mon、Tue、Wed、Thu、Fri 和 Sat 在执行程序时，分别被赋予整数值 0、1、2、3、4、5 和 6。而对于：

```
enum Color { Red, Green = 5, Blue}
```

在执行程序时，Red 的值为 0，Green 的值为 5，Blue 的值为 6。

【案例 2-5】向网站"Chapter 2"中添加一个 Web 窗体，命名为 chapter2-6. aspx，使其根据输入的时间完成问好功能。

方法与步骤如下。

(1) 从工具栏中拖拽 1 个 TextBox 控件、1 个 Button 控件到页面上。在 Button 控件所对应的属性窗口中，将"Text"属性值"Button1"修改为"问声好吧"。

(2) 在解决方案资源管理器中双击 chapter2-6. aspx. cs 代码文件，进入代码编辑窗口，在分部类中声明一个枚举类型，代码如下所示：

```
public enum TimeofDay : uint                    // 声明一个 uint 类型的枚举
{
    Morning = 9,
    Afternoon = 15,
    Evening = 19
}
```

(3) 切换至 chapter2-6. aspx 页面的"设计"视图，双击 Button 控件，在自动生成的单击事件过程中添加如下以黑体标识的代码：

```
protected void Button1_Click(object sender, EventArgs e)
                                                // Button 控件的单击事件
```

```
{
    int timeofDay = Convert.ToInt32(TextBox1.Text);
    string greeting = "Good ";
    switch (timeofDay)
    {
        case (int)TimeofDay.Morning:      //显式强制类型转换
            greeting += TimeofDay .Morning .ToString() ; break;
        case (int)TimeofDay.Afternoon:
            greeting += TimeofDay .Afternoon .ToString(); break;
        case (int)TimeofDay.Evening:
            greeting += TimeofDay .Evening .ToString(); break;
    }
    Response.Write(greeting );
}
```

(4) 按“Ctrl”+“F5”组合键运行页面，输入一个时间，单击【问声好吧】按钮，结果如图 2.17 所示。

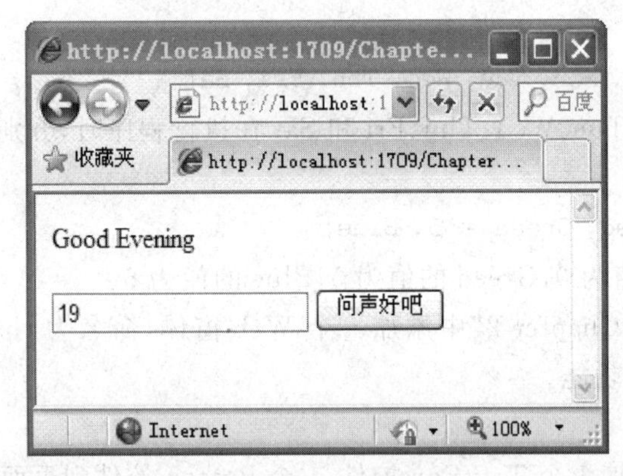

图 2.17　网页运行结果

【思考】案例代码仅适用于在文本框中输入固定时间(9、15、19)的情况，如何改动能使其适用于连续时间？例如，输入 1～9，均显示“Good Morning”。

习　题

1. 选择题

(1) 代码隐藏页文件用于存储(　　)。

A. 静态标记　　　　　　　　B. 控件中输入的值

C. 用户注释　　　　　　　　D. 应用程序代码

(2) 下列选项中，(　　)是引用类型。

A. bool 类型　　B. struct 类型　　C. string 类型　　D. int 类型

(3) 在C#中,可以通过装箱和拆箱实现值类型与引用类型之间的相互转换。在下列代码中,实现了(　　)次拆箱操作。

```
int age = 8;
object  o= age;
o=10;
age=(int)o;
object  oAge =age;
```

A. 0　　B. 1　　C. 2　　D. 3

(4) 下面的运算符中,(　　)的优先级最高。

A. ==(等于)　　B. ++(自增)　　C. %(取余)　　D. &&(逻辑与)

(5) 以下关于for循环的说法,不正确的是(　　)。

A. for循环只能用于循环次数已经确定的情况

B. for循环是先判定表达式,后执行循环体语句

C. for循环中,可以用break语句跳出循环体

D. for循环体语句中,可以包含多条语句,但要用花括号括起来

(6) int[][] myArray=new int[3][] {new int[3]{5,6,2},new int[5]{6,9,7,8,3},new int[2]{3,2}};,则数组元素myArray[2][2]的值是(　　)。

A. 9　　B. 2　　C. 6　　D. 越界

(7) 关于结构类型,下列说法(　　)是正确的。

A. 结构是值类型

B. 结构中不允许定义带参数的实例构造函数

C. 结构中不允许定义析构函数

D. 结构中可以定义成员方法,但是方法内不能使用this指针

(8) 关于枚举类型的定义,错误的是(　　)。

A. public enum var1{ A = 100, B = 102, C }

B. public enum var1{ A = 100, B, C }

C. public enum var1{ A=-1 , B, C }

D. public enum var1{ A , B , C }

2. 操作题

(1) 在页面上打印出所有的"水仙花数"。所谓"水仙花数"是指一个三位数,各位数字的立方和等于该数本身。例如,153是一个"水仙花数",因为$153=1^3+5^3+3^3$。

(2) 在页面上输出"标准九九乘法表"。

第3章　面向对象程序设计基础

20世纪90年代以来,面向对象程序设计迅速地在全世界流行,并成为程序设计的主流技术。目前,面向对象程序设计的思想已经被越来越多的软件设计人员所接受。它是在吸收结构化程序设计的一切优点的基础上发展起来的一种新的程序设计思想。这种新的思想更接近人的思维活动,人们利用这种思想进行程序设计时,可以很大程度地提高编程能力,减少软件维护的开销。面向对象系统最突出的特性是封装性、继承性和多态性。本章就将围绕这三个特性介绍面向对象程序设计的一些基础知识。

3.1　什么是面向对象

在软件设计和实现中,传统的被人们广泛使用的方法是面向过程的程序设计方法。在讨论面向对象程序设计之前,我们有必要讨论一下面向过程的程序设计。

3.1.1　面向过程程序设计的概念

面向过程程序设计是基于过程的语言(如C语言等)常用的一种编程方法,它的核心设计思想是进行问题的分解:将问题分解成若干个称为模块的功能块;根据模块功能来设计一系列用于存储数据的数据结构;编写一些过程(或函数)对这些数据按功能要求进行具体操作。每个过程用以实现不同的功能,使用的时候按预定的步骤调用就可以了。同时,还要编写一个具有程序入口功能的主程序,当运行一个应用程序时,主程序会先运行,并按照用户的需要调用其他函数,直到程序运行结束,如图3.1所示。由此可见,面向过程程序的执行方式是过程驱动或步骤驱动的。

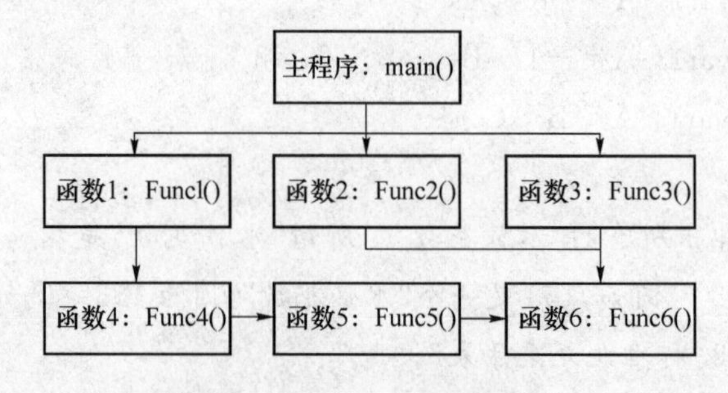

图3.1　面向过程程序的执行方式

以五子棋游戏的设计为例,面向过程的设计思路就是首先分析问题的步骤:①开始游戏,②绘制画面,③黑子下棋,④绘制画面,⑤判断输赢,⑥白子下棋,⑦绘制画面,⑧判断输赢,⑨返回步骤②,⑩输出最后结果。把每个步骤分别用相应的函数来实现,问题就解决了。

这种程序设计方式将功能实现分散在各个过程中,一旦功能发生改变或有扩展的需求,往往需要全盘调整。如下棋规则变了,必须修改与规则相关的各过程,再比如要加入悔棋功能,那么从输入到判断再到显示这一连串的步骤都要改动。由此可见,面向过程的程序设计方式代码可重用性差,维护代价高。

3.1.2　面向对象程序设计的概念

面向对象程序设计(Object Oriented Programming,OOP)是在面向过程的基础上发展而来的一种新的程序设计思想。在面向对象程序设计中,着重点是在那些将要被操作的数据上,而不是在实现这些操作的过程上。

在面向对象程序设计中,首先会考虑将系统分成若干个称之为对象的功能实体。对象是构成程序的基本单位和运行实体,每一个对象都有自己的数据和行为方法,它们均被封装在对象内部,程序设计目标的实现正是通过这些对象的相互作用完成的。

同样以之前提到的五子棋游戏为例,若以面向对象的设计思想实现,则是首先考虑为其创建以下几类对象,如图3.2所示。

(1) 黑白双方对象:它们的行为方法完全一致。

(2) 棋盘对象:负责绘制棋盘画面。

(3) 规则对象:负责判定,如犯规、输赢等。

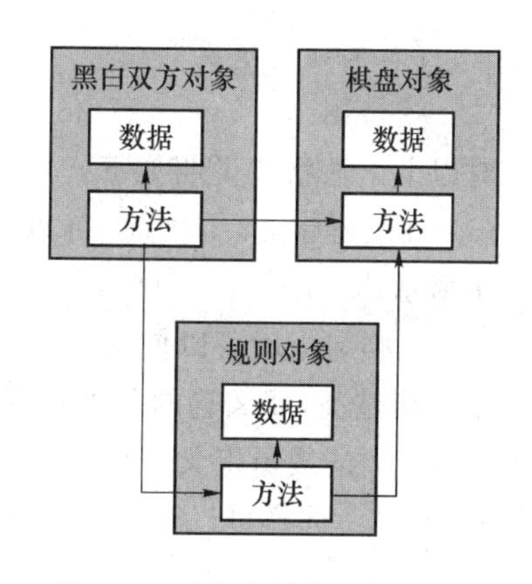

图3.2　对象的创建与相互作用

当程序运行时,黑白双方对象负责接受用户输入,并告知棋盘对象棋子布局的变化,棋盘对象接收到棋子的变化就要负责在屏幕上显示这种变化并存储棋盘状态,同时利用规则系统来对棋局进行判定。

可以明显地看出,面向对象是以功能来划分问题,而不是步骤。同样是扩充悔棋功能,面向对象程序设计中,只需改动棋盘对象就可以了(因为在下棋的过程中,可以通过棋盘对象保存黑白双方的棋谱,悔棋时只要简单回溯就可以了),而诸如规则判断等则不用顾及,同时整个对象功能的调用顺序也没有变化,改动只是局部的。

由此可见,面向对象程序设计以对象的分解为基础,每个对象都只提供特定的功能,对象与对象间可以相互作用,这样就大大增强了代码的可重用性,更加有利于软件的开发、维护和升级。

3.2　类与对象

类与对象是面向对象程序设计中最重要的概念,也是一个难点,想要掌握面向对象程序设计的技术,首先必须很好地理解这两个概念。

面向对象把数据及对数据的操作方法放在一起,作为一个相互依存的整体——对象。对同类对象抽象出其共同特性,便构成了类(class)。类描述了一组有相同特性(数据元素)

和相同行为(方法)的对象,具有封装性、继承性和多态性等特性。

3.2.1 类

类是一种数据结构,是对一组具有相同数据结构和相同操作的对象的抽象,它将数据和操作这些数据的方法组合在一个单元中。

1. 定义类

要定义一个新的类,首先要声明它。在 C# 中,声明类要用到关键字 class,其语法形式如下:

```
[类修饰符] class <类名> [: 基类]
{
    [类的成员定义]
}
```

对以上语法格式说明如下。

(1) 在关键字 class 之前,可以指定类的特性和修饰符,用来控制类的访问权限等,如表 3.1 所示。

(2) <类名>后可以使用":"定义该类的基类以及被该类实现的接口名,如果没有显式地指定直接基类,那么它的基类隐含为 object。

(3) <类的成员定义>可以是常量、字段、方法、属性、事件、索引器、运算符、构造函数和析构函数等,同样可以使用 public、private 等关键字限定它们的可访问性。

表 3.1 类的修饰符

类修饰符	作用说明
public	访问不受限制,可以被项目中的任意代码访问,类的访问权限省略时默认为 public
protected	访问仅限于本类成员或从本类派生的类成员
private	访问仅限于本类成员
internal	访问仅限于当前程序集,即只可以被本组合体(Assembly)内所有的类访问,组合体是 C# 语言中类被组合后的逻辑单位和物理单位,其编译后的文件扩展名往往是".DLL"或".EXE"
new	只允许用在嵌套类中,它表示所修饰的类会隐藏继承下来的同名成员
abstract	表示这是一个抽象类,该类含有抽象成员,因此不能被实例化,只能用做基类
sealed	表示这是一个密封类,不能从这个类再派生出其他类,显然密封类不能同时为抽象类

2. 类的成员

类的成员可以分为类本身所声明的成员和从基类中继承的类成员两大类。类的成员类型如表 3.2 所示。当类的成员声明中含有 static 修饰符时,表明它是静态成员,否则就是实例成员。

静态成员的访问方式为:类名.成员名,不需要实例化便可引用。一个静态成员只指明了一个存储位置,无论有多少个实例被创建,静态成员还是只有一个,而不会产生多个。若在本类中访问静态成员,类名可以省略。

实例成员,或称非静态成员,指没有使用 static 修饰符声明的成员,只能在对类进行了实例化后才能使用。

表 3.2　类的成员类型

成员类型	说　　明
常量	代表与类相关联的常量
字段	代表类中的变量
属性	用来定义类中的值，并对它们进行读写，提供对类的字段访问安全性
方法	执行类中的操作和计算方法
事件	定义一个类产生的动作
索引器	允许类的实例像访问数组一样被访问
运算符	定义一个可以被类的实例使用的运算符号

对类的成员的访问性控制一般有以下 3 种形式。

(1) 公共成员：使用 public 关键字，允许类的成员从外部访问。

(2) 私有成员：使用 private 关键字，只能在类中访问，若要在类外部访问类中的私有成员，一般需要通过类的属性来实现。

(3) 保护成员：使用 protected 关键字，被保护的类成员只能在该类本身或该类的派生类中被访问。

**注意：**当类成员声明不包含访问修饰符时，默认约定访问修饰符为 private。

3.2.2　对象

在我们周围存在着很多对象的例子，如一台电视机、一辆小汽车、一条小狗等，都是对象。通常称电视机是电器类的一个实例，小汽车是汽车类的一个实例，而小狗则是动物类的一个实例。因此，对象是类的实例。

换句话说，对象是一个具体的概念，而类是针对某些具有相同特征的对象的一种抽象，是一个抽象的概念，对类进行实例化的过程就是创建对象的过程。

在 C# 中，使用 new 关键字来实例化一个类，生成相应的对象。创建对象的语法格式如下：

```
<类名> <对象名> = new <类名>()
```

对以上语法格式说明如下。

(1) <对象名>必须遵循 C# 的合法标识符规则。

(2) new 关键字用于类的实例化，构造新的对象，只有使用 new 关键字创建实例时，才会给对象分配内存。

(3) new <类名>(即第二个"<类名>")后面必须跟一对小括号。采用 new 关键字实例化对象时，将调用相应的构造函数构建新的对象，C# 所有的对象都将创建在托管堆上。

【案例 3-1】定义一个类并实例化一个对象，用于演示静态成员和实例成员在访问方法上的区别。

方法与步骤如下。

(1) 新建一个 ASP.NET 空网站并命名为"Chapter 3"，然后向网站中添加一个 Web 窗体并命名为"chapter3-1.aspx"。

(2) 在“解决方案资源管理器”中，右击项目，选择“添加新项”命令，在弹出的对话框中选择添加“类”，并为类文件命名，注意一定要以“. cs”作为后缀，如图 3.3 所示。如果是第一次在网站中添加“类”，会弹出如图 3.4 所示的提示(询问是否将类文件放在 ASP. NET 的内置文件夹“App_Code”中)，单击“是”按钮即可。

图 3.3　添加类文件

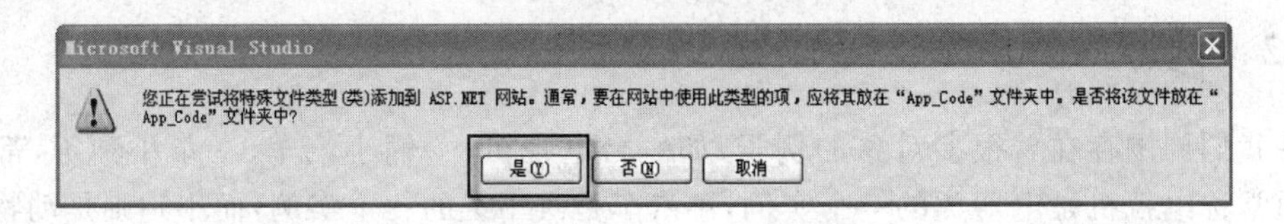

图 3.4　将类文件放在 App_Code 文件夹中

(3) 在“解决方案资源管理器”中找到“App_Code”文件夹并打开刚刚创建的“Class1. cs”文件，添加如下以黑体标识的代码：

```
public class Class1
{
  public Class1()
  {
        //
        //TODO：在此处添加构造函数逻辑
        //
  }
    public int x;                        //定义实例字段 x
    public static int y;                 //定义静态字段 y
    public string instanceFuc()          //定义实例方法
    {
        return "我是实例方法";
```

```
    }
    public static string staticFuc()   //定义静态方法
    {
        return "我是静态方法";
    }
}
```

(4) 在"解决方案资源管理器"中打开"chapter3-1.aspx.cs"文件，在页面加载事件过程中添加如下以黑体标识的代码：

```
protected void Page_Load(object sender, EventArgs e)
{
    Class1 obj = new Class1();                       //实例化对象 obj
    obj.x = 1;                                       //非静态成员的访问
    Class1.y = 20;                                   //静态成员的访问
    Response.Write("x = " + obj.x + "  y = " + Class1.y + "<br/>");
    Response.Write(obj.instanceFuc() + "<br/>");     //非静态方法的访问
    Response.Write(Class1.staticFuc() + "<br/>");    //静态方法的访问
}
```

(5) 按"Ctrl"+"F5"组合键运行页面，运行结果如图 3.5 所示。

图 3.5　页面运行结果

【思考】静态方法适宜在什么情况下使用？有什么好处？

3.2.3　构造函数和析构函数

1. 构造函数

在使用 new 关键字实例化一个新对象时就会调用类的构造函数。构造函数是一种特殊的成员函数，它主要用来为对象分配存储空间，完成初始化操作(如给类的成员赋值等)。声明构造函数的语法格式如下。

```
[构造函数修饰符] <构造函数名> ([参数列表]) [: base ([参数列表])]
[: this ([参数列表])]
{
    构造函数语句块
```

```
}
```

对以上语法格式说明如下。

(1) 构造函数修饰符可以是 public、protected、internal、private、extern。一般地,构造函数总是 public 类型的。如果是 private 类型的,则表明类不能被外部类实例化。

(2) 构造函数名必须与它所属的类同名,不能声明返回类型也没有返回值。构造函数可以没有参数,也可以有一个或多个参数。

(3) 类的构造函数可通过初始值设定项来调用基类的构造函数,例如:

```
public Class1(int a , int b) : base(a, b) {…}
```

(4) 一个类可以有多个构造函数,可通过关键词 this 调用同一个类的另一个构造函数,例如:

```
public Class1(int a , int b):this (2, 25, "王佳") {…}
```

注意:如果类中没有定义构造函数,将自动生成一个默认的无参数构造函数,并使用默认值初始化对象的字段。例如,int 类型将初始化为 0。

2. 析构函数

析构函数的作用和构造函数刚好相反,用来在系统释放对象前做一些清理工作,如利用 delete 运算符释放临时分配的内存、清零某些内存单元等。当一个对象生存期结束时,系统会自动调用该对象所属类的析构函数。其语法形式如下:

```
~<析构函数名>()
{
    析构函数语句块
}
```

对以上语法格式说明如下。

(1) 析构函数名必须与类名相同,但为了区别于构造函数,前面需加"~"表明它是析构函数。

(2) 析构函数不能指定任何返回值类型,包括 void 返回类型,也不能带任何参数。一个类最多只能有一个析构函数。

【案例 3-2】定义一个类并在其中添加构造函数与析构函数,借此了解两类函数的使用方法与调用过程。

方法与步骤如下。

(1) 打开网站"Chapter 3",在"解决方案资源管理器"中右击"App_Code"文件夹,选择"添加新项"添加一个新的类文件"Class2.cs",在"Class2"的类定义中添加如下以黑体标识的代码:

```
public class Class2
{
    private double x, y;                    //定义私有实例字段 x,y
    public static string str;               //定义静态实例字段 str
    public Class2()
    {
```

```
        x = 0;
        y = 0;

    }
    public Class2(double a,double b)        //构造函数重载
    {
        x = a;
        y = b;
    }
    public double Average()
    {
        return (x + y) / 2;                 //返回实例字段 x,y 的平均值
    }
    ~Class2()
    {
        str = "析构函数被调用";
    }
}
```

(2) 向网站中添加一个 Web 窗体并命名为“chapter3-2. aspx”，打开“chapter3-2. aspx. cs”文件，在页面加载事件过程中添加如下以黑体标识的代码：

```
protected void Page_Load(object sender, EventArgs e)
{
    Class2 stu1 = new Class2();                 //以无参构造函数生成对象
    Class2 stu2 = new Class2(82.5, 90);         //以有参构造函数生成对象
    Response.Write("stu1 的平均分为:" + stu1.Average() + "<br/>");
    Response.Write("stu2 的平均分为:" + stu2.Average() + "<br/>");
    Response.Write(Class2.str );                //测试析构函数的调用情况
}
```

(3) 按“Ctrl”+“F5”组合键运行页面，运行结果如图 3.6 所示。

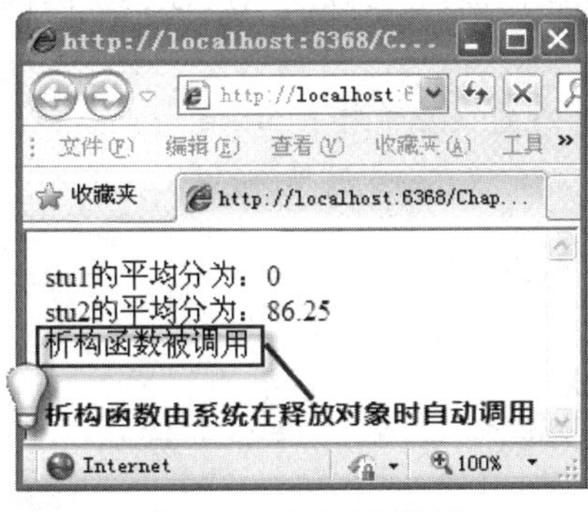

图 3.6　页面运行结果

【思考】本案例中定义的析构函数何时会被调用(请重试及反复刷新页面,观察运行结果)?

3.3 属 性

为了保护类中的字段成员,C# 不提倡将字段的访问级别设为 public,使用户在类外任意操作,而推荐将其设置为 private 或 protected 并采用属性来进行访问。属性也是一种类成员,它是对现实世界中实体特征的抽象,它提供了一种对类或对象特征进行访问的机制。例如,学生的性别、姓名等都可以作为学生类的属性。与字段成员相比,属性具有良好的封装性。属性不允许直接操作数据内容,而是通过 get 访问器和 set 访问器进行访问。

声明属性的语法格式如下:

```
[访问修饰符][类型]＜属性名＞
{
   get {…}
   set {…}
}
```

对以上语法格式说明如下。

(1) 访问修饰符通常使用 public。

(2) 类型用以指定该声明所引入的属性的类型,需要同封装字段的类型保持一致。

(3) get{}和 set{}被称做访问器,用以描述字段成员的读、写属性。可以仅有 set 访问器或 get 访问器,也可以两者都有。

- 只包含 get 访问器的属性称为只读属性,不能对只读属性赋值。
- 只包含 set 访问器的属性称为只写属性,只写属性只能进行赋值,而无法对其进行引用。
- 同时包含 get 和 set 访问器的属性为读写属性。

3.3.1 get 访问器

get 访问器主要用于读取属性值,它必须返回属性类型的值。执行 get 访问器相当于读取字段的值,例如:

```
private string name;    //定义私有字段 name
public string Name     //定义 Name 属性
{
   get
   {
      return name;    //返回私有字段 name 的值
   }
}
```

3.3.2　set 访问器

set 访问器主要是用来给属性赋值，它使用一个名为 value 的隐式参数，它的类型与属性的类型相同，示例代码如下：

```
private string name;
public string Name
{
   set
   {
      name = value;
   }
}
```

当对属性赋值时，会用提供新值的参数调用 set 访问器。例如：

```
stu3.Name = "wang";   // 赋值时调用 set 访问器
```

3.4　方　法

在 C# 中，把在类中定义的函数称为方法。如果将类的属性看做是对客观世界实体性质的抽象，那么方法就是实体对象所能执行的操作或具有的行为。

3.4.1　方法的声明

在 C# 中，定义方法的语法格式如下：

```
[方法修饰符] ＜返回值类型＞ ＜方法名＞ ([＜形式参数表＞])
{
  [＜语句组＞]
  [＜return＞ [＜表达式＞];]
}
```

对以上语法格式说明如下。

(1) 除了可以使用 public、protected、private 等访问修饰符外，方法还可使用另外 7 种修饰符，如表 3.3 所示。默认情况下，方法的访问级别为 public。

表 3.3　方法修饰符

修　饰　符	作用说明
public	表示该方法在任何地方都可以被访问
protected	表示该方法可以在其所属类或派生类中被访问
private	表示该方法只能在其所属类内被访问
internal	表示该方法可以被同处于一个工程的文件访问
new	在一个继承结构中，用于隐藏基类同名的非虚方法

续表

修 饰 符	作用说明
static	表示该方法是类的一部分,而不属于某特定对象
virtual	表示该方法可在派生类中重写(覆盖),来更改该方法的实现
abstract	表示该方法不包含具体实现细节,所以包含这种方法的类是抽象类,有待于派生类的实现
override	表示该方法重写了基类中的 virtual 方法,可以借此定义子类特有的行为
sealed	表示这是禁止派生类重写的方法,它必须同时包含 override 修饰
extern	表示该方法是在外部实现的

(2) 返回值类型是必选项,它指定了方法返回值的数据类型,可以指定为任何的数据类型,如果方法的返回值为空,那么必须使用 void 空关键字来指定。

(3) 形式参数表是可选的,在调用方法时,它用来给方法传递信息。声明方法时,如果有参数,则必须写在方法名后面的小括号内,并且必须指明它的类型和名称;若有多个参数,需要用逗号(,)隔开。例如,“int a, int b”。

(4) 语句组即方法体,是调用方法时执行的代码块。它是可选项,但一般都会有方法体,否则方法也就失去了存在的意义。

当方法有返回值时,使用“return 表达式;”语句将一个指定数据类型的值返回给方法的调用者。

注意:C#不支持全局方法,所有的方法必须在类的内部定义,否则将发生编译错误,要注意与其他程序设计语言区分。

3.4.2 方法的参数传递

当声明一个方法时,包含的参数被称为形式参数(简称形参)。当调用这个方法时,给出的参数被称做实际参数(简称实参)。在调用一个有参数的方法时,要进行相应的参数传递,实现调用程序和被调用的方法之间的数据传递。

在 C#中,参数之间的数据传递方式主要可以分为两类。

- 传递数据的值:把实参的数据值直接传递给方法。
- 传递数据的地址:把实参的内存地址传递给方法。

1. 值参数传递

默认情况下,C#方法的参数传递方式为值传递,简称“传值”。在调用方法时,会给方法传递实参,在“传值”方式中,方法中对应的参数会使用实参的副本来初始化。即将实参复制一份传给方法中对应的形参。这时如果在被调过程中改变了形参值,只影响副本,而不会影响实参变量本身。

然而在少数情况下,程序员可能希望在方法调用时,同时改变实参的值。为此,C#专门提供了 ref 和 out 修饰符。

2. 引用参数传递

ref 和 out 修饰符一般在定义方法时用于修饰形参,它们都提供了修改实参值的方法,即使用它们后,调用方法时参数的传递形式为引用传递,也称为“传址”。

ref 修饰符指明了方法中使用的是引用参数,引用参数不开辟新的内存区域,即形参和实参共用同一块内存区域。当利用引用参数向方法传递形参时，编译程序将把实际值在内存中的地址传递给该方法，引用参数必须初始化。

3. 输出参数传递

在参数前加 out 修饰符的被称为输出参数，它与 ref 参数相似，只有一点除外，就是输出参数只能用于从方法中传出值，而不能从方法调用处接收实参数据。在方法内，out 参数被认为是未赋过值的，所以在方法结束之前应该对 out 参数赋值。

4. 参数数组

一般而言，调用方法时其实参必须与该方法声明的形参在类型和数量上相匹配，但有时我们希望更灵活一些，能够给方法传递任意个数的参数。为此，C# 提供了传递可变长度参数表的机制，使用 params 关键字来指定一个可变长度的参数表，即当实参的数目不固定时，可用该关键字修饰形参，以定义一个参数数组。

注意：params 参数只能作为形参列表的最后一个参数，而且不可以再定义为 ref 或 out 参数。

【案例 3-3】现有一组学生的 ASP. NET 课程成绩，请用 4 种参数传递方式求取平均分。

方法与步骤如下。

(1) 打开网站“Chapter 3”，在“App_Code”文件夹中添加一个新的类文件“Class3. cs”，在“Class3”的类定义中添加如下以黑体标识的代码：

```
public class Class3
{
    //声明 avg 为值参数,score 为引用参数(数组为引用类型)
    public double AvgbyValue(double avg,int[] score)
    {
        int sum = 0;
        for (int i = 0; i <= score.Length - 1; i++)
        {
            sum += score[i];
            score[i] += 10;      //加 10 分,观察实参结果
        }
        avg = sum * 1.0 / score.Length;
    //形参的改变不会影响实参,必须设置返回值
        return avg;
    }
    //声明 avg 为引用参数
    public void AvgbyRef(ref double avg, int[] score)
    {
        int sum = 0;
        for (int i = 0; i <= score.Length - 1; i++)
        {
```

```
            sum += score[i];
        }
        //引用参数与实参共用一块内存空间,实参必须赋初值
        avg = sum * 1.0 / score.Length;
    }
    //声明 avg 为输出参数
    public void AvgbyOut(out double avg,  int[] score)
    {
        int sum = 0;
        for (int i = 0; i <= score.Length - 1; i++)
        {
            sum += score[i];
        }
        //输出参数直接从方法中传出值,在被读取之前必须被赋值
        avg = sum * 1.0 / score.Length;
    }
    //声明 avg 为输出参数,score 为参数数组
    public void AvgbyParams(out double avg,  params  int[] score)
    {
        int sum = 0;
        for (int i = 0; i <= score.Length - 1; i++)
        {
            sum += score[i];
        }
        avg = sum * 1.0 / score.Length;
    }
}
```

(2) 向网站中添加一个 Web 窗体并命名为"chapter3-3. aspx",打开"chapter3-3. aspx. cs"文件,在页面加载事件过程中添加如下以黑体标识的代码:

```
protected void Page_Load(object sender, EventArgs e)
{
    int[] ASPNETScores = new int[] { 88, 76, 62, 75 };
    double avg = 0,avg1;
    Class3 obj = new Class3();
    avg1 = obj.AvgbyValue(avg, ASPNETScores);          //传值
    Response.Write("平均分为:"+avg+"<br/>");          //方法调用后实参的值
    Response.Write("平均分为:" + avg1 + "<br/>");  //输出返回值
    foreach (int i in ASPNETScores)
    {
```

```
        Response.Write("当前成绩为:" +i +"<br/>");//方法调用后数组的值
    }
    obj.AvgbyRef(ref avg, ASPNETScores);  //ref 传址,实参必须初始化
    Response.Write("平均分为:" + avg + "<br/>");
    obj. AvgbyOut(out avg1, ASPNETScores);  //out 传址,实参无须初始化
    Response.Write("平均分为:" + avg1 + "<br/>");
    obj.AvgbyParams(out avg, 88, 76, 92, 65, 72);  //传递不固定个数参数
    Response.Write("平均分为:" + avg + "<br/>");
}
```

(3) 按“Ctrl”+“F5”组合键运行页面,运行结果如图 3.7 所示。

图 3.7　页面运行结果

3.4.3　方法的重载

方法重载是指同一个类中可以有多个同名的方法,但它们有不同的参数类型或不同的参数个数,实现不同的功能,在调用时,系统会根据参数的不同自动识别应该调用的方法。

【案例 3-4】现有一组学生的 ASP. NET 课程成绩,请在案例 3-3 的基础上不改变原有方法名使用引用参数传递方式求取平均分及最高分。

方法与步骤如下。

(1) 打开网站“Chapter 3”,在“解决方案资源管理器”的“App_Code”文件夹下找到案例 3-3 中添加的类文件“Class3. cs”,打开文件后,在“Class3”的类定义中补充以下代码:

```
//与案例 3-3 中的方法名相同,但参数个数不同
public void AvgbyRef(ref double avg,ref int max, int[] score)
{
    int sum = 0;
    max = score[0];
    for (int i = 0; i <= score.Length - 1; i++)
    {
```

```
        sum += score[i];
        max = score[i] > max ? score[i] : max;
    }
    avg = sum * 1.0 / score.Length;
}
```

(2) 打开"chapter3-3.aspx.cs"文件,在页面加载事件过程中补充以下代码:

```
int max = 0;
obj.AvgbyRef (ref avg,ref max,ASPNETScores );
```

【提示】在输入方法名后,系统会自动提示该方法有几个重载方法,如图 3.8 所示。

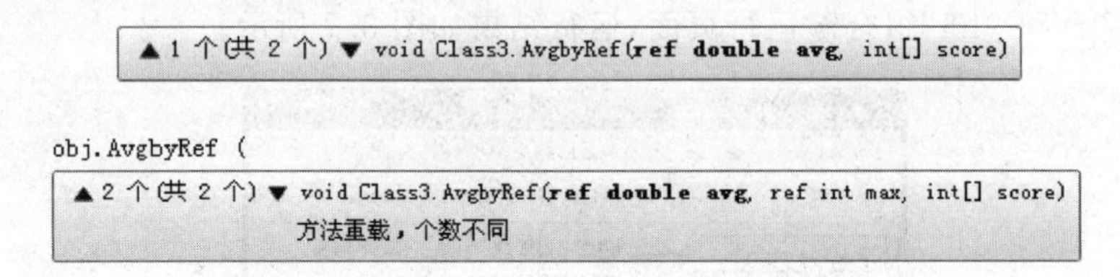

图 3.8　系统对方法重载的智能提示

(3) 按"Ctrl"+"F5"组合键运行页面,运行结果如图 3.9 所示。

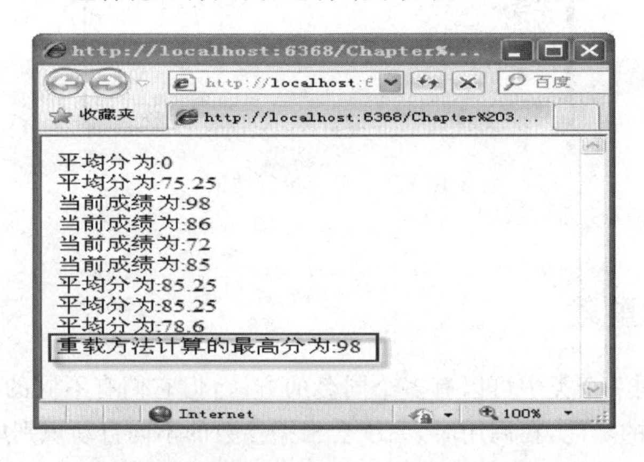

图 3.9　页面运行结果

3.5　类的继承性与多态性

为了提高程序模块的可复用性和可扩充性,从而提高程序开发的进度,我们始终希望能最大程度地利用前人或自己以前开发的成果,C#中类的继承性就很好地满足了这一需求。继承性是面向对象程序设计的基本特性,是实现代码复用的重要手段。

3.5.1　继承性

任何类都可以从另一个类中继承,被继承的类称为基类,也称为父类;继承了基类的类称为派生类,也称为子类。但要注意在C#语言中,派生类只能从一个类中继承,继承关系建立后,派生类就具备了基类的方法、字段、属性、事件、索引器等成员,但不能继承构造函数和析构函数。

继承的语法格式如下:

```
[类修饰符] class  <派生类名>:[基类名]
{
[派生类的成员定义]
}
```

例如:

```
public class Person
{
    private string name;                                    //姓名
    private string gender;                                  //性别
    private int age;                                        //年龄
    public Person(string name, string gender, int age)  //构造函数
    {
        this.name = name;  //当类的字段成员名与其他变量重名时,可使用 this 关键字
        this.gender =gender;//使用 this 关键字表示引用的是当前对象实例的字段成员
        this.age = age;
}
}
public class Student: Person
{
    private int stuID;
    private string className;
    public Student (string name, string gender, int age, int id, string class-
name)
        : base(name, gender, age)   //显式调用基类的构造函数
    {
        stuID = id;
        className = classname;
    }
}
```

上述代码中,在基类的构造函数中使用了 this 关键字,用以表示引用的是当前对象实例的字段成员。在派生类 Student 的构造函数中,通过 base 关键字显式地调用了基类的构造函数,完成了对派生类继承的字段成员“name”、“gender”及“age”的初始化。若省略 base 关键字,将隐式地调用基类的无参构造函数。

在 C# 语言中,继承符合以下规则。

(1) 继承可传递。如果 C 类从 B 类中派生,而 B 类又从 A 类中派生,那么 C 类不仅可以继承 B 类中的成员,同样也可继承 A 类中的成员。Object 类是所有类的基类。

(2) 派生类是基类的扩展。派生类可以添加新的成员,但不能除去基类中的成员。

(3) 派生类可以定义与基类中相同的成员名,这样就覆盖了已继承的成员。但这并不意味着派生类删除了基类中的成员,只是不能再访问这些成员。

(4) 类可以定义抽象的方法、属性以及抽象的索引器,这样它的派生类就可以重载这些成员,从而实现类的多态性。

3.5.2 多态性

多态性也是面向对象程序设计的基本特性之一。它是指通过继承而相关的不同的类,它们的对象可以对同一个方法作出不同的响应,即同一个方法调用语句,在程序执行过程中,能够调用不同的方法,实现不同的功能。

在 C# 中,可以通过以下 3 种方式实现多态性:

(1) 利用继承时对基类虚方法的重载实现多态性;

(2) 利用抽象类的抽象方法实现多态性;

(3) 使用接口实现多态性。

1. 利用虚方法实现多态性

若在方法声明时加上 virtual 关键字,则该方法就被称做虚方法。虚方法可由派生类中的重写方法(override)进行再实现。

在派生类中调用虚方法时,将调用派生类中的该重写成员,如果没有派生类重写该成员,则将调用基类中的原始成员。

**注意**:virtual 修饰符不能与 static、abstract、override 修饰符同时使用。

【案例 3-5】利用虚方法实现多态性的简单演示。

方法与步骤如下。

(1) 打开网站“Chapter 3”,在“解决方案资源管理器”的“App_Code”文件夹下添加一个新的类文件“Person.cs”,打开文件后,在“Person”类的类定义中补充一个虚方法,代码如下:

```
public virtual string Eat()          //大部分人可能都需要回家吃饭
{
   return "回家吃饭";
}
```

(2) 在“Person”类的定义后补充派生类 Student 的定义并在类中添加一个重写方法,代码如下:

```
public class Student : Person
{
   public override string Eat()  //学生也需要吃饭,只不过大部分人可能都去食堂吃
   {
      return "去食堂吃饭";
   }
}
```

(3) 向网站中添加一个新的 Web 窗体,并命名为“chapter3-5. aspx”,打开“chapter3-5. aspx. cs”代码页文件,在页面加载事件过程中添加如下以黑体标识的代码:

```
protected void Page_Load(object sender, EventArgs e)
{
    Person p = new Person();
    Student stu1 = new Student();
    Response.Write("去哪吃饭:" + p.Eat() + "<br/>");
    p = stu1;                          // 用基类对象引用派生类对象
    Response.Write("去哪吃饭:" + p.Eat());
                                       // 程序运行时将调用派生类的重写方法
}
```

(4) 按“Ctrl”+“F5”组合键运行页面,运行结果如图 3.10 所示。

图 3.10　页面运行结果

2. 利用抽象类的抽象方法实现多态性

在 C# 中,用 abstract 修饰符来表示抽象类。使用抽象类时必须注意以下 3 点。

(1) 抽象类只能用做基类,也就是说抽象类不能直接实例化,对抽象类使用 new 运算符会产生编译错误。

(2) 抽象类中可以定义抽象方法(用 abstract 修饰),所谓抽象方法就是只有声明而无具体实现的方法。

(3) 如果抽象类中声明了抽象方法,当从抽象类派生非抽象类时,这些非抽象类必须具体实现所继承的所有抽象成员,即使用 override 关键字将它们重写。

【案例 3-6】利用抽象方法实现多态性的简单演示。

方法与步骤如下。

(1) 打开网站“Chapter 3”,在“解决方案资源管理器”的“App_Code”文件夹下添加一个新的类文件“Animals. cs”,打开文件后,修改“Animals”类的类定义并添加两个派生类“Cats”和“Dogs”,代码如下:

```
public abstract class Animals
{
    public abstract string Say(); //抽象方法,没有方法的实现体部分
}
```

```
public class Cats:Animals
{
    public override string Say() //继承时必须以重写方式实现
    {
        return ("猫会喵喵叫");
    }
}

public class Dogs : Animals
{
    public override string Say() //继承时必须以重写方式实现
    {
        return ("狗会汪汪叫");
    }
}
```

(2) 向网站中添加一个新的 Web 窗体,并命名为"chapter3-6. aspx",打开"chapter3-6. aspx. cs"代码页文件,在页面加载事件过程中添加如下以黑体标识的代码:

```
protected void Page_Load(object sender, EventArgs e)
{
    Animals a1 = new Cats();                    //抽象类不能直接实例化
    Response.Write(a1.Say() + "<br/>"); //调用 Cats 类实现的 say 方法
    a1 = new Dogs();
    Response.Write(a1.Say() + "<br/>"); //调用 Dogs 类实现的 say 方法
}
```

(3) 按"Ctrl"+"F5"组合键运行页面,运行结果如图 3.11 所示。

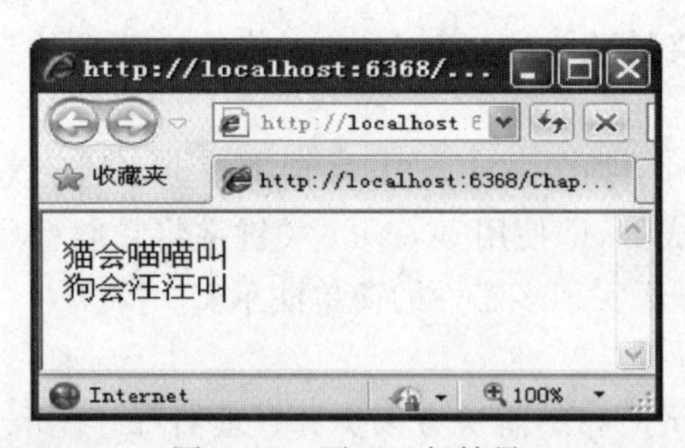

图 3.11　页面运行结果

3. 使用接口实现多态性

接口是用来定义一种程序的协定。它好比一种模板,描述了类需要实现的方法、属性、事件,以及每个成员需要接收和返回的参数类型。但这些成员的具体实现则由继承了该接口的类去完成。

定义接口的语法格式如下:

[修饰符] interface <接口名称> [继承的接口列表]

```
{
        接口的成员声明
}
```

对以上语法格式说明如下。

(1) 对于接口名称,一般建议用"I"开头,以表明为接口类型。

(2) 定义接口时,可以从一个或多个基接口中继承。

(3) 当一个类继承了接口后,它就可以为接口中的成员方法提供具体实现。

【案例 3-7】使用接口实现多态性的简单演示。

方法与步骤如下。

(1) 打开网站"Chapter 3",在"解决方案资源管理器"的"App_Code"文件夹下添加一个新的类文件"IAnimals. cs",打开文件后,修改"IAnimals"接口的定义并添加两个实现类"Cats1"和"Dogs1",代码如下:

```
public interface IAnimals
{
  string Say();          //接口成员默认访问级别为public,不允许添加任何修饰符
}
public class Cats1:IAnimals
{
    public  string Say()//注意与前两种方式的区别,无须使用override关键字
    {
        return ("猫会喵喵叫");
    }
}
public class Dogs1 : IAnimals
{
    public  string Say()
    {
        return ("狗会汪汪叫");
    }
}
```

(2) 向网站中添加一个新的 Web 窗体,并命名为"chapter3-7. aspx",打开"chapter3-7. aspx. cs"代码页文件,在页面加载事件过程中添加如下以黑体标识的代码:

```
protected void Page_Load(object sender, EventArgs e)
{
    IAnimals a1 = new Cats1();                //接口不能被直接实例化
    Response.Write(a1.Say() + "<br/>"); //调用 Cats1 类实现的 say 方法
    a1 = new Dogs1();
    Response.Write(a1.Say() + "<br/>"); //调用 Dogs1 类实现的 say 方法
}
```

(3) 按“Ctrl”+“F5”组合键运行页面,运行结果同图 3.11 所示一致。

3.6 命名空间

3.6.1 命名空间的定义与使用

.NET Framework 使用命名空间来组织系统类型或用户自定义的数据类型。在 C# 中,所有类定义都位于命名空间中。如果没有明确地声明一个命名空间,则用户代码中所定义的类型将位于一个未命名的全局命名空间中。这个全局命名空间中的类型对于所有的命名空间都是可见的。不同命名空间中的类型可以具有相同的名称,但同一个命名空间中的类型的名称不能相同。

可以将命名空间看做一个文件夹,命名空间中的类就相当于该文件夹下的文件,命名空间与它包含的类之间的关系就是文件夹与它包含的文件之间的关系。

声明命名空间的语法格式如下:

```
Namespace 名称 [ .名称 ]
{
  类定义
}
```

例如:

```
Namespace MyNamespace
{… }
```

如果要使用自定义的命名空间中的类,就要先使用 using 关键字来引用命名空间,具体代码如下:

```
using MyNamespace ;
```

注意:如果没有指定命名空间而需要使用该命名空间中的类时,必须在类的前面加上命名空间的名字,如 MyNamespace.MyClass.myStaticMethod() 。

【案例 3-8】在定义案例 3-7 中接口的实现类时,因其与案例 3-6 中的“Cats”类和“Dogs”类共用一个命名空间,所以不得不更名为“Cats1”和“Dogs1”。本案例将演示如何通过自定义命名空间解决这一命名冲突。

方法与步骤如下。

(1) 打开网站“Chapter 3”,在“解决方案资源管理器”的“App_Code”文件夹下打开类文件“IAnimals.cs”,定义一个命名空间,将案例 3-6 中的类定义代码放入其中,代码如下:

```
namespace MyNamespace
{
    public interface IAnimals
    {
        string Say();           // 接口成员默认访问级别为 public,不允许添加
```

```
任何修饰符
        }
        public class Cats : IAnimals// 可以重新使用类名 Cats
        {
            public string Say()      // 注意与前两种方式的区别,无须使用 override
关键字
            {
                return ("猫会喵喵叫");
            }
        }
        public class Dogs : IAnimals// 可以重新使用类名 Dogs
        {
            public string Say()
            {
                return ("狗会汪汪叫");
            }
        }
    }
```

(2) 在“解决方案资源管理器”打开“chapter3-8. aspx. cs”代码页文件,将页面加载事件过程中的“Cats1”替换为“MyNamespace. Cats”,“Dogs1”替换为“MyNamespace. Dogs”。运行结果同图 3.11 所示一致。

3.6.2 .NET Framework 中的命名空间

在创建 Web 窗体时,系统会引入一组默认的命名空间,如下所示:

```
using System;
using System.Collections.Generic;
using System.Linq;
using System.Web;
using System.Web.UI;
using System.Web.UI.WebControls;
```

这些命名空间中包含的类可以直接使用,若要使用其他命名空间的类则仍需要使用 using 关键字显式地引入。在 Web 程序开发过程中,我们会陆续接触并使用以下这些命名空间中的类。

- System:包含所有基本数据类型和其他如与生成随机数、处理日期和时间相关的类。
- System. Collections:包含处理如哈希表和数组列表等标准集合类型的类
- System. Collections. Specialized:包含表示如链表和字符串集合等特定集合的类。
- System. Configuration:包含处理配置文件的类。
- System. Text:包含编码、解码和操作字符串内容的类。
- System. Text. regularExpressions:包含执行正则表达式匹配和替换操作的类。

- System. Web:包含使用万维网的基本类,其中有表示浏览器请求和服务器响应的类。
- System. Web. Caching:包含用于缓存页面内容和执行自定义缓存操作的类。
- System. Web. Security:包含实现验证和授权的类。
- System. Web. SessionState:包含实现会话状态的类。
- System. Web. UI:包含 ASP. NET 页面中用于构建用户界面的基本类。
- System. Web. UI. HTMLControls:包含 HTML 控件的类。
- System. Web. UI. WebControls:包含 Web 服务器控件的类。

习　题

1. 选择题

(1) 下列关于构造函数的描述正确的是(　　)。

A. 构造函数可以声明返回类型　　B. 构造函数不可以用 private 修饰

C. 构造函数必须与类名相同　　D. 构造函数不能带参数

(2) 在定义类时,如果希望类的某个方法能够在派生类中进一步进行改进,以处理不同的派生类的需要,则应将该方法声明成(　　)。

A. sealed 方法　　B. public 方法

C. virtual 方法　　D. override 方法

(3) 对于抽象类 MyClass,下列的定义中不合法的是(　　)。

A. abstract class MyClass
 { public abstract int getCount(); }

B. abstract class MyClass
 { abstract int getCount(); }

C. private abstract class MyClass
 { abstract int getCount(); }

D. sealed abstract class MyClass
 { abstract int getCount(); }

(4) 在 C# 中,一个类(　　)。

A. 可以继承多个类　　B. 可以实现多个接口

C. 在一个程序中只能有一个派生类　　D. 只能实现一个接口

(5) 在 C# 中,下列关于属性的描述正确的是(　　)。

A. 属性就是以 public 关键字修饰的字段,这样的字段也可称为属性

B. 属性是访问字段值的一种灵活机制,属性更好地实现了数据的封装和隐藏

C. 要定义只读属性只需在属性名前加上 readonly 关键字

D. 在 C# 的类中不能自定义属性

(6) 以下关于命名空间的描述正确的是(　　)。

A. 命名空间不可以进行嵌套

B. 任一个.cs 文件中，只能存在一个命名空间

C. 使用 private 修饰的命名空间，其内部的类也不允许访问

D. 命名空间使得代码更加有条理、结构更清晰

2. 简答题

(1) 简述 private、protected、public、internal 修饰符各自的访问权限。

(2) 简述 abstract class 和 interface 之间的区别。

3. 操作题

(1) 设计一个基类 Person，包含 name 和 age 两个字段。由它分别派生出学生类 Student 和教师类 Teacher，其中学生类添加学号字段，教师类添加职称字段，每个类均要有构造函数和析构函数，然后编写相应的程序对所定义的类进行测试。

(2) 计算圆柱体、球体、正方体和长方体的表面积和体积。

【提示】可先定义一个抽象类，其中包含求表面积和体积的虚函数，在此基础上派生圆柱体类、球体类等。

第 4 章　使用服务器控件

通过第 2 章对代码隐藏页模型的介绍，我们知道，以这种模型为基础创建的 ASP. NET Web 窗体由设计界面（主要包含 HTML 标记与服务器控件标记等）和代码隐藏页（以编程语言实现的功能代码）两部分组成。设计界面部分又可进一步细分为：页面指令部分（如@ Page 指令）、HTML 文档头部分（head）、HTML 文档主体部分（body）以及窗体元素（form）这四部分。

服务器控件是窗体元素（form）的重要组成元素，它的引入大大地简化了页面的开发过程。ASP. NET 中提供了大量的服务器控件，使用这些控件就能轻松实现一个交互复杂的 Web 应用功能。在传统的 ASP 开发中，让开发人员最为烦恼的问题莫过于代码的重用性不佳、事件代码和页面代码相互杂糅无法分离等。而在 ASP. NET 中，控件不仅解决了代码重用性的问题，还通过隐藏页技术实现了功能代码与页面显示代码的分离，即使对于初学者而言，控件也较为简单易用、容易入手。

4.1　服务器控件概述

ASP. NET 的一大特色就是提供了很多现成的开发控件。控件是一种类，绝大多数控件都具有可视的界面，能够在应用程序中显示独立的外观。我们通过简单的鼠标“拖曳”的方式就可以实现“所见即所得”的效果，快速完成 Web 窗体的界面设计。

服务器控件是指在服务器上执行程序逻辑的组件，每个服务器控件都包含特定的属性、事件和方法。当包含控件的页面执行时，. NET 框架将根据控件属性设置，将控件显示在客户端浏览器，这时用户便可借助控件与服务器交互数据。当页面被用户提交时，控件可在服务器端引发某特定事件，并由服务器端根据相关事件处理程序来处理。

4.1.1　服务器控件的类型

在 ASP. NET 中，提供了许多不同类型的服务器控件，按照 Visual Studio 2010 工具栏的默认布局，可以把它们大致分为如下几种类型。

(1) HTML 服务器控件。HTML 服务器控件是服务器可理解的 HTML 标记，可映射为特定的 HTML 元素。默认情况下，HTML 元素是作为文本来进行处理的，要想使它们成为服务器上的可编程元素，就需要添加 runat＝"server"属性，如＜input id＝"Submit" type＝"button"　runat＝"server"　value＝"提交"/＞。其中，添加属性 runat＝"server"后，即表示该元素是一个服务器控件。除此之外，为了让控件在服务器端代码中被识别出来，还需要添加 id 属性来标识该服务器控件。

(2) 标准服务器控件。标准服务器控件是使用频率最高的一组控件。它以服务器可理解的特殊 ASP. NET 标记形式呈现，如<asp:Label ID="Label1" runat="server" Text="Label1" />即表示一个标签控件。同 HTML 服务器控件相比，标准服务器控件具有更多的内置功能与简化开发工作的特性。

（3）验证控件。在通过浏览器页面收集数据时，应确保所收集的数据符合一定的规则要求。验证控件就是这样的一系列控件，它的主要功能是验证用户输入数据的有效性，如果用户的输入数据验证不通过，可以向用户显示对应的错误消息加以提醒。

（4）导航控件。当网站中的页面很多时，页面之间的层次关系将会变得很复杂而难以理顺，网站用户的体验也会随着这种"迷乱"而下降。导航控件（如 SiteMapPath 控件、Menu 控件和 TreeView 控件等）提供了丰富而方便的页面导航功能，使我们永远知道"家"的方向。

（5）数据控件。为了更好地满足对数据的复杂处理要求，ASP. NET 提供了两种类型的数据控件：一种是数据源控件，用于设置数据库或 XML 数据源的连接属性；另一种是数据绑定控件，用于绑定数据源并以其特有的形式显示数据源中的数据。

（6）登录控件。ASP. NET 登录控件为我们提供了一个方便的方法来创建各类 ASP. NET 登录相关页面，如用户登录、密码恢复和创建新用户等。默认情况下，登录控件与 ASP. NET 成员资格集成，以使网站的用户身份验证过程自动化。

本章将首先介绍前三种类型的服务器控件，数据控件将在第 6 章介绍，导航控件与登录控件将在第 8 章介绍，有兴趣的读者可提前阅读学习。

4.1.2　服务器控件的类层次结构

在 ASP. NET 中，所有的服务器控件都是直接或间接地派生自 System. Web. UI 命名空间中的 System. Web. UI. Control 基类，如图 4.1 所示。

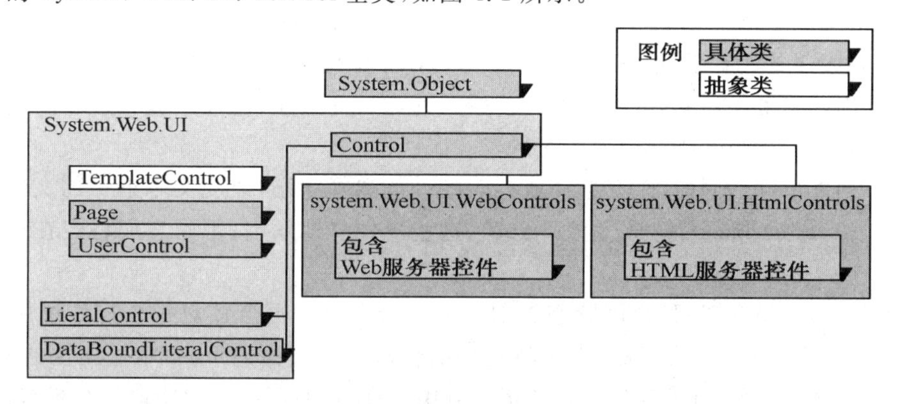

图 4.1　服务器控件的类层次结构

其中，System. Web. UI. WebControls 命名空间中包含了 Web 服务器控件的类定义，System. Web. UI. HtmlControls 命名空间中则包含了 HTML 服务器控件的类定义，System. Web. UI. Page 是所有 ASP. NET Web 页面（. aspx 文件）的基类。

4.2　ASP. NET 页面与控件的生命周期

ASP. NET 页面运行时，将经历一个生命周期，在生命周期中将会执行一系列的处理步骤，包括初始化、实例化控件、还原和维护状态、运行事件处理程序代码以及进行呈现等。了解 ASP.NET 页面的生命周期非常重要，这样我们就能在合适的生命周期阶段编写相应的代码，以达到预期效果、实现预期功能。ASP.NET 生命周期通常情况下需要经历如下几个阶段。

(1) 页请求：页请求发生在页生命周期开始之前。当用户通过浏览器请求一个页面时，ASP.NET 将确定是否需要分析或者编译该页面，或者是否可以在不运行页的情况下直接发送本地缓存予以响应。

(2) 开始：发生了请求后，页面就进入了开始阶段。在该阶段，页面将确定请求是发回请求还是新的客户端请求，并设置 IsPostBack 属性。

(3) 初始化：在页面开始后，进入了初始化阶段。初始化期间，页面可以使用服务器控件，并为每个服务器控件进行初始化。这个阶段将触发 Page.Init 事件，该事件在所有控件都已初始化且应用外观设置后引发，可以使用该事件来读取或初始化控件属性。

(4) 加载：页面加载控件。不管页面是第一次被请求还是作为回发的一部分被请求，Page.Load 事件在这个阶段都会被触发。为了区分页面是第一次加载还是后续回发引起的加载，可以使用页面的 IsPostBack 属性来确定页面的当前状态，页面第一次请求时它的值为“false”，示例代码如下：

```
if (! Page.IsPostBack)        //若不是回发引起的加载，即第 1 次加载
{
...
}
```

(5) 验证：调用所有的验证程序控件的 Vailidate 方法，来设置各个验证程序控件和页的属性。

(6) 回发事件处理：在这个阶段，页面已经完成装载且通过验证。ASP.NET 将触发在上次回发后发生的所有事件。一般来说，ASP.NET 事件有如下两种类型。

① 立即回发事件。例如，单击“提交”按钮或者其他按钮、图片区域、链接等，它们是调用 JavaScript 的_doPostBack()方法来触发一次回发。

② 非回发事件。例如，改变选择或列表控件的选择状态，改变文本框中的文本等。如果控件的 AutoPostBack 属性设置为“true”，这些事件立即发生；否则它们将会在页面下次返回时发生。

(7) 呈现：在呈现期间，视图状态被保存并呈现到页。页会针对每个控件调用 Render 方法，它会提供一个文本编写器，用于将控件的输出写入页面的 Response 属性的 OutputStream 中。这个阶段，页面和控件对象仍然可用，因此我们可以在此阶段执行最终的步骤，如在视图状态中保存额外的信息等。除此之外，一些数据绑定工作还有可能在呈现阶段之后发生。

(8) 卸载：在页面生命周期的最后阶段，页面呈现为 HTML。页面呈现后，真正的清除开始并触发 Page.Unload 事件。这时，页面对象虽仍然可用，但是最终的 HTML 已经被呈现且不可修改。在此事件中，可以调用 Dispose 方法尽可能释放占用的任何关键资源(如文件、图形对象以及数据库连接)。

ASP.NET 中，各个服务器控件也都有自己的生命周期，它们的生命周期与页生命周期类似，如控件的 Init 和 Load 事件是在相应的页事件期间发生的。虽然 Init 和 Load 事件在

每个控件上以递归方式发生，但它们的发生顺序相反。每个子控件的 Init 事件（还有 Unload 事件）在为其容器引发相应的事件之前发生（由下到上）。但是容器的 Load 事件是在其子控件的 Load 事件之前发生（由上到下）。

【案例 4-1】演示 ASP. NET 页面生命周期的过程，以此加深对页面生命周期的理解。

方法与步骤如下。

（1）单击菜单“文件”→“新建网站”选项，在弹出的新窗口中选择“Visual C＃”分类下的“ASP. NET 空网站”模板，然后选择位置路径，创建一个名为“Chapter 4”的空网站。

（2）在网站项目里添加一个 Web 窗体，命名为“Chapter4-1. aspx”。

（3）从工具栏中拖曳 1 个 Label 控件、1 个 Button 控件到页面的设计视图上，并将 Label 控件的“EnableViewState”属性设置为“false”。

【提示】如果将“EnableViewState”属性设置为“true”，Label 控件的显示内容将随着每次回送而增长，显示从第一次请求页面开始所发生的一切活动。将“EnableViewState”属性设置为“false”后，可以保证每次回送页面时 Label 控件内容被清除，并且显示的文本内容只响应最近的处理。运行时请加以对比。

（4）在解决方案资源管理器中双击“chapter4-1. aspx. cs”文件，将分部类（partial class chapter4_1）中的代码替换成如下所示的代码：

```
protected void Page_Load(object sender, EventArgs e)
{
    Label1.Text += "Page.Load 事件被触发<br/>";
    if (Page.IsPostBack)
    {
        Label1.Text += "页面回发引起的加载<br/>";
    }
    else
    {
        Label1.Text += "页面第一次加载<br/>";
    }
}
protected void Page_PreInit(object sender, EventArgs e)
{
    Label1.Text += "Page.PreInit 事件被触发<br/>";
}
private void Page_Init(object sender, EventArgs e)
{
    Label1.Text += "Page.Init 事件被触发<br/>";
}
protected void Page_InitComplete(object sender, EventArgs e)
{
    Label1.Text += "Page.InitComplete 事件被触发<br/>";
```

```
}
protected void Page_PreLoad(object sender, EventArgs e)
{
    Label1.Text += "Page.PreLoad 事件被触发<br/>";
}
protected void Page_LoadComplete(object sender, EventArgs e)
{
    Label1.Text += "Page.LoadComplete 事件被触发<br/>";
}
protected void Page_PreRender(object sender, EventArgs e)
{
    Label1.Text += "Page.PreRender 事件被触发<br/>";
}
protected void Page_SaveStateComplete(object sender, EventArgs e)
{
    Label1.Text += "Page.SaveStateComplete 事件被触发<br/>";
}
private void Page_Unload(object sender, EventArgs e)
{
    Label1.Text += "Page.Unload 事件被触发<br/>";
    int i = 0;
    i++;   //可在此设置断点,调试运行并观察结果
}
protected void Button1_Click(object sender, EventArgs e)
{
    Label1.Text += "按钮单击事件被触发<br/>";
}
```

(5) 按"Ctrl"+"F5"组合键运行程序,结果如图 4.2 所示。

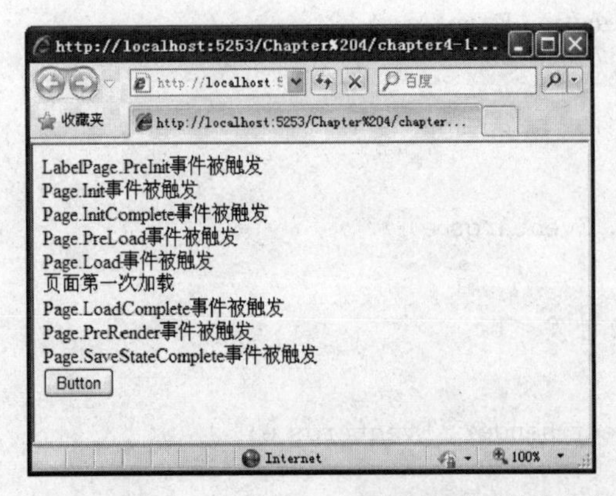

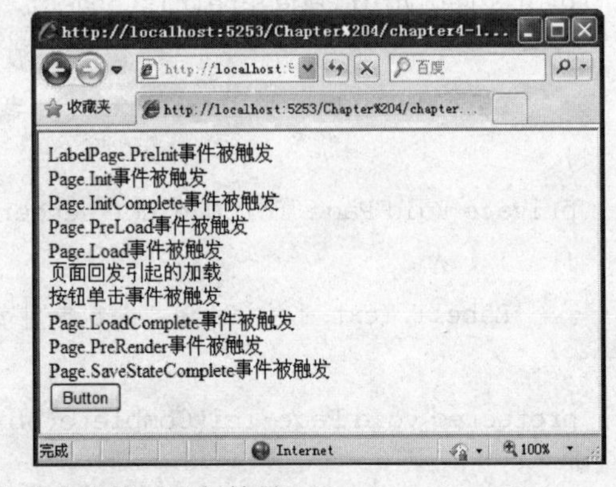

图 4.2　页面首次运行与单击按钮后运行结果

【思考】按“F5”键调试运行程序，观察 Page. Unload 事件何时被触发，并思考为什么“Page. Unload 事件被触发”这一提示文本没有在网页中显示。

4.3　HTML 服务器控件

HTML 服务器控件的类定义都在 System. Web. UI. HTMLControls 命名空间中。

在 Visual Studio 2010 中，HTML 服务器控件的使用非常简单，只需在设计视图状态下从工具箱的【HTML】分类中拖动所需的控件到设计界面，并在控件对应的 HTML 源代码中添加"runat＝server"即可，如＜input id＝"Button1" type＝"button" value＝"button" runat＝"server"/＞。

页面上的任意 HTML 元素都可以转换为 HTML 服务器控件。通常，通过简单添加 runat＝"server" 属性，HTML 元素即可转换为 HTML 服务器控件。如果要在代码中作为成员引用控件，则还应当为控件分配并设置 ID 属性。

4.3.1　HTML 服务器控件的层次结构

所有的 HTML 服务器控件都是从 HtmlControl 基类中直接或间接派生出来的，它们的类定义都位于 System. Web. UI. HtmlControls 命名空间中。图 4.3 说明了 HTML 服务器控件的类层次结构。

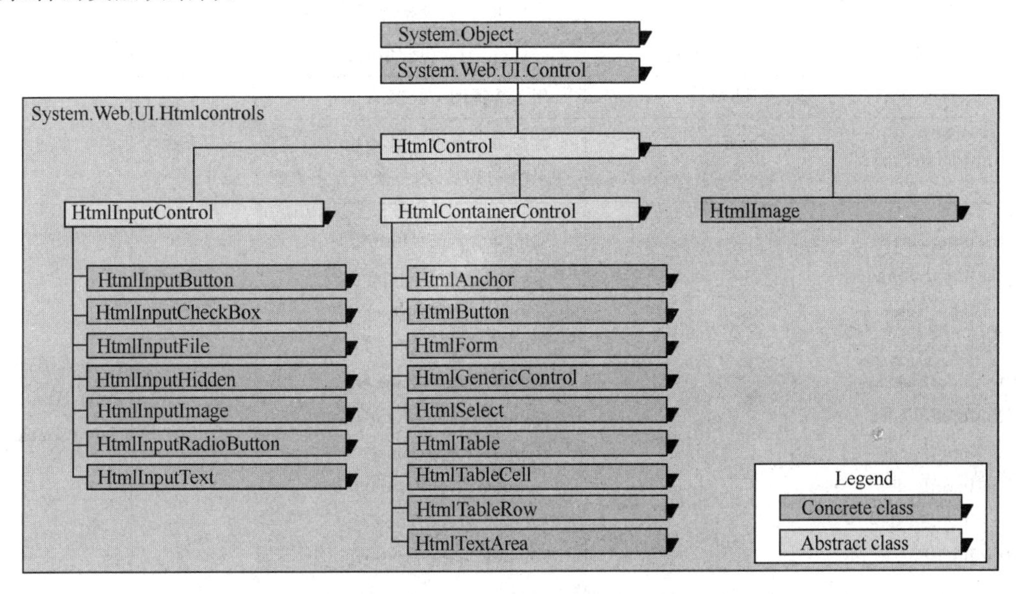

图 4.3　HTML 服务器控件的类层次结构

4.3.2　HTML 服务器控件的使用概要

1. 将 HTML 服务器控件添加到 Web 窗体

要在 Web 页面上使用 HTML 服务器控件，只需要从工具箱的“HTML”分类中将控件拖入页面，这时就会在页面上自动地创建一个控件对象。HTML 服务器控件的基本语法格式如下：

<HTML 标记名 ID="控件名称" runat="server">

HTML 服务器控件是由 HTML 标记所衍生出来的新功能，在所有的 HTML 服务器控件的语法中，最前端是 HTML 标记名，不同控件所用的标记名不同：runat＝"server"表示控件将会在服务器端执行；ID 用来设置控件的名称，在同一程序中各控件的 ID 均不相同，加入 ID 属性后，我们就可以编程方式引用该控件。表 4.1 列举了 HTML 服务器控件与 HTML 标记的对应关系，并标示出了各自所属的类别。

表 4.1 HTML 服务器控件与 HTML 标记的对应关系

HTML 服务器控件名称	对应 HTML 标记	说 明	类 别
HtmlForm	<form>	充当其他服务器控件的容器，任何要参与回传的控件都应包含在 HtmlForm 控件中，每个页面至多有一个 HtmlForm 控件	容器类：派生自 Html-Container-Control
HtmlTextArea	<textarea>	多行文本输入框	
HtmlAnchor	<a>	锚标签	
HtmlButton	<button>	服务器端按钮，可自定义显示格式	
HtmlTable	<table>	表格，可以包含行，行中包含单元格	
HtmlTableCell	<td>/<th>	表格单元格/表格标题单元格	
HtmlTableRow	<tr>	表格行，行中包含单元格	
HtmlSelect	<select>	用于选择的下拉菜单	
HtmlGenericControl	<span>、<div>、<body>、<font>	此类可以表示不直接用 .NET Framework 类表示的 HTML 服务器控件元素	
HtmlInputButton HtmlInputSubmit HtmlInputReset HtmlInputCheckbox HtmlInputFile HtmlInputHidden HtmlInputImage HtmlInputRadioButton HtmlInputText HtmlInputPassword	<input>	<input type＝button> <input type＝submit> <input type＝reset> <input type＝checkbox> <input type＝file> <input type＝hidden> <input type＝image> <input type＝radio> <input type＝text> <input type＝password>	输入类：派生自 Html InputControl
HtmlImage	<img>	图片	
HtmlLink	<link>	读取/设置目标 URL	

2. 设置或获取 HTML 服务器控件的属性

所有的 HTML 服务器控件都派生于 HtmlControl 基类，它们除了具有各自的独立属性外，也从基类中继承了许多共有属性。

(1) 全部 HTML 服务器控件的共有属性

在所有的 HTML 服务器控件中，都存在着一些共有的属性，如表 4.2 所示。

表 4.2　全部 HTML 服务器控件的共有属性

属　性	说　　明
Attributes	服务器控件标记上表示的所有属性名称和值的集合。使用该属性可以用编程方式访问 HTML 服务器控件的所有特性
Disabled	允许使用 Boolean 值设置控件是否禁用
EnableViewState	允许使用 Boolean 值设置控件是否参与页面的视图状态功能
Style	引用应用于特定控件的 CSS 样式集合
TagName	获取包含 runat="server"属性的标记的元素名
Visible	指定控件在生成的页面上是否可见

(2) 所有 HTML 输入类控件共有的属性

HTML 输入类控件映射到标准 HTML 输入元素。输入类控件包括 HtmlInputText、HtmlInputButton、HtmlInputCheckBox、HtmlInputImage、HtmlInputHidden、HtmlInputFile 和 HtmlInputRadioButton，它们共享如表 4.3 所示的属性。

表 4.3　HTML 输入类控件的共有属性

属　性	说　　明
Name	获取或设置 HtmlInputControl 控件的唯一标识符名称
Value	设置或者获取与输入控件关联的值
Type	获取 HtmlInputControl 控件的类型。例如，如果将该属性设置为 text，则 HtmlInputControl 控件是用于输入数据的文本框(即 HtmlInputText)

(3) 所有 HTML 容器类控件共享的属性

HTML 容器类控件同样映射到 HTML 元素，但这些元素需要具有开始和结束标记，如 <select>、<a>、<button> 和 <form> 元素。HtmlTableCell、HtmlTable、HtmlTableRow、HtmlButton、HtmlForm、HtmlAnchor、HtmlGenericControl、HtmlSelect 和 HtmlTextArea 控件共享如表 4.4 中所示的属性。

表 4.4　HTML 容器类控件的共有属性

属　性	说　　明
InnerHtml	获取或设置控件的开始和结束标记之间的内容。但不自动将特殊字符转换为等效的 HTML 实体。例如，它不会将小于号字符 (<)转换为 <。此属性通常用于将 HTML 元素嵌入到容器控件中
InnerText	获取或设置控件的开始和结束标记之间的内容。与 InnerHtml 属性不同，InnerText 属性会自动将特殊字符转换为等效的 HTML 实体。例如，它会将小于号字符 (<)转换为 <。此属性通常在希望不必指定 HTML 实体即显示带有特殊字符的文本时使用

4.3.3　HTML 服务器控件的综合应用

ASP.NET 服务器不会处理普通的 HTML 标记控件，它们将直接被发送到客户端，由浏览器进行解释并显示。如前所述，如果要让 HTML 元素能在服务器端被处理，就必须将它们转换为 HTML 服务器控件。要将普通 HTML 元素转换为 HTML 服务器控件，只需添加 runat="server"属性即可。另外，可根据需要为控件添加 ID 属性，这样可以通过编程方式访问和控制它。

【案例 4-2】在网站“Chapter 4”中添加一个 Web 窗体，命名为 chapter4-2. aspx。使用 HTML 服务器控件完成一份“大学生电脑使用情况”调查问卷，并将问卷中填写的内容输出。

方法与步骤如下。

(1) 在“解决方案资源管理器”中双击打开“chapter4-2. aspx”文件，并切换至设计视图或拆分视图，单击菜单“表”→“插入表”命令，插入一个 10 行 2 列的表格。然后，在工具箱里展开“HTML”分类列表，如图 4.4 所示。参照如图 4.5 所示的页面布局，从“HTML”分类列表中选择相应控件将其拖曳至页面中，具体操作步骤如下。

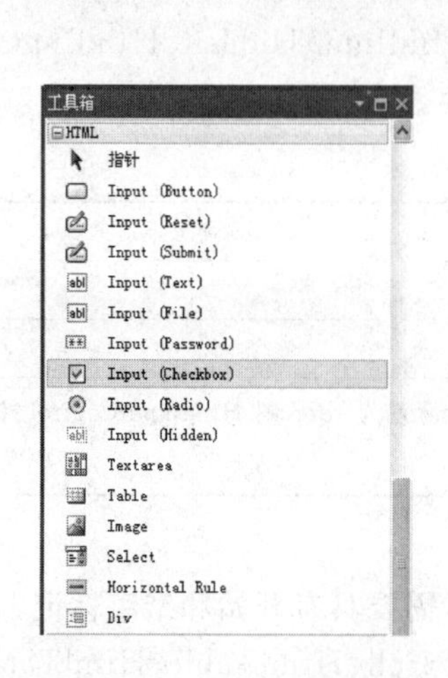

图 4.4　HTML 服务器控件

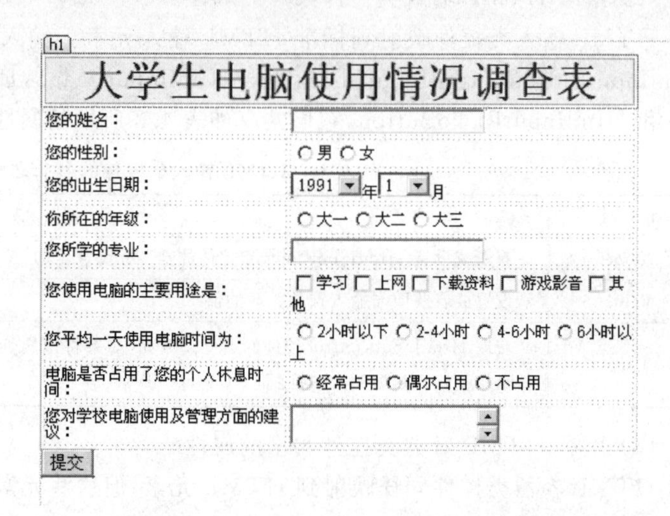

图 4.5　页面布局及所需控件

① 选择第一行的两个单元格后，单击菜单“表”→“修改” →“合并单元格”命令，然后输入如图 4.5 所示文字。

② 在第 2 行第 2 列处拖放一个 Input(Text) 控件，并在源视图或拆分视图修改“id”属性并添加 runat = "server" 属性，如下所示：

```
<input  id="Name" type="text"  runat ="server" />
```

③ 在第 3 行第 2 列处拖放两个 Input(Radio) 控件，修改“id”属性并添加 runat = "server" 属性及 name 属性、value 属性，如下所示：

```
<input  id="Male"  type="radio"  value="男"  name ="sex"  runat ="server" />男
<input  id="Female" type="radio"  value ="女"  name ="sex"  runat ="server" />女
```

注意：通过设置 Input(Radio)控件的 Name 属性，可以将多个 Input(Radio) 控件

组成一组。同组中的单选按钮会互相排斥，从而保证一次只能选择该组中的一个单选按钮。

④ 在第 4 行第 2 列处拖放两个 Select 控件，修改“id”属性并添加 runat = "server" 属性，视选项个数增加<option></option>标签对，其中出生日期的年份部分对应的 HTML 源代码如下所示：

```
<select  id="Year"  name="D1"  runat ="server" >
    <option>1991</option>
    <option>1992</option>
    <option>1993</option>
    <option>1994</option>
</select>年
```

⑤ 第 5 行需要 3 个 Input(Radio) 控件，第 6 行需要 1 个 Input(Text) 控件，具体请参照以上的介绍自行修改属性完成。在第 7 行第 2 列处拖放 5 个 Input(Checkbox) 控件，并添加 runat = "server" 属性及 value 属性，其中第一个控件对应的 HTML 源代码如下所示：

```
<input  id="Checkbox1"  type="checkbox"  value="学习"  runat ="server" />学习
```

⑥ 分别在第 8 行与第 9 行拖放 4 个与 3 个 Input(Radio) 控件，具体请参照以上已有的介绍自行修改属性完成。

⑦ 在第 10 行第 2 列处拖放一个 Textarea 控件，并添加 runat = "server" 属性及 value 属性，其中第一个控件对应的 HTML 源代码如下所示：

```
<textarea  id ="Suggestion"  cols ="20"  name ="S1"  rows ="2"  runat ="server"></textarea>
```

⑧ 在表格下方拖放一个 Input(Button) 控件，并添加 runat= "server" 属性、value 属性及 onserverclick 事件，HTML 源代码如下所示：

```
<input id="Button1" type="button" value="提交" runat="server"  onserverclick ="Button1_Click" />
```

⑨ 在“提交”按钮下方拖放一个 Div 控件，并添加 runat ="server" 属性及 id 属性，HTML 源代码如下所示：

```
<div id="ShowResult"  runat="server" ></div>
```

(2) 在完成页面设计之后，还需要编写相关代码来实现问卷数据提交功能。

① 在“解决方案资源管理器”中展开 chapter4-2.aspx 并双击打开 chapter4-2.aspx.cs 文件。

② 添加 Input(Button) 控件的 onserverclick 事件处理程序，并输入以下代码：

```
protected void Button1_Click(object sender, EventArgs e)
{
    string strResult  = "姓名:" + Name.Value + "<br/>";
    if (Male.Checked == true)
        strResult += "性别:"+Male.Value+"<br/>";
    else if (Female.Checked)
```

```
        strResult += "性别:" + Female.Value + "<br/>";
    strResult += "出生日期:" + Year.Value + "年" + Month .Value + "月" + "<br/>";
    strResult += "专业:" + Major.Value + "<br/>";
    strResult += "主要用途:";
    if (Checkbox1.Checked)
        strResult += Checkbox1.Value + " ";
    if (Checkbox2.Checked)
        strResult += Checkbox2.Value + " ";
    if (Checkbox3.Checked)
        strResult += Checkbox3.Value + " ";
    if (Checkbox4.Checked)
        strResult += Checkbox4.Value + " ";
    if (Checkbox5.Checked)
        strResult += Checkbox5.Value + " ";
    strResult += "<br/>";
    if (Time1.Checked)
        strResult += "使用电脑时间:" + Time1.Value + "<br/>";
    else if (Time2.Checked)
        strResult += "使用电脑时间:" + Time2.Value + "<br/>";
    else if (Time3.Checked)
        strResult += "使用电脑时间:" + Time3.Value + "<br/>";
    else if (Time4.Checked)
        strResult += "使用电脑时间:" + Time4.Value + "<br/>";
    if (Radio1.Checked)
        strResult += "个人休息时间:" + Radio1.Value + "<br/>";
    else if (Radio2.Checked)
        strResult += "个人休息时间:" + Radio2.Value + "<br/>";
    else if (Radio3.Checked)
        strResult += "个人休息时间:" + Radio3.Value + "<br/>";
    strResult += "您的建议:" + Suggestion.Value + "<br/>";
    ShowResult.InnerHtml = strResult;
}
```

(3) 按"Ctrl"+"F5"组合键运行页面,依次输入问卷调查数据后单击"提交"按钮,运行结果如图 4.6 所示。

【思考】本页面的设计中使用了几组 Input(Radio)控件及 Input(Checkbox)控件,在判断控件的选中状态时,采用了逐一读取控件"Checked"属性的方式,造成代码虽功能单一但结构冗长,如何改进代码结构?

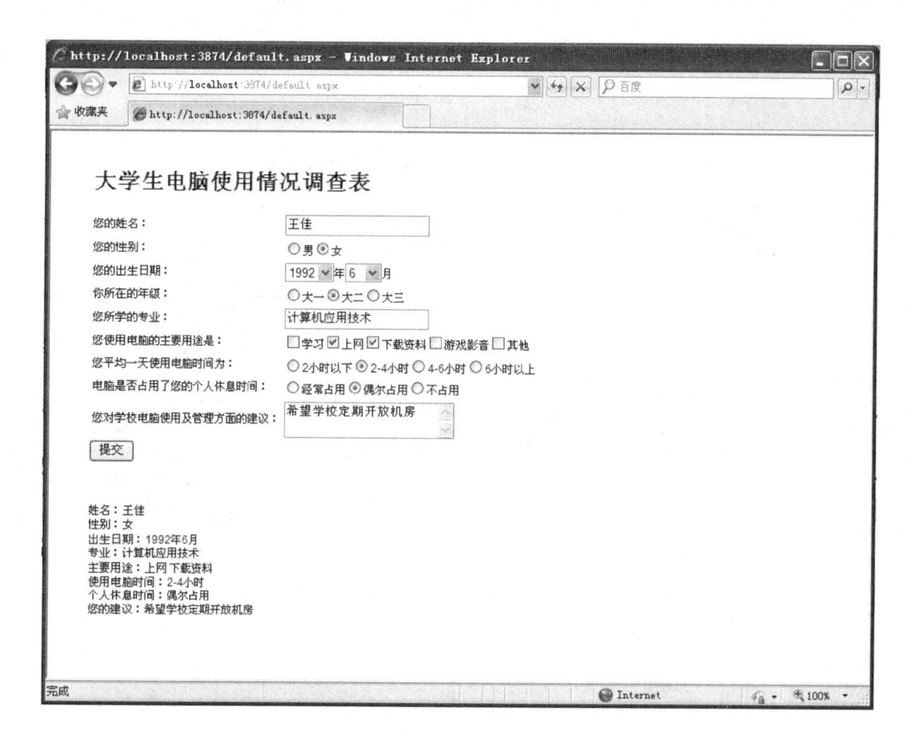

图 4.6　页面运行结果

4.4　标准服务器控件

我们把位于工具箱的“标准”分类列表中的一组控件称为标准服务器控件。标准服务器控件是设计 ASP. NET 页面时使用频率最高的一组控件，这些控件在页面被请求时运行并向浏览器呈现标记，许多 Web 服务器控件类似于常见的 HTML 元素，而其他一些控件则包含复杂的行为。这些控件与 HTML 服务器控件相比，具有更多的内置功能与更方便的操控特性。

4.4.1　Web 服务器控件的层次结构

在 Visual Studio 2010 的工具箱中，只有“HTML”分类列表中的控件默认为浏览器端控件，其他各分类下的控件都属于服务器控件。在类库中，所有的 Web 服务器控件都是从 System. Web. UI. Control. WebControls 直接或间接派生而来的，其中包含 Web Forms（表单控件，包括数据显示与输入控件、提交控件、超链接控件、日历控件、图像控件等）、List-Control（列表控件，包括下拉列表控件、列表框控件等）、BaseValidator（验证控件，包括比较验证控件、必填字段验证控件等）、DataSourceControl（数据源控件）、DataBoundControl（数据绑定与显示控件）等。Web 服务器控件的层次结构及关系如图 4.7 所示。

在 Visual Studio 2010 工具箱的“标准”分类列表中主要包含了如图 4.7 所示的 Web Forms（表单控件）与 ListControl（列表控件）两部分，本节的后续部分将针对其中最常用的一些控件予以介绍。

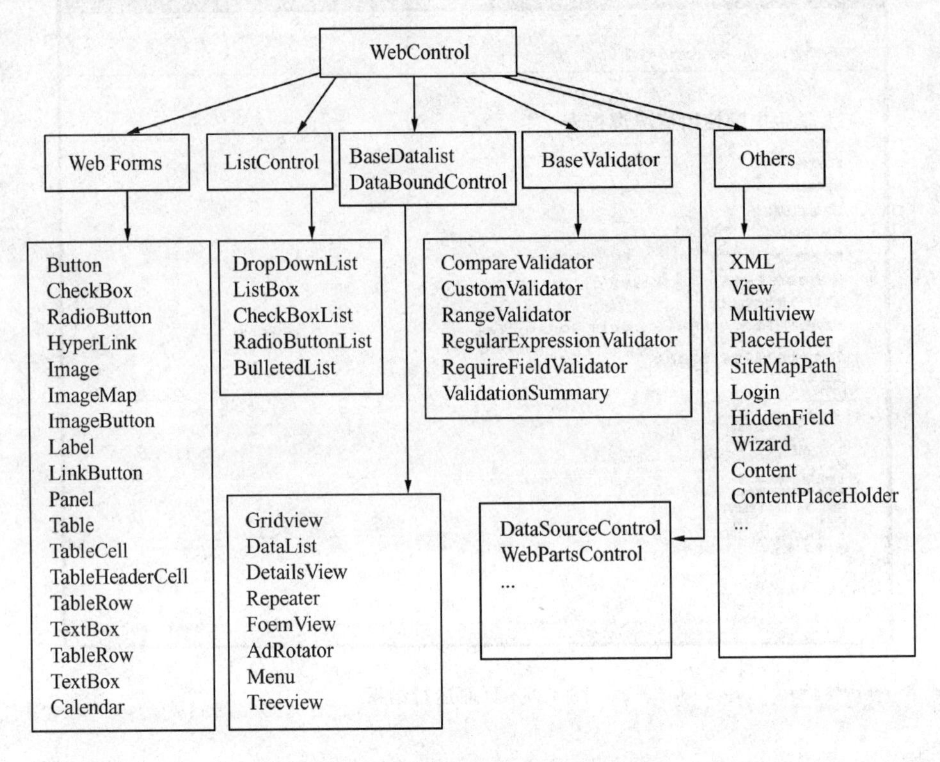

图 4.7　Web 服务器控件的层次结构

4.4.2　Web 服务器控件的使用概要

1. 将控件添加到 Web 窗体

要在 Web 页面上使用控件，只需要从工具箱中将控件拖入页面，这时就会在页面上创建一个控件对象。控件的基本语法格式如下：

＜asp:控件类型名　ID="控件 id"　属性名 1="属性值 1"　属性名 2="属性值 2"　… runat="server"/＞

例如：

＜asp:TextBox　ID="txtName" Width="250px" Text="请输入姓名：" runat="server"/＞

所有的 Web 服务器控件标签都以＜asp:开头，这是 Web 服务器控件的标记前缀。控件类型名为控件的类型或类，如 TextBox、Button、DropDownList 等。

注意：每一种控件都对应一个类，但一个类可以创建多个对象，因此一个页面上同样可以创建多个同类的控件对象，如可以有多个文本框。为了唯一标识每一个控件对象，就需要 ID 属性。对象的 ID 都有默认值，一般其值就是在控件类型名后加上"1"、"2"、"3"等，如第一个 TextBox 控件对象的 ID 值就是 TextBox1，依次类推。当我们需要明确标识对象的意义时，往往需要修改 ID 值，例如，页面中的 TextBox 控件用于输入姓名，可以将其 ID 值修改为"txtName"，既说明了控件类型又有助于了解控件的意义。

2. 设置或获取控件的属性

每个控件都有一些公共属性，如字体颜色、边框颜色、样式等。使用控件的一个重要环节就是设置或获取控件的属性，以修饰或获取控件的布局、外观与状态。

设置控件的属性有 3 种方式：在控件的属性窗口指定，修改控件 HTML 标记中的属性或在程序代码中设定。一般来说，如果控件的属性值在程序运行期间不需要更改，只需在属性窗口中指定或在其对应 HTML 标记中编辑修改即可。若在程序运行期间需要动态地改变或获取控件的属性值，就必须在后台代码中进行。表 4.5 所示为 Web 服务器控件所共有的常用属性。

表 4.5　Web 服务器控件共有的常用属性

名　称	说　　明
AccessKey	定义控件的访问快捷键。例如，定义某控件的“AccessKey”属性值为“L”，就可以通过按“Alt”+“L”组合键来访问该控件
BackColor	控件的背景颜色。可以使用颜色名称（如“Green”或“Red”）或以十六进制格式表示的 RGB 值（如“#CCFFFF”）
BorderColor	控件的边框颜色
BorderStyle	控件的边框样式。默认为 NotSet，可能的值包括 NotSet 、None 、Dotted 、Dashed 、Solid 、Double 、Groove、Ridge、Inset 与 Outset
BorderWidth	控件的边框宽度。默认单位为像素（px）。如果使用“点”作为单位，需要标明，如 2pt
CssClass	应用于控件的 CSS 类
Enabled	若设为 false，则控件可见，但显示为灰色，不能操作。内容仍可复制和粘贴。默认值为 true
EnableViewState	表示该控件是否维持视图状态。默认值为 true
Font	定义控件上显示的文本的格式
ForeColor	控件的前景色
Height	控件的高度
TabIndex	控件的 Tab 键访问顺序。如果未设置此属性，则控件的位置索引为 0。具有相同索引值的控件可以按照它们出现的先后顺序用 Tab 键导航
ToolTip	当鼠标移动到控件上方时要显示的提示文本
Visible	若设为 false，则不呈现该控件。默认值为 true
Width	控件的宽度

3. 编写事件处理程序

使用控件的另一项重要工作就是为控件编写事件处理程序。ASP.NET 页面是以事件驱动模式运行的，我们需要在设计阶段结合功能要求为控件的某一事件编写对应的处理程序，当该事件发生时，这段处理程序会被调用。例如，案例 4-1 中编写的按钮单击事件处理程序，就会在页面运行并单击按钮时调用执行。

在控件的属性窗口中单击⚡图标，可以将属性窗口切换到事件列表，在事件列表的事件名位置上双击，将会切换至后台代码编辑窗口，并以默认方式为事件处理程序命名。若该事件需要调用其他的事件处理程序，则需要在事件列表右侧的事件名中输入或选择其他事件处理程序名。表 4.6 所示为 Web 服务器控件所共有的常用属性。

表 4.6　Web 服务器控件共有的常用事件

事件名称	说　明
DataBinding	当控件绑定到数据源时发生
Disposed	当控件从内存中释放时发生
Error	只在页面中;当抛出未处理的异常时发生
Init	当控件初始化时发生
Load	当控件加载到页面对象时发生
PreRender	当控件准备进行输出时发生
Unload	当控件从内存中卸载时发生

4.4.3　数据显示与输入控件

在 ASP.NET 中,可以使用 Label 控件和 Literal 控件在 Web 页面上显示所需要的文本,两个控件经常用于在后台代码中以编程方式动态更改文本的场合。

1. 标签控件(Label)

如果希望网页中显示的文本不被用户更改,或者希望某一段文本能够在运行时通过程序代码更改,就可以考虑使用标签控件。我们可以非常方便地将标签控件拖放到页面中,该页面将自动生成一段标签控件的声明代码,示例代码如下:

```
<asp:Label ID="Label1" runat="server" Text="Label1" />
```

上述代码将标签控件的文本初始化为"Label1",可以在属性对话框中通过设置"Text"属性修改文本内容,或者在相应的.cs 隐藏页代码中设置标签控件的属性值。示例代码如下:

```
protected void Page_Load(object sender, EventArgs e)
{
Label1.Text = "我是标签控件";
}
```

上述代码将在页面加载阶段将 Label1 的文本属性设置为"我是标签控件"。另外,在设计过程中,还可以借助标签控件显示 HTML 样式的文本,示例代码如下:

```
protected void Page_Load(object sender, EventArgs e)
{
Label1.Text = "<span style=\"font-size :xx-large;color:blue\">我是标签控件
</span>";
}
```

上述代码中,Label1 的文本属性被设置为一串 HTML 代码,会以 HTML 效果显示,运行结果如图 4.8 所示。

图 4.8　用标签控件显示 HTML 样式

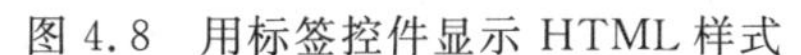

图 4.9　HTML 编码与解码方法对比

【拓展：与 HTML 编码相关的两个常用方法】

(1) public string HtmlDecode(string s)。该方法用于对 HTML 编码的字符串进行解码，并返回已解码的字符串。示例代码如下：

```
Label1.Text += Server.HtmlDecode("试试看：第二行<br/>"); // 解码时 HTML 标记产生作用
```

(2) public string HtmlEncode(string s)。该方法用于对字符串进行 HTML 编码并返回已编码的字符串。示例代码如下：

```
Label1.Text += Server.HtmlEncode("再试试：第三行<br/>"); // 编码时将标记以普通字符串显示
```

其中，Server 是 ASP.NET 的内置对象，详细的介绍会在第 5 章进行。上述代码的运行结果如图 4.9 所示。

2. 静态文本控件(Literal)

Literal 控件同标签控件一样，可以在 Web 页面上显示静态文本，也可以通过后台代码以编程方式静态控制文本，代码如下：

```
<asp:Literal ID="Literal1" runat="server" Text="我是静态文本控件" ></asp:Literal>
```

注意：如果只是为了在页面中显示固定的静态文本，可以使用 HTML 代码方式直接呈现，而不需要 Literal 控件。只有在需要更改服务器代码中的内容时才考虑使用 Literal 控件。

在代码中可以通过“Text”属性控制它的文本显示，代码如下：

```
Literal1.Text = "我是静态文本控件";
```

静态文本控件同标签控件的作用基本一致，主要有以下两点区别。

(1) 使用标签控件时，允许我们向其内容应用样式；而 Literal 控件则不允许向其内容应用样式，这也意味着在 Web 窗体设计器处于网格模式时，Literal 控件无法定位。因此，Literal 控件不适用于创建标题。此外，也无法使用客户端代码来确定控件的位置。

(2) 在页面输出时，Label 控件的内容显示在<span>标签里面；而 Literal 控件的内容则没有任何修饰。为了能够更好地理解这个特性，可以在页面上创建如下两个控件：

```
<asp:Label ID="Label1" runat="server" Text="我是标签控件"></asp:Label>
<asp:Literal ID="Literal1" Text="我是静态文本控件"runat="server"></asp:
```

Literal>

运行页面，查看页面源文件，会发现生成了如下代码：

```
<div>
<span id="Label1">我是标签控件</span>
我是静态文本控件
</div>
```

从上面生成的 HTML 代码中不难发现，如果使用 Label 控件，则该控件被包装在 HTML <span>标记中。如果使用 Literal 控件，则不会添加任何标记。

3. 文本框控件(TextBox)

文本框控件是 Web 页面设计中使用最为频繁的控件之一，可以用来实现数据的输入或显示。默认的文本框控件是一个单行的文本框，用户只能在文本框中输入一行内容。通过修改“TextMode”属性，可以将文本框设置为多行文本或者密码框形式。

TextBox 控件定义的语法示例如下：

```
<asp:TextBox ID="TextBox1" runat="server" TextMode="Password"/>
```

上述代码修改了文本框控件的 TextMode 属性默认值，将控件设置为用于输入密码的文本框。在密码框中输入的字符都会用特殊字符(如“*”)显示，但应注意输入的密码文本并没有以任何方式进行加密。

文本框控件的常用属性、方法和事件如表 4.7 所示。

表 4.7 文本框控件的常用属性、事件和方法

属性/方法/事件	说　明
AutoPostBack	文本框文本修改以后，是否自动将修改后的数据重传回服务器
Columns	文本框的显示宽度
MaxLength	文本框中最多允许输入的字符数
ReadOnly	控件是否为只读，指示能否更改文本框控件的内容
Rows	作为多行文本框时所显示的行数
Text	文本框控件的文本内容
TextMode	文本框控件的行为模式(单行、多行或密码)
Wrap	指示多行文本框内的文本内容是否自动换行
Focus ()	使光标置于文本框中的方法
TextChanged	文本框的内容改变时触发的事件

【案例 4-3】创建一个综合使用数据显示与输入控件的 Web 页面，明确 Label 控件与 Literal 控件的区别。

方法与步骤如下。

(1) 在网站“Chapter 4”项目中添加一个名为“chapter4-3.aspx”的 Web 窗体。

(2) 双击打开“chapter4-3.aspx”文件并切换至设计视图，从工具箱的标准控件中依次拖曳 1 个 TextBox 控件、1 个 Label 控件及 1 个 Literal 控件到页面中。然后修改 TextBox 控件的“AutoPostBack”属性为“True”、Literal 控件的“Mode”属性为“Encode”。

(3) 切换至“源”视图，拖曳 1 个 Label 控件及 1 个 Literal 控件到<title></title>标

记之间，修改控件的“ID”值分别为“Label2”及“Literal2”，代码如下：

```
<head runat = "server">
<title>
<asp:Label ID = "Label2" runat = "server" Text = "Label"></asp:Label>
<asp:Literal ID = "Literal2" runat = "server"></asp:Literal>
</title>
</head>
```

(4) 切换至“设计”视图，双击“TextBox”控件，系统将自动切换至代码隐藏页并定位于“TextBox1_TextChanged”事件过程中，添加代码如下：

```
Label1.Text = "<font color = red>我是 Lable</font>";
Literal1.Text = "<font color = red>我是 Literal</font>";
Label2.Text = TextBox1.Text;
Literal2.Text = TextBox1.Text;
```

(5) 按“Ctrl”+“F5”组合键运行页面，结果如图 4.10 所示。

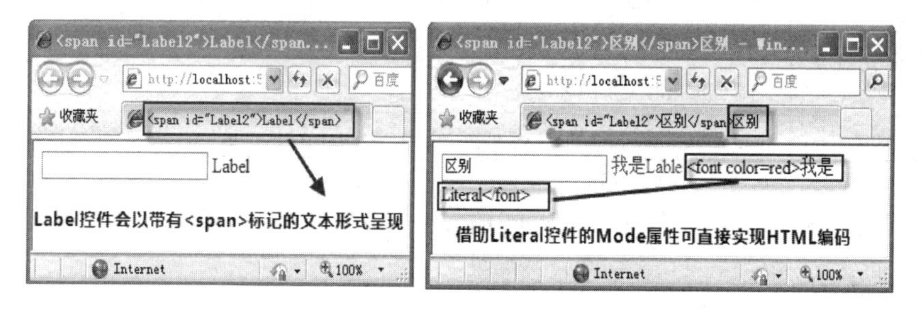

图 4.10　页面运行结果

【提示】Literal 控件的 Mode 属性可以设置为以下值。

- Transform。添加到控件中的任何标记都将进行转换，以适应请求浏览器的协议。
- PassThrough。添加到控件中的任何标记都将按原样呈现在浏览器中。
- Encode。添加到控件中的任何标记都将使用 HtmlEncode 方法进行编码，该方法将把 HTML 编码转换为其文本表示形式。

4.4.4　数据提交控件

在 ASP.NET 中，包括 3 种类型的数据提交控件：Button 控件、LinkButton 控件和 ImageButton 控件，每种控件在页面上的显示方式各不相同。这 3 种控件提供类似的功能，但具有不同的外观。当用户单击这 3 种类型的按钮控件中的任何一种时，都会向服务器提交一个表单(Form)，以此来完成对页面数据的提交。

1. 标准命令按钮控件(Button)

Button 控件用来在 Web 页面上创建一个按钮，可以是提交按钮(submit)，或者是一个命令按钮(command)，默认情况下为提交按钮。这两种按钮的主要区别在于提交按钮不支持 CommandName(命令名称)和 CommandArgument(命令参数)两个属性。

提交按钮没有命令名，当它被单击的时候会把 Web 页面提交给服务器。可以编写一个事件处理程序来控制提交按钮被单击时将要执行的操作。

命令按钮具有命令名，并允许在一个页面上的多个按钮控件共用一个事件处理程序，以此控制命令按钮被单击时将要执行的操作。其语法格式如下：

```
<asp:Button id="MyButton" Text="CommandButton" CommandName="command"
CommandArgument="commandargument" CausesValidation="true | false"
OnClick="OnClickMethod" runat="server"/>
```

表 4.8 所示为 Button 控件的常用属性及事件。

表 4.8　Button 控件的常用属性及事件

属性/事件	说　明
Text	获取或设置在按钮中显示的文本标题
CommandArgument	获取或设置可选参数，当单击按钮时，将这个值传递给 Command 事件
CommandName	获取或设置命令名，当单击按钮时，将这个值传递给 Command 事件
CausesValidation	获取或设置一个值，该值指示在单击按钮时是否验证表单
onclick	设置按钮被单击后所运行过程的名称
oncommand	设置按钮被单击后所运行过程的名称
Click	在单击按钮时发生的事件
Command	在单击按钮时发生的事件，CommandArgument、CommandName 参数的值被传递给该事件

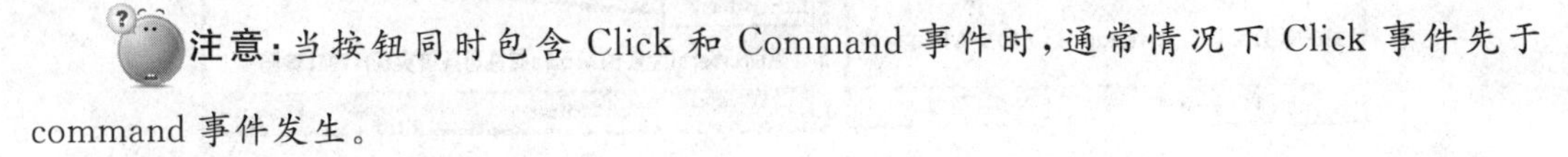

注意：当按钮同时包含 Click 和 Command 事件时，通常情况下 Click 事件先于 command 事件发生。

2. 超链接命令按钮控件(LinkButton)

LinkButton 控件用于在 Web 页面上创建一个超链接样式的按钮，同 Button 控件一样，它的类型也可以是提交按钮或命令按钮，默认情况下为提交按钮。其语法格式如下：

```
<asp:LinkButton id="LinkButton1" Command="Command" CommandArgument="CommandArgument" CausesValidation="true | false" OnClick="OnClickMethod" runat="server"/>链接文本
</asp:LinkButton>
```

LinkButton 控件的外观与 HyperLink 控件(超链接控件)相同，但功能与 Button 控件相同。如果单击控件时只是希望链接到另一个 Web 页，可以考虑使用 HyperLink 控件。

LinkButton 控件将 JavaScript 呈现给客户端浏览器。客户端浏览器必须启用 JavaScript 才能使该控件正常工作。在功能上，ListButton 控件与 Button 控件完全相同，此控件的用法参考 Button 控件即可。

3. 图像命令按钮控件(ImageButton)

ImageButton 控件与 Button 控件的功能基本相同。与 Button 控件不同的是，ImageButton 控件可以通过设置 ImageUrl 属性来指定在该控件中显示的图像，即生成一个图像按钮。同时，它没有 Text 属性，而是增加了一个 AlternateText 属性，该属性可以在图像按钮显示不出来图像时显示该名称。示例代码如下：

```
<asp:ImageButton id="ImageButton1" runat="server"
```

```
AlternateText = "图像按钮" ImageAlign = "Middle" ImageUrl = "images/pic.jpg" On-
Click = " OnClickMethod "/>
```

在单击 ImageButton 控件时，将同时引发 OnClick 和 OnCommand 事件。使用 OnClick 事件处理程序时，可以通过编程方式确定单击图像时的位置坐标（X,Y）。然后，根据坐标值编写相应代码。

注意：ImageButton 控件的 Click 事件处理程序不同于其他两个按钮控件。传递给事件处理程序的第二个参数是 ImageClickEventArgs 类的实例。此类有以下两个重要属性：

- *X*——用户点击图片时的 *X* 坐标；
- *Y*——用户点击图片时的 *Y* 坐标。

【案例 4-4】创建一个综合使用 3 种数据上传按钮控件的 Web 窗体，熟悉控件的 Click 事件与 Command 事件的编程方法。

方法与步骤如下。

（1）在网站“Chapter 4”项目中添加一个名为“chapter4-4.aspx”的 Web 窗体。右击“解决方案资源管理器”内的项目名称，选择“新建文件夹”选项并命名为“images”，右击“images”文件夹，选择“添加现有项”选项，添加图片“imgbtn.jpg”，如图 4.11 所示。

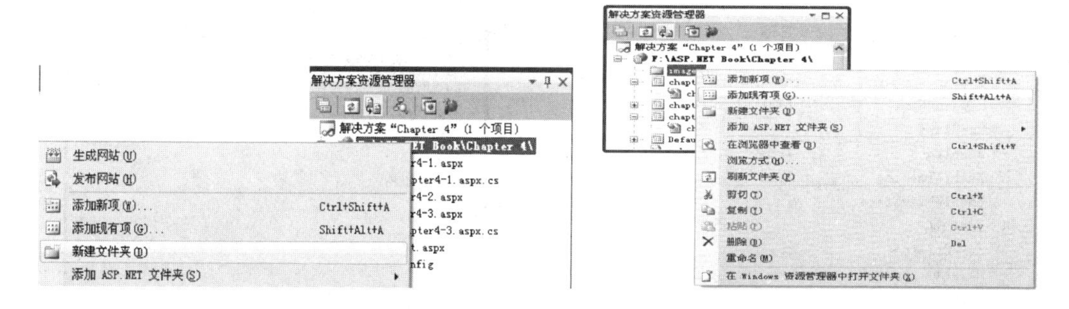

图 4.11　新建文件夹并添加图片

（2）双击打开“chapter4-4.aspx”文件并切换至设计视图，从工具箱的标准控件中依次拖曳 1 个 Button 控件、1 个 LinkButton 控件及 1 个 ImageButton 控件到页面中，并在 3 个控件的下方放置两个 Label 控件，如图 4.12 所示。

（3）依次修改 Button 控件、LinkButton 控件及 ImageButton 控件的属性，其中 Button 控件的属性设置如图 4.13 所示，3 个控件设置属性后对应的源代码如下（其中以粗斜体标识的为需要修改的属性）：

```
<asp:Button ID = "btn
" runat = "server" Text = "Button" CommandName = "btn" CommandArgument = "asc"/>
<asp:LinkButton ID = "linkbtn" runat = "server" Text = "Linkbutton" CommandName
= "linkbtn"  CommandArgument = "desc" />
<asp: ImageButton ID = " imagebtn" ImageUrl = " ~/image/imgbtn.jpg" runat = "
server" CommandName = "imagebtn" AlternateText = "imagebutton" />
```

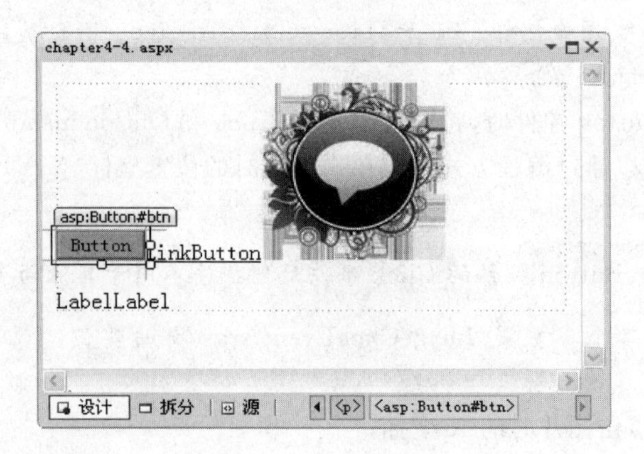

图 4.12　页面设计所需控件

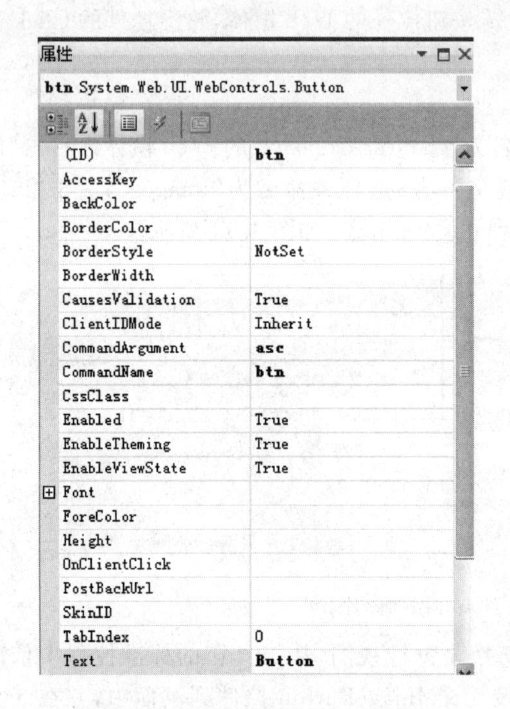

图 4.13　Button 控件的属性设置

属性

btn System.Web.UI.WebControls.Button

事件	值
Click	btn_Click
Command	
DataBinding	
Disposed	
Init	
Load	
PreRender	
Unload	

在此处双击将自动生成事件过程

图 4.14　Button 控件的事件设置

(4) 编写程序代码如下。

① 在 Button 控件的属性窗口中单击事件按钮，并在事件列表中“Click”后的输入区域处双击，如图 4.14 所示，系统将自动切换至“chapter4-4.aspx.cs”代码页中的“btn_click”过程中，添加如下以黑体标识的代码：

```
protected void btn_Click(object sender, EventArgs e)
{
    Button b = sender as Button;  //sender 指向触发该事件的按钮对象
    string buttonID = b.ID;//将 sender 转换为 Button 类型后，即可获取控件的 ID
    if (buttonID == "btn")//判断是否是 btn 按钮触发的单击事件
    {
```

```
            Label1.Text = "click 事件发生了";
            Label2.Text = "click 事件发生了";
        }
    }
```

【提示】以上代码更适用于一组按钮控件共用同一单击事件处理程序的场合，只要采用多分支结构多次判断即可。

② 在 Button 控件的属性窗口中单击事件按钮切换至事件列表，在“Command”事件后的输入区域中输入“Button_Command”，然后双击，如图 4.14 所示，系统将自动切换至代码页的“Button_Command”过程中，添加如下以黑体标识的代码：

```
    protected void Button_Command(object sender, CommandEventArgs e)
    {
        switch (e.CommandName)  //引用控件的 CommandName 属性值
        {
            case "btn":  //若为 btn 按钮
                Label1.Text = "您单击了 Button 按钮,";
                //调用自定义方法,并以 CommandArgument 作为参数,观察参数值
                ShowNumbers(e.CommandArgument);
                break;
            case "linkbtn":
                Label1.Text = "您单击了 LinkButton 按钮,";
                Label2.Text = "command 事件发生了";
                ShowNumbers(e.CommandArgument);
                break;
            case "imagebtn":
                Label1.Text = "您单击了 ImageButton 按钮,";
              //Label2.Text = "command 事件发生了";
                break;
        }
    }
```

【提示】e.CommandName 引用的就是控件的 CommandName 属性值，可以据此推断 e.CommandArgument 引用的是控件的 CommandArgument 属性值，请观察验证。

③ 在 LinkButton 和 ImageButton 控件的属性窗口中单击事件按钮，并在事件列表中 Command 后的输入区域中输入“Button_Command”。

④ 在 ImageButton 控件的属性窗口中单击事件按钮切换至事件列表，在“Click”事件后的输入区域处双击，在随后出现的 ImageButton1_Click 过程中，添加如下以黑体标识的代码：

```
    protected void ImageButton1_Click(object sender, ImageClickEventArgs e)
    {
        Label2.Text = "点击的坐标位置为:(" + e.X.ToString() + "," + e.Y.ToS-
```

```
tring() + ")";
    }
```

⑤ "Button_Command"过程中为说明"CommandArgument"参数的作用调用了自定义方法"ShowNumbers",其代码如下:

```
protected void ShowNumbers(object commandArgument)
{
    if (commandArgument.ToString() == "asc")  //若单击了 Button 按钮
    {
        Response.Write("commandArgument 参数:升序 1234");
    }
    Else  //若单击了 LinkButton 按钮
    {
        Response.Write("commandArgument 参数:降序 4321");
    }
}
```

(5) 按"Ctrl"+"F5"组合键运行,依次单击 3 个按钮,运行结果如图 4.15 所示。

图 4.15 依次单击 3 个按钮后的运行结果

【思考】请通过运行结果分析,当按钮同时包含 Click 和 Command 事件时,触发顺序为何?

【提示:oncommand 事件和 onclick 事件的区别】

onclick 只是将表单简单提交,它的事件处理过程接收一个没有任何数据的 EventArgs 参数,而 oncommand 事件处理过程接收的为一个名为 ImageClickEventArgs 类的实例化参数,该参数包含 CommandName 和 CommandArgument 两个属性值。这使我们可以在一个页面上放置多个 Button 控件而只需一个 oncommand 事件处理过程,在该事件处理过程中可以根据参数传递的 CommandName 和 CommandArgument 的值来执行不同的操作。

如果我们为多个 Button 指定了同一个 onclick 事件处理程序,则只能借助 sender 对象并通过按钮的 ID 来区分到底是哪个按钮引发了事件过程。比较而言,onclick 事件没有 oncommand 事件处理方式直观、方便。

4.4.5　选择和列表控件

1. 单选按钮控件(RadioButton)

RadioButton 控件用于在 Web 窗体上创建一个单选按钮。单选控件可以供用户选择某一个选项,单选控件常用属性如下。

- Checked:设置或给出控件的选中状态。
- GroupName:设置单选按钮所属的组,同组只能选其一。
- AutoPostBack:单击控件时是否回发数据到服务器。默认值为 false
- TextAlign:设置文本在单选按钮的左边或右边。

单选控件通常需要 Checked 属性来判断某个选项是否被选中。Web 窗体上只放置一个单选按钮没有任何实际意义,在使用时通常需要两个以上的 RadioButton 控件组成一组,以提供互相排斥的选项。示例代码如下:

```
<asp:RadioButton ID = "RadioButton1" runat = "server" GroupName = "gender" Text
= "male" />
<asp:RadioButton ID = "RadioButton2" runat = "server" GroupName = "gender" Text
= "female" />
```

上述代码声明了两个单选控件,并将 GroupName 属性都设置为"gender"。单选控件中最常用的事件是 CheckedChanged(在单选按钮上双击即可自动生成该事件过程),当控件的选中状态改变时,则触发该事件,示例代码如下:

```
protected void RadioButton1_CheckedChanged(object sender, EventArgs e)
{
        Label1.Text = "男";
}
protected void RadioButton2_CheckedChanged(object sender, EventArgs e)
{
         Label1.Text = "女";
}
```

上述代码中,当选中状态被改变时,则触发相应的事件。运行结果如图 4.16 所示。

注意:单选按钮控件不会自动进行页面回传,必须将"AutoPostBack"属性设置为 true 时才能在焦点丢失时触发相应的"CheckedChanged"事件。

2. 单选按钮列表控件(RadioButtonList)

虽然多个 RadioButton 控件也可以组成单选按钮组以实现互斥选择,但当需要设计多个选项供用户选择时,使用 RadioButtonList 控件将更加方便。另外,实现同样功能的前提下,单选列表控件所生成的代码也要比单选按钮控件相对少得多,单选列表控件添加项如图 4.17 所示。

为列表添加如图 4.17 所示的成员项后,RadioButtonList 控件代码示例如下:

```
<asp:RadioButtonList ID = "RadioButtonList1" runat = "server">
        <asp:ListItem>A. 中国</asp:ListItem>
```

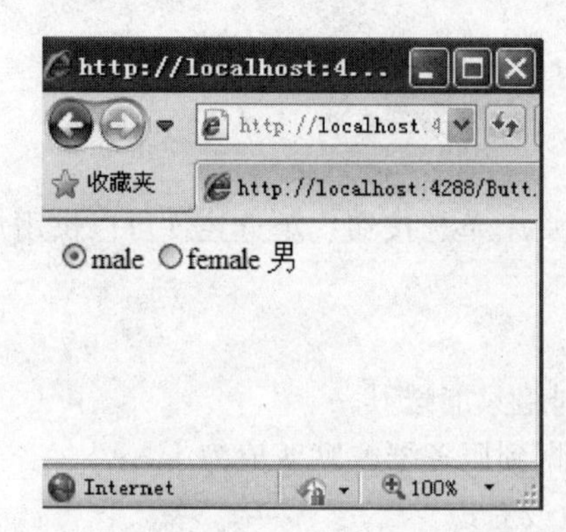

图 4.16 单选按钮及其 CheckedChanged 事件的使用

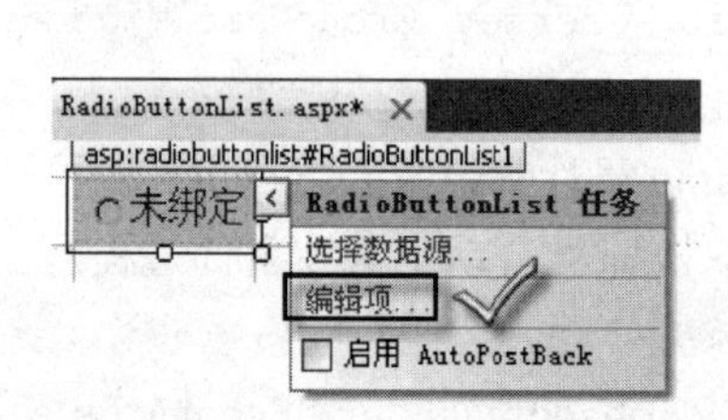

图 4.17 单选列表控件编辑与添加项操作

```
    <asp:ListItem>B.美国</asp:ListItem>
    <asp:ListItem>C.德国</asp:ListItem>
    <asp:ListItem>D.巴西</asp:ListItem>
</asp:RadioButtonList>
```

可以通过如下的示例代码来获取 RadioButtonList 控件选中的值:

```
protected void RadioButtonList1_SelectedIndexChanged(object sender, EventArgs e)
{
    //判断是否有选项被选中(列表项的索引值从 0 开始)
    if (RadioButtonList1.SelectedIndex > -1)
    {
        // RadioButtonList1.SelectedItem.Text 为选中项的显示文本
        Label1.Text = "您的选择是:" + RadioButtonList1.SelectedItem.Text;
        if (RadioButtonList1.SelectedIndex == 3)
        {
            Label2.Text = "您答对了!";
        }
        else
```

```
            Label2.Text = "您答错了!";
        }
    }
```

上述代码中，当选中状态被改变时，则会触发“SelectedIndexChanged”事件，运行结果如图 4.18 所示。

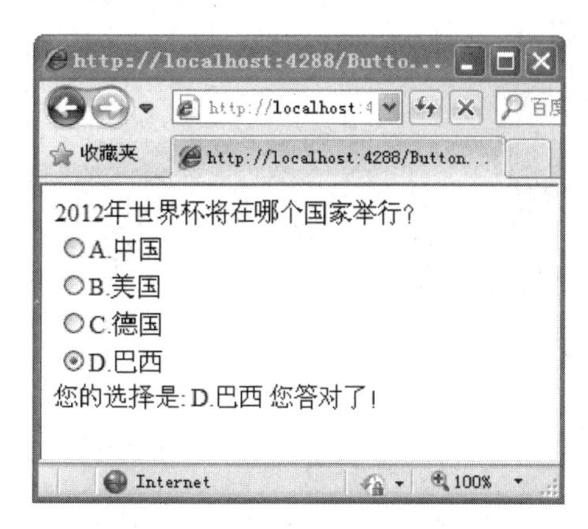

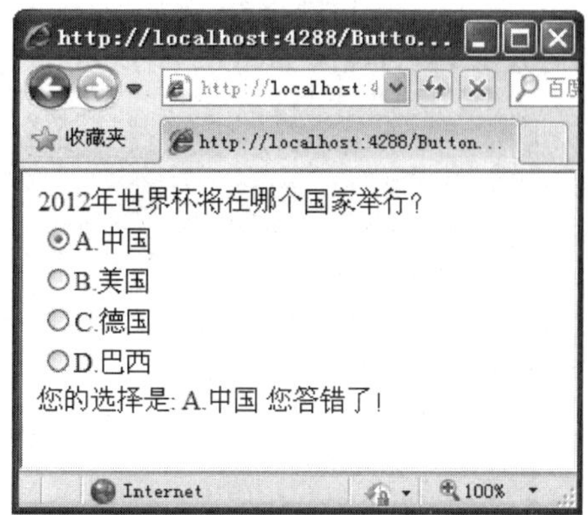

图 4.18　单选列表控件的使用

注意：同单选按钮控件一样，单选按钮列表控件也不会自动进行页面回传，必须将“AutoPostBack”属性设置为 true 时才能在选中状态改变时触发相应的“SelectedIndexChanged”事件。

3. 复选框控件(CheckBox)

CheckBox 控件用来在 Web 窗体上创建一个复选框，同单选按钮控件一样，复选框控件也是通过 Checked 属性判断是否被选中。不同的是，复选框控件不需要多个选项间互斥而没有 GroupName 属性，示例代码如下：

```
<asp:CheckBox ID="CheckBox1" runat="server" Text="字体加粗" AutoPostBack="true" />
<asp:CheckBox ID="CheckBox2" runat="server" Text="字体倾斜"  AutoPostBack="true"/>
```

上述代码中声明了两个复选框控件，当双击复选框控件时，系统会自动生成 CheckedChanged 事件过程，当复选框控件的选中状态被改变后，会触发该事件。示例代码如下：

```
protected void CheckBox1_CheckedChanged(object sender, EventArgs e)
{
    if(CheckBox1.Checked == true )   // CheckBox1 被选中则将标签文本加粗，否则取消加粗
        Label1.Font.Bold = true;
    else
        Label1.Font.Bold = false;
    }
```

```
protected void CheckBox2_CheckedChanged(object sender, EventArgs e)
{
    // CheckBox2 被选中则设置标签文本倾斜,否则取消倾斜
    Label1.Font.Italic = CheckBox2 .Checked ;
}
```

上述代码中,当 CheckBox1 选中时字体加粗,取消时还原,当 CheckBox2 选中时字体倾斜,取消时还原,运行结果如图 4.19 所示。

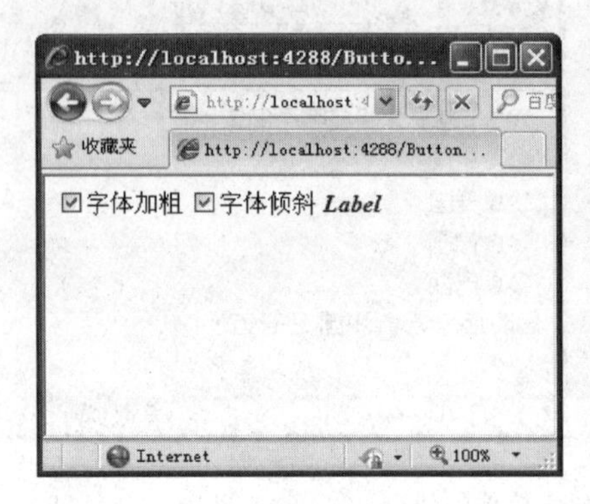

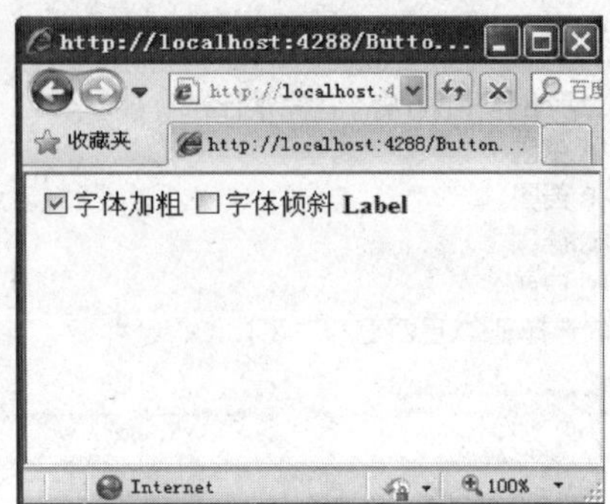

图 4.19 复选框控件的使用

注意:默认情况下,CheckBox 控件选取状态改变时不会自动进行页面回传。若要启用自动发送,请将"AutoPostBack"属性设置为 true。

4. 复选框列表控件(CheckBoxList)

同单选按钮列表控件相同,为了方便复选控件的使用,标准服务器控件中同样包括了复选框列表控件,拖动一个复选框列表控件到页面后,可以像操作单选列表控件一样添加 ListItem 元素成员。在显示的设置上,还可以使用 RepeatLayout 和 RepeatDirection 属性指定列表的显示方式。

如果 RepeatLayout 设置为 Table(默认设置),则该列表呈现在一个表内;如果它被设置为 Flow,则该列表在呈现时没有任何表结构;如果它被设置为 UnorderedList,则将在该列表的每个选项前加上一个小黑点标号;如果它被设置为 OrderedList,则将在该列表的每个选项前加上一个数字编号。

默认情况下,RepeatDirection 设置为 Vertical,垂直方向上呈现该列表。如果将此属性设置为 Horizontal,则可以在水平方向上呈现该列表。示例代码如下:

```
<asp:CheckBoxList ID = "CheckBoxList1" RepeatLayout = "flow" runat = "server"
RepeatDirection = "Horizontal" >
    <asp:ListItem>选项 1</asp:ListItem>
    <asp:ListItem>选项 2</asp:ListItem>
    <asp:ListItem>选项 3</asp:ListItem>
    </asp:CheckBoxList>
```

若要在代码里确定 CheckBoxList 控件中的选定项,需要循环访问控件的 Items 集合并测试该集合中每一项的 Selected 属性。代码如下:

```
for (int i = 0; i < CheckBoxList1.Items.Count; i++)  //遍历列表项,也可使用foreach语句
{
    if (CheckBoxList 1.Items[i].Selected)  //使用 Items[i]的形式索引列表项,索引值从 0 开始
    {
        //处理被选中的项
    }
}
```

5. 下拉列表控件(DropDownList)

DropDownList 控件在 Web 页面上呈现为下拉列表框,它允许用户从预定义的多个选项中选择一项。例如,在用户进行注册选择所在省份时,就可以使用 DropDownList 列表控件,既可以节省空间,又可以避免用户输入其他错误信息。在选择前,用户只能看到第一个选项,其余的选项都将“隐藏”起来。添加项目成员后,DropDownList 控件示例代码如下:

```
您所在省份:
<asp:DropDownList id="DropDownList1" runat="server">
  <asp:ListItem Value="0">广东</asp:ListItem>
  <asp:ListItem Value="1">福建</asp:ListItem>
  <asp:ListItem Value="2">广西</asp:ListItem>
  <asp:ListItem Value="3">吉林</asp:ListItem>
  </asp:DropDownList>
```

上述代码创建了一个 DropDownList 列表控件,并手动增加了列表项。DropDownList 列表控件最常用的事件是 SelectedIndexChanged,当 DropDownList 列表控件选择项发生变化时,则会触发该事件,示例代码如下:

```
protected void DropDownList1_SelectedIndexChanged1 (object sender, EventArgs e)
{
    Label1.Text = "您的选择:" + DropDownList1.SelectedItem.Text + "省";
}
```

当选择的项目发生变化时就会触发该事件,将用户的选择结果送给 Label1 显示,如图 4.20 所示。

【思考】如何使用两个 DropDownList 控件实现级联式列表?例如,在一个 DropDownList 控件选择省份后,在另一个控件自动显示该省份所包含的城市。

注意:DropDownList 控件只支持单项选择,该控件的更多常用属性和事件说明见表 4.9。

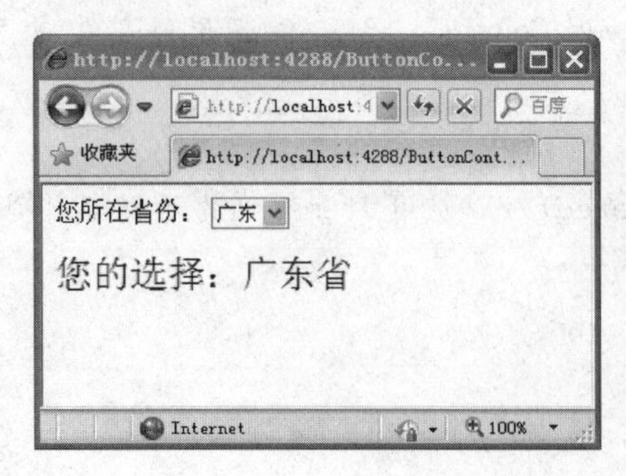

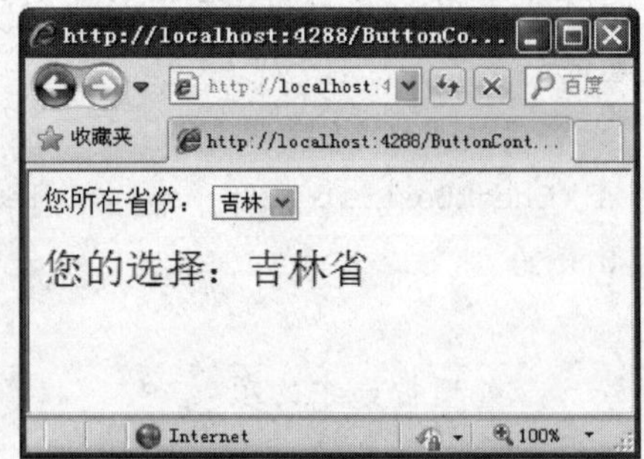

图 4.20　下拉列表控件的运行效果

表 4.9　DropDownList 控件的常用属性和事件

属 性/事件	说　明
AutoPostBack	指定在某一项的选择状态发生改变后表单是否被立即投递的一个布尔值。默认值是 false
DataSource	使用的数据源
DataTextField	数据源中的一个字段，将被显示于下拉列表中
DataValueField	数据源中的一个字段，指定下拉列表中每个可选项的值
Items	获得列表控件中的项目集合
SelectedIndex	获得或设置列表中被选项的索引
SelectedItem	获得列表中的被选项
SelectedValue	获得列表中被选项的值
Text	获得列表中被选项的值
OnSelectedIndexChanged	当被选项的索引发生改变时将执行的函数的名称

6. 列表框控件(ListBox)

ListBox 控件用于建立具有单选或多选功能的项目列表，相对于 DropDownList 控件而言，ListBox 控件可以指定用户是否允许多项选择。设置 SelectionMode 属性为 Single 时，表明只允许用户从列表框中选择一个项目，而当 SelectionMode 属性的值为 Multiple 时，用户可以按住 Ctrl 键或者使用 Shift 组合键从列表中选择多个数据项。添加项目成员后，示例代码如下：

```
<asp:ListBox ID="ListBox1" runat="server" AutoPostBack="True">
    <asp:ListItem Value="0">C 语言程序设计</asp:ListItem>
    <asp:ListItem Value="1">C++ 程序设计</asp:ListItem>
    <asp:ListItem Value="2">C# 程序设计</asp:ListItem>
    <asp:ListItem Value="3">Java 程序设计</asp:ListItem>
</asp:ListBox>
```

同 DropDownList 控件一样，SelectedIndexChanged 也是 ListBox 列表控件中最常用的事件，双击 ListBox 列表控件，系统会自动生成相应的事件过程，示例代码如下：

```
protected void ListBox1_SelectedIndexChanged(object sender, EventArgs e)
```

```
{
    Label1.Text = "你已学习过《" + ListBox1.SelectedItem .Text  + "》课程";
}
```

上述代码中，当 ListBox 控件选择项发生改变后，该事件就会被触发并修改 Label1 标签中的文本，如图 4.21 所示。

图 4.21　列表框控件的单选运行效果

如果需要实现用户多选功能，需要将控件的 SelectionMode 属性修改为“Multiple”。

当设置了 SelectionMode 属性后，用户可以按住 Ctrl 键或者使用 Shift 组合键同时选择列表中的多项。为正确显示多选结果，需要在代码中对列表项 Items 集合进行遍历并判断每一项的选中状态，示例代码如下：

```
protected void ListBox1_SelectedIndexChanged(object sender, EventArgs e)
{
    Label1.Text = "你已学习了:";
    for (int i = 0; i < ListBox1.Items.Count; i++)
                                                  //遍历 ListBox 控件列表项
        if (ListBox1.Items[i].Selected)           //判断列表项是否被选中
            Label1.Text += ListBox1.Items[i].Text + ";";
}
```

运行结果如图 4.22 所示。

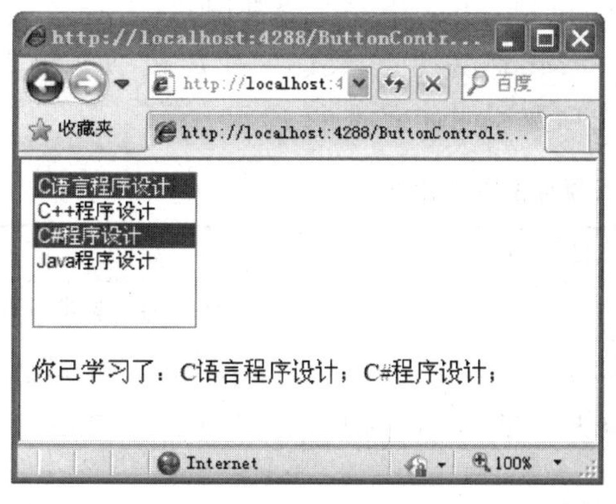

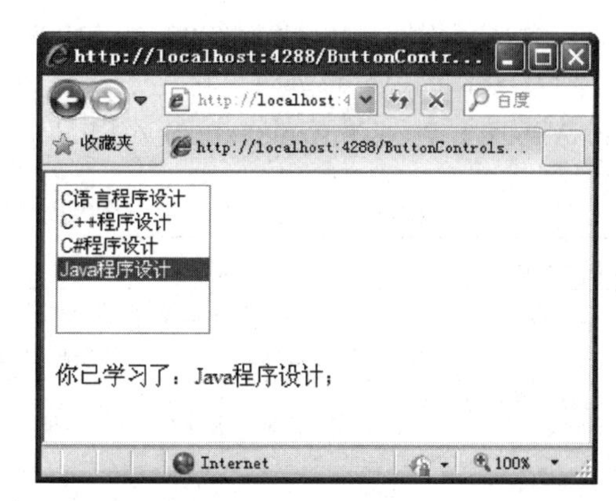

图 4.22　列表框控件的多选运行效果

4.4.6 图像显示控件

在网页设计中,为了提高用户体验或者满足系统功能的需求,通常需要在Web页面中使用大量的图片。在ASP.NET中,我们可以使用Image控件和ImageMap控件来实现这些需求。

1. 图像控件(Image)

Image控件用于在页面上显示图片。可以使用ImageUrl参数来设置图片的路径,当图片不能正常显示时,可以显示AlternateText属性指定的备用文本。其语法格式如下:

```
<asp:Image id="Image1" runat="server" ImageUrl="string" AlternateText="string"
ImageAlign="NotSet|AbsBottom|AbsMiddle|BaseLine| Bottom|Left|Middle|Right|TextTop|Top" />
```

表4.10所示为Image控件的常用属性。

表4.10 Image控件的常用属性

属 性	说 明
AlternateText	当指定的链接图像无法显示时显示的备用文本
ImageAlign	设置图像的对齐方式
ImageUrl	要显示的图像的 Url

注意: Image控件与其他大多数Web服务器控件不同,它不支持任何事件,包括鼠标单击事件等。如果有此类需求,可以通过使用ImageMap或ImageButton控件等来创建交互式图像。

2. ImageMap 控件

ImageMap控件可以在页面上创建一个图像,该图像可以包含多个可由用户单击的区域,这些区域被称为"热点"(HotSpot)。每一个热点都可以是一个单独的超链接或者回发(PostBack)事件。用户可以通过单击这些热点区域进行回发操作或者定向(Navigate)到某个URL地址。可以根据需要为图像定义任意数量的热点,所以该控件一般用在需要对图片的某些局部范围进行互动操作的场合。

在设计过程中,HotSpotMode、HotSpot属性和OnClick事件会经常用到。

(1) HotSpotMode属性。顾名思义,HotSpotMode为热点模式,它对应枚举类型System.Web.UI.WebControls.HotSpotMode,其选项及说明如表4.11所示。

表4.11 HotSpotMode属性的选项说明

枚举值	说 明
NotSet	未设置。虽然名为未设置,但默认情况下会执行定向操作,定向到指定的URL地址。如果未指定URL地址,将定向到Web应用程序根目录
Navigate	定向操作。定向到指定的URL地址。如果未指定URL地址,默认将定向到Web应用程序根目录
PostBack	回发操作。单击热点区域后,将执行Click事件
Inactive	无任何操作,即此时ImageMap如同一张没有热点区域的普通图片

(2) HotSpot 属性。该属性对应 System. Web. UI. WebControls. HotSpot 对象集合。HotSpot 类是一个抽象类，有 CircleHotSpot(圆形热区)、RectangleHotSpot(矩形热区)和 PolygonHotSpot(多边形热区)3 个子类。实际应用中，可以使用上面 3 种类型来定制图片的热点区域。如果需要使用到自定义的热点区域类型，该类型必须继承 HotSpot 抽象类。

(3) Onclick 事件。ImageMap 控件支持 Click 事件，在用户对热点区域单击时触发，对热点区域的 Click 事件经常在 HotSpotMode 为 PostBack 时用到。

【案例 4-5】 使用 ImageMap 控件实现热点地图。本例实现的功能是：当用户单击地图中某个省份时，页面将根据用户单击的位置，输出相应的显示内容。

方法与步骤如下。

(1) 在“Chapter 4”网站中添加一个名为 chapter4-5. aspx 的 Web 窗体。在“解决方案资源管理器”中右击 images 文件夹，选择“添加现有项”选项，添加图片 chinamap. jpg。

(2) 从工具箱中拖曳一个 ImageMap 控件到页面上，设置 ImageUrl 属性为“～/images/chinamap. jpg”，设置热区模式 HotSpotMode 属性为回传“PostBack”，在 ImageMap 上定义一个方形热区“RectangleHotSpot”用以标识广东省位置，再定义一个圆形热区“CircleHotSpot”用以标识广西壮族自治区位置，并为两个热区设置返回值 PostBackValue，如图 4. 23所示。

【提示】两个热区的坐标可使用【案例 4-4】中介绍的 ImageButton 控件的 Click 事件获取。

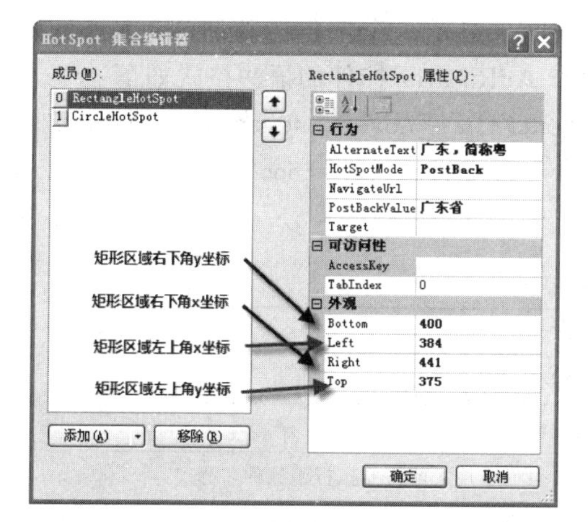

图 4.23　热区的设置

(3) 在 ImageMap 控件上双击，系统将自动生成并跳转至“ImageMap1_Click”事件过程，在其中添加如下以黑体标识的代码：

```
protected void ImageMap1_Click(object sender, ImageMapEventArgs e)
{
    //通过 e.PostBackValue 引用控件某一热区的“PostBackValue”属性值
    Label1.Text = "你要去" + e.PostBackValue + "转转吗?";
}
```

(4) 运行以上程序,当把鼠标放到某个矩形热点区域时就能够出现相应的信息提示。单击热区时,就会触发“ImageMap1_Click”事件,并在页面输出被单击区域的“PostBackValue”值,运行结果如图 4.24 所示。

图 4.24 单击不同热区的运行结果

4.4.7 广告轮显控件(AdRotator)

AdRotator 控件是一个广告控件,用来在页面上显示一个广告图片序列。该控件通常使用一个 XML 文件作为数据源存储广告信息。AdRotator 控件的语法格式如下:

```
<asp:AdRotator id="Value" AdvertisementFile="AdvertisementFile" KeyWordFilter="KeyWord" Target="Target" OnAdCreated="OnAdCreatedMethod" runat="server"/>
```

AdRotator 控件属性如表 4.12 所示。

表 4.12 AdRotator 控件属性

属 性	说 明
AdvertisementFile	含有广告信息的 XML 格式文件名
KeywordFilter	一个过滤器,按类别限制广告
OnAdCreated	在此控件建立之后,页面呈现之前将要执行函数的名称。
runat	规定此控件是服务器控件,必须被设置为“server”
Target	在何处打开此 URL

在创建 AdRotator 控件之前,必须先准备好广告的数据源,即定义好一个用于存储广告信息的 XML 文档文件。创建了 XML 文件之后,我们还需要按照广告控件要求的格式来编写代码,示例代码如下:

```
<? xml version="1.0" encoding="utf-8" ?>
<Advertisements>
  <Ad>
  <ImageUrl></ImageUrl>
```

```
    <NavigateUrl></NavigateUrl>
    <AlternateText></AlternateText>
    <Keyword></Keyword>
    <Impression></Impression>
    </Ad>
</Advertisements>
```

上述代码实现了一个标准的广告控件的 XML 数据源格式，其中各标签意义如下。

- ImageUrl：指定一个图片文件的相对路径或绝对路径。
- NavigateUrl：广告的目标 URL，即用户单击图片时要打开的链接。如果未提供值，则广告不是一个超链接。
- AlternateText：找不到图像时要显示的文本。在有些浏览器中，该文本还会作为工具提示显示出来。
- KeyWord：KeyWord 用来指定广告的类别。
- Impression：该元素是一个数值，指示轮换时间表中该广告相对于文件中的其他广告的权重。该值越大，显示对应广告的频率就越高。

【案例 4-6】使用 AdRotator 控件制作轮换式广告。

方法与步骤如下。

(1) 在网站“Chapter 4”中添加一个名为“chapter4-6.aspx”的 Web 窗体。在“解决方案资源管理器”中右击 images 文件夹，选择“添加现有项”选项，添加图片 sina.jpg 与 163.jpg。

(2) 在项目上右击，选择“添加 ASP.NET 文件夹”，然后选择“App_Data”，如图 4.25 所示。

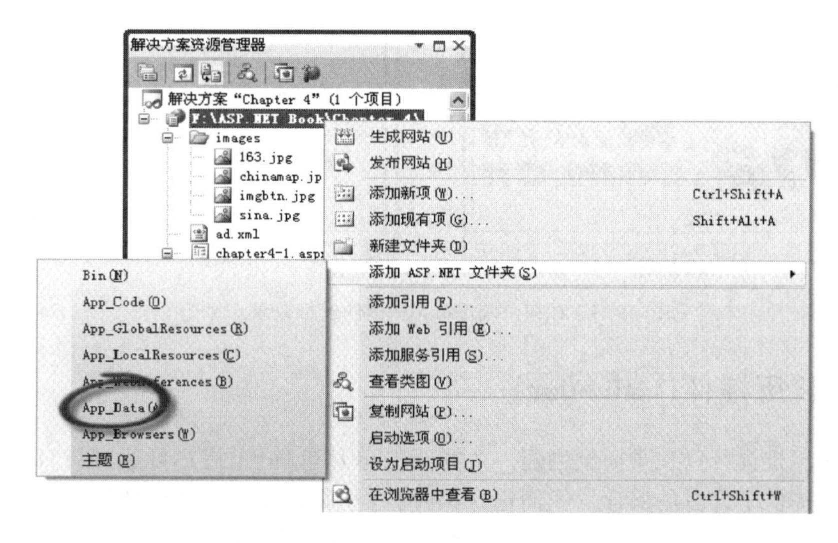

图 4.25　添加 App_Data 文件夹

(3) 在 App_Data 文件夹上右击，选择“添加新项”，创建一个名为 ad.xml 的 XML 文件，按格式要求添加如下内容：

```
<? xml version = "1.0" encoding = "utf-8" ? >
<Advertisements>
```

```
    <Ad>
        <ImageUrl>~/images/sina.jpg</ImageUrl>
        <NavigateUrl>http://www.sina.com.cn</NavigateUrl>
        <AlternateText>新浪</AlternateText>
        <Keyword>门户</Keyword>
        <Impressions>100</Impressions>
    </Ad>
    <Ad>
        <ImageUrl>~/images/163.jpg</ImageUrl>
        <NavigateUrl>http://www.163.com</NavigateUrl>
        <AlternateText>网易</AlternateText>
        <Keyword>门户</Keyword>
        <Impressions>200</Impressions>
    </Ad>
</Advertisements>
```

(4) 双击“chapter4-6.aspx”并切换至设计视图，从工具箱中拖曳 1 个 AdRotator 控件到页面上，设置 AdvertisementFile 属性为“~/App_Data/ad.xml”。

(5) 按“Ctrl”+“F5”组合键运行网页，广告对应的图像会在页面加载时呈现，当刷新页面时，会看到每次都有一个随机的新广告图片出现，如图 4.26 所示。

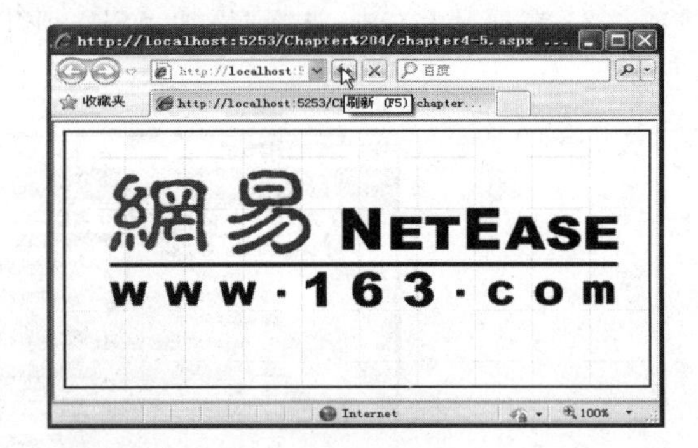

图 4.26　AdRotator 控件运行效果

4.4.8　日历控件(Calendar)

Calendar 控件可以在页面上创建一个漂亮的单月份日历，用户可通过该日历查看或选择日期。它提供了许多的属性供我们选择，利用这些属性几乎可以改变这个控件的每一部分。当创建一个日历控件时，系统会生成相应的 HTML 代码如下：

```
<asp:Calendar ID="Calendar1"  runat="server">
</asp:Calendar>
```

上面定义的 Calendar 控件除了能够在页面上显示出来之外，不具备其他任何功能。其实，它与其他服务器控件一样，也有自己的事件。可以通过对这些事件编写相关的处理程序来满足自己的需要。在这些事件中，最重要的就是 OnSelectionChanged 事件，该事件在用户单击 Calendar 控件里的某一日期时触发。

【案例 4-7】使用 Calendar 控件，将用户选择的日期以年、月、日的形式显示出来。

方法与步骤如下。

(1) 在网站中添加一个名为“chapter4-7.aspx”的 Web 窗体，在设计视图状态下从工具箱中拖曳一个 Calendar 控件到页面上。

(2) 双击 Calendar 控件，添加“SelectionChanged”事件处理程序代码如下：

```
protected void Calendar1_SelectionChanged(object sender, EventArgs e)
{
        Label1.Text =
          "你选择的日期是：" + Calendar1.SelectedDate.Year.ToString() + "年"
            + Calendar1.SelectedDate.Month.ToString() + "月"
            + Calendar1.SelectedDate.Day.ToString() + "日";
}
```

(3) 运行程序，单击页面中的某一个日期，运行结果如图 4.27 所示。

图 4.27　日历控件运行效果

4.4.9　文件上传控件(FileUpload)

通过 FileUpload 控件，用户可以将本地文件上传到 Web 服务器上，它显示为一个文本框控件和一个浏览按钮。用户可以键入或通过“浏览”按钮浏览并选择希望上传到服务器的文件。创建一个文件上传控件后，系统生成的 HTML 代码如下：

```
<asp:FileUpload ID="FileUpload1" runat="server" />
```

当用户选择了一个文件并提交页面后，该文件将作为请求的一部分上传，文件会被完整地缓存在服务器内存中。上传控件在用户选择文件后，并不会自动执行上传操作，需要借助其他的控件来完成操作。例如，可以提供一个按钮控件(Button)，用户单击它下达上传指令，在按钮的 OnClick 事件里可以加入相应代码，用于实现文件上传与处理操作。

表 4.13 所示为部分 FileUpload 控件的常用属性与方法。

表 4.13　部分 FileUpload 控件的常用属性与方法

属　性/方　法	说　　明
FileName	直接获取客户端待上传文件的文件名
HasFile	用于检查 FileUpload 是否存在上传文件
PostedFile.ContentLength	用于设置或获取上传文件大小,以字节为单位
PostedFile.ContentType	用于设置或获取上传文件的类型
SaveAs()	将上传的文件保存到服务器的指定文件路径中

【案例 4-8】使用 FileUpload 控件实现文件上传操作。

方法与步骤如下。

(1) 在"Chapter 4"网站中添加一个名为"chapter4-8.aspx"的 Web 窗体,在设计视图状态下从工具箱中拖曳 1 个 FileUpload 控件、1 个 Button 控件及 1 个 Label 控件到页面上。

(2) 双击 Button 控件,添加 Click 事件处理程序代码如下:

```
protected void Button1_Click(object sender, EventArgs e)
{
    //上传文件保存的文件夹
    string path = @"c:\test\";
    // Directory 类定义在 System.IO 名称空间中,需使用 using System.IO;引入
    if (! Directory.Exists(path))
    {
        //若文件夹不存在则根据 path 路径创建
        Directory.CreateDirectory(path);
    }
    if (FileUpload1.HasFile)
    {
        //获取要上传的文件名称
        string fileName = FileUpload1.FileName;
        //文件信息中包含文件名、文件类型与文件长度三部分
        string fileInfo = "文件名称:" + fileName + "<br/>";
        fileInfo +="文件类型:"+FileUpload1.PostedFile.ContentType + "<br/>";
        fileInfo += "文件长度:" + FileUpload1.PostedFile.ContentLength.ToString() + "KB<br/>";
        //获取要上传文件保存的完整路径
        path += fileName;
        //执行上传操作,将文件保存到服务器指定路径
        FileUpload1.SaveAs(path);
        Label1.Text = "你上传的文件已保存为:" + path + "<br/>" + fileInfo;
    }
```

```
    else
    {
        Label1.Text = "你没有指定要上传的文件。";
    }
}
```

(3) 按“Ctrl”+“F5”组合键运行页面，单击“浏览”按钮选择一个要上传的文件并单击“上传”按钮，可以看到文件上传成功并保存到了“C:\test”文件夹中，结果如图 4.28 所示。

图 4.28　FileUpload 控件的运行效果

【思考】案例代码中并未对允许上传的文件类型进行任何限制。如只允许上传“.jpg”文件，应如何修改？

【提示】使用 System.IO.Path.GetExtension()方法可直接获取某一文件的扩展名字符串，例如：

```
System.IO.Path.GetExtension(@"c:\abc\abc\abc.jpg");   //获取".jpg"字符串
```

4.4.10　面板控件(Panel)

Panel 控件可以作为其他控件的容器，通常用于显示或隐藏一组控件。当创建一个面板控件后，系统会生成相应的 HTML 代码，示例代码如下：

```
<asp:Panel ID="Panel1" runat="server">
</asp:Panel>
```

Panel 控件属性如表 4.14 所示。

表 4.14　Panel 控件属性

属　性	说　明
backimageUrl	控件内的背景图片地址
HorizontalAlign	文字水平对齐方式
Wrap	容器中的内容是否可换行

面板控件的最主要功能就是对控件进行分组、显示或隐藏一组控件以及向容器内动态添加控件等。

【案例 4-9】使用 Panel 控件,实现分组控件的显示与隐藏,并完成控件的动态添加。

方法与步骤如下。

(1) 在“Chapter 4”网站中添加一个名为“chapter4-9.aspx”的 Web 窗体,在设计视图状态下从工具箱中拖曳 2 个 Button 控件及 1 个 Panel 控件到页面上,并设置 Button1 控件的“Text”属性为“显示”,Button2 控件的“Text”属性为“添加控件”,Panel 控件的“Visible”属性为“False”。

(2) 在设计视图状态下从工具箱中拖曳 1 个 Label 控件及 1 个 TextBox 控件到 Panel 容器中。

(3) 双击 Button1 控件,添加 Click 事件处理程序代码如下:

```
protected void Button1_Click(object sender, EventArgs e)
{
    Panel1.Visible = true;  //设置面板控件可见
}
```

(4) 双击 Button2 控件,添加 Click 事件处理程序代码如下:

```
protected void Button2_Click(object sender, EventArgs e)
{
    //添加静态文本控件,用于在容器内画一条水平线
    Panel1.Controls.Add(new LiteralControl("<hr/>"));
    for (int i = 2; i <= 4; i++)
    {
        Label lb = new Label();
        lb.Text = "Label" + (i).ToString();
        lb.ID = "Label" + (i).ToString();
        Panel1.Controls.Add(lb);                          //添加标签控件
        Panel1.Controls.Add(new LiteralControl("<br/>"));
                                                      //添加静态文本控件,换行
        TextBox tb = new TextBox();
        tb.Text = "TextBox" + (i).ToString();
        tb.ID = "TextBox" + (i).ToString();
        Panel1.Controls.Add(tb);                          //添加文本框控件
        Panel1.Controls.Add(new LiteralControl("<br/>"));
    }
}
```

(5) 按“Ctrl”+“F5”组合键运行页面,可以看到页面上只显示了两个按钮,单击“显示”按钮后,面板容器出现,单击“添加控件”按钮后,容器内动态地添加了 3 个标签与 3 个文本框控件,运行结果如图 4.29 所示。

【思考】在面板容器中添加控件后,如何访问它们? 如添加“TextBox2”控件后,怎么才能以编程方式修改其“Text”属性,如图 4.29 中右图所示。

【提示】请动手尝试 Panel 控件的 FindControl 方法。

图 4.29　Panel 控件的运行效果

4.5　验证控件

4.5.1　验证控件概述

在 Web 应用程序的设计过程中，我们经常会遇到验证问题，以检验用户是否输入了数据或输入的数据是否符合我们的设计要求。这一部分的工作量非常大，不但会加重程序员的负担，而且会使程序代码可读性变差，给以后的维护工作增加难度。

ASP. NET 为我们提供了一系列功能强大的验证控件，它可以验证服务器控件中用户的输入，并在验证失败的情况下向用户显示一条自定义错误消息。验证控件直接在客户端执行，用户提交后执行相应的验证无需使用服务器端进行验证操作，从而减少了服务器与客户端之间的往返过程。由此可见，验证控件的引入不但简化了验证工作，而且提供了极大的灵活性。

在 ASP. NET 中，提供了 5 种基本的验证控件和一个验证错误摘要控件（ValidationSummary），每个验证控件在进行验证时都需要引用页面上其他的输入控件。在处理用户输入时，ASP. NET 页框架会将用户输入传递到一个或多个适当的验证控件。验证控件将测试用户输入并设置表示输入是否通过测试的属性。在调用所有验证控件之后，该页面的 IsValid 属性被设置，如果其中任何一个验证控件检查没有通过，IsValid 属性都将设置为无效。6 种验证控件类型及其简要说明见表 4.15。

表 4.15　验证控件类型及其简要说明

验证服务器控件名称	说　明
RequiredFieldValidator	检查用户是否在某个输入框中输入了数据
CompareValidator	将用户输入的数据与指定的数据进行比较
CustomValidator	通过用户自定义的验证函数判断输入的数据是否有效

续表

验证服务器控件名称	说　明
RangeValidator	检查用户所输入的数据是否在某个规定的范围内
RegularExpressionValidator	检查用户所输入的数据是否符合正则表达式的规则
ValidationSummary	以列表形式显示网页上所有验证控件的错误信息,不能单独使用

4.5.2 验证控件共有属性

表 4.16 所示为所有验证控件的共有属性。

表 4.16　验证控件的共有属性

属　性	说　明
ControlToValidate	获取或设置要验证的输入控件,可以在该属性的下拉列表中选择
Display	指定的验证控件错误提示信息的显示位置,此属性可以为下列值之一: None——不显示错误信息,如果希望仅在 ValidationSummary 控件中显示错误信息,可以使用此选项 Static——验证失败时,错误信息显示在验证控件所在的位置,页面布局不变 Dynamic——验证失败时,在页上动态分配错误信息的显示位置,该选项允许多个验证控件共享页面上的同一个物理位置
EnableClientScript	指示是否启用客户端验证。如果将 EnableClientScript 属性设置为 False,可在支持此功能的浏览器上禁用客户端验证
Enabled	指示是否启用验证控件。可通过将该属性设置为 False 以禁止验证控件验证输入控件
ErrorMessage	当验证失败时在 ValidationSummary 控件中显示的错误信息
ForeColor	指定当验证失败时错误消息的颜色
IsValid	指示 ControlToValidate 属性所指定的输入控件是否验证通过
Text	此属性设置后,验证失败时会在验证控件中显示此消息文本。如果未设置此属性,则在控件中显示 ErrorMessage 属性中指定的文本

4.5.3 必填字段验证控件(RequiredFieldValidator)

使用 RequiredFieldValidator 控件能够要求用户在某些特定的控件中必须输入相应的信息,如果没有输入,RequiredFieldValidator 控件就会向用户发出错误提示信息。

RequiredFieldValidator 控件的语法格式如下:

```
<asp:RequiredFieldValidator
    id="控件标识符"
    ControlToValidate="关联输入控件的 ID"
   InitialValue="初始值"
    ErrorMessage="出错信息"
    Text="出错信息"
```

```
    ForeColor ="前景色"
    BackColor ="背景色"
      …
    runat ="server" >
</asp:RequiredFieldValidator>
```

不难看出，除具备表 4.16 列出的验证控件共有属性外，RequiredFieldValidator 验证控件还包含一个 InitialValue 属性。这个属性用来指定待验证输入控件的初始值，其默认值为空字符串，即 string.Empty。指定初始值时，输入控件中的值必须与初始值不同才可通过验证。

【案例 4-10】使用 RequiredFieldValidator 验证控件完成对页面中用户名文本框的非空验证。

方法与步骤如下。

(1) 在“Chapter 4”网站中添加一个名为“chapter4-10.aspx”的 Web 窗体，在设计视图状态下从工具箱中拖曳 1 个 Label 控件、1 个 TextBox 控件、1 个 RequiredFieldValidator 验证控件及 1 个 Button 控件到页面上。

(2) 设置 RequiredFieldValidator 验证控件的“ControlToValidate”属性为“TextBox1”，“ErrorMessage”属性为“用户名不能为空”，“ForeColor”属性为“Red”；设置 Label 控件的“Text”属性为“用户名”。

(3) 按“Ctrl”+“F5”组合键运行页面，当文本框中不输入任何数据并单击按钮时，结果如图 4.30 所示。

图 4.30　RequiredFieldValidator 验证控件运行效果

注意：在进行验证时，验证控件必须绑定一个等待验证的服务器输入控件。本例中，RequiredFieldValidator 控件绑定了文本框控件 TextBox1，当验证失败时，会提示“用户名不能为空”，用户可以立即看到该错误提示但页面不会提交，当用户填写数据并再次单击按钮时，页面才会向服务器提交。

4.5.4　比较验证控件(CompareValidator)

比较验证控件将关联输入控件的值同常数值或其他输入控件的值相比较，以确定这两个值是否与指定的关系相匹配。如果匹配，则验证通过；如果不匹配，则验证不通过，显示出错信息。

除具备表 4.16 列出的验证控件共有属性外，CompareValidator 控件的特有属性如下。

- ControlToCompare：如果希望将待验证的关联输入控件与另一个输入控件相比较，就需要使用要比较的控件名称设置 ControlToCompare 属性。
- ValueToCompare：可以将待验证的关联输入控件的值同某个常数值相比较。
- Operator：设置比较的运算符，有“相等”、“不等”、“大于”、“大于等于”、“小于”、“小于等于”和“数据类型检查”7 项。当设置为数据类型检查(DataTypeCheck)时，比较验证控件将同时忽略 ControlToCompare 属性和 ValueToCompare 属性，而仅检验输入控件中的值是否可以转换为 Type 属性所指定的数据类型。
- Type：设置比较数据的类型，只有在同一类型的数据之间才能进行比较。

【案例 4-11】在案例 4-10 的基础上使用 CompareValidator 验证控件检查页面中输入的密码和确认密码是否一致。

方法与步骤如下。

(1) 打开名为“chapter4-10.aspx”的 Web 窗体，在设计视图状态下从工具箱中拖曳 2 个 Label 控件、2 个 TextBox 控件及 1 个 CompareValidator 验证控件到页面上，控件的布局如图 4.31 所示。

(2) 设置 Label2 及 Label3 控件的“Text”属性分别为“密码”及“确认密码”，“TextMode”属性为“Password”。设置 CompareValidator 验证控件的“ControlToValidate”属性为“TextBox3”，“ControlToCompare”属性为“TextBox2”，“ErrorMessage”属性为“两次输入的密码不一致”，“ForeColor”属性为“Red”，其余属性保持默认值。

(3) 按“Ctrl”+“F5”组合键运行页面，当两次密码输入不一致时，结果如图 4.32 所示。

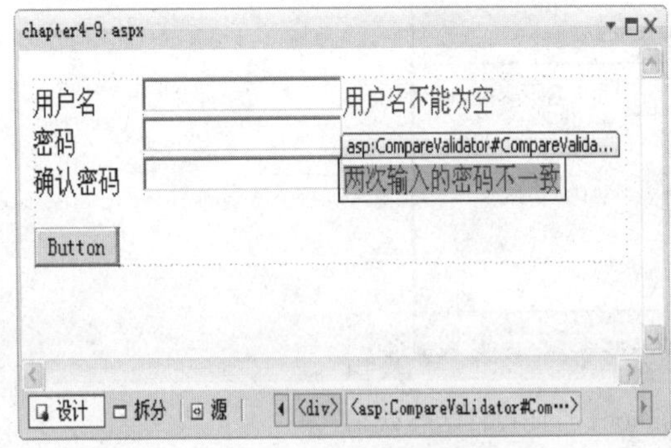

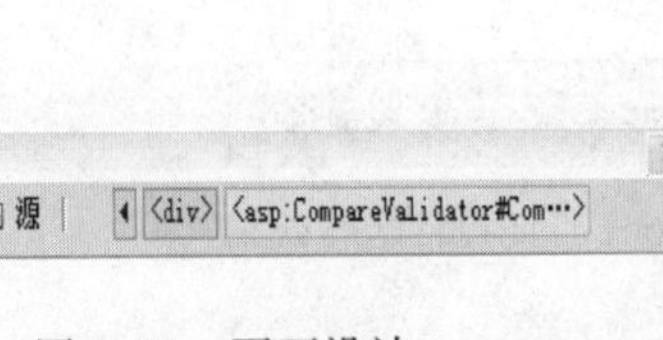

图 4.31　页面设计

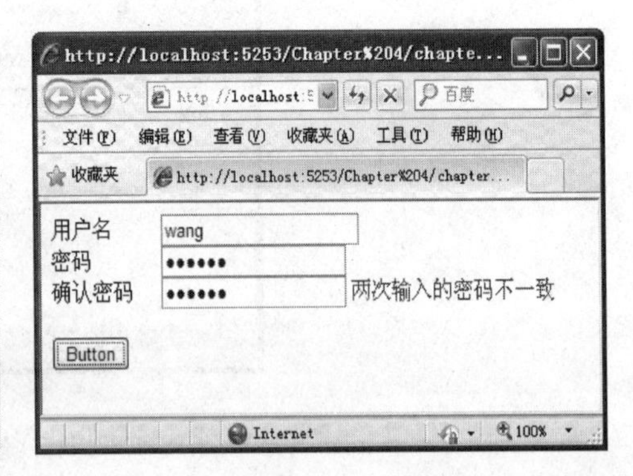

图 4.32　CompareValidator 验证控件运行效果

4.5.5　范围验证控件(RangeValidator)

范围验证控件可以检查用户的输入是否在指定的上限与下限之间，通常情况下用于检查数字、日期、货币等。范围验证控件除具备表 4.16 列出的验证控件共有属性外，其特有属性如下。

- MinimumValue：指定有效范围的最小值。

- MaximumValue：指定有效范围的最大值。
- Type：指定要比较的值的数据类型。

【案例 4-12】在案例 4-11 的基础上使用 RangeValidator 验证控件检查页面中输入的出生日期是否符合范围要求。

方法与步骤如下。

(1) 打开名为“chapter4-10. aspx”的 Web 窗体，在设计视图状态下从工具箱中拖曳 1 个 Label 控件、1 个 TextBox 控件及 1 个 RangeValidator 验证控件到页面上。

(2) 设置 Label4 控件的“Text”属性为“出生日期”。设置 RangeValidator 验证控件的“ControlToValidate”属性为“TextBox4”、“MaximumValue”属性为“2012/12/31”、“MinimumValue”属性为“1900/1/1”、“Type”属性为“Date”、“ErrorMessage”属性为“输入的日期需在 1900～2012 年之间”、“ForeColor”属性为“Red”，其余属性保持默认值。

(3) 按“Ctrl”＋“F5”组合键运行页面，当输入的出生日期超过规定范围时，结果如图 4.33 所示。

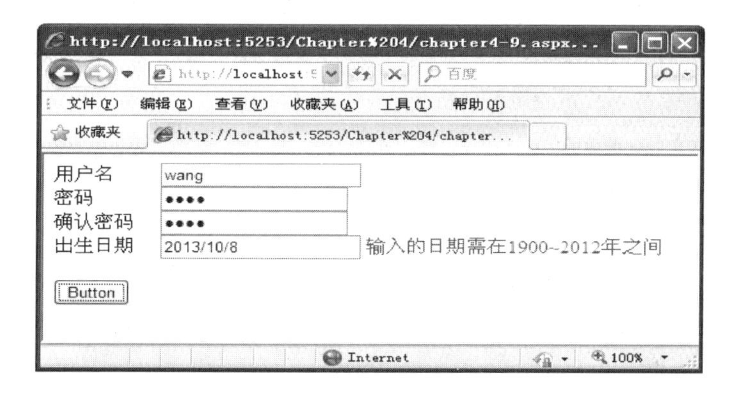

图 4.33　RangeValidator 验证控件运行效果

4.5.6　正则表达式验证控件(RegularExpressionValidator)

正则表达式验证控件的功能非常强大，它用于确定输入控件的值是否与某个正则表达式所定义的模式相匹配，如身份证号码、电子邮件、邮编及序列号等。

正则表达式验证控件常用的属性是“ValidationExpression”，它用来指定用于验证的输入控件的正则表达式。客户端的正则表达式验证语法和服务端的正则表达式验证语法不同，因为在客户端使用的是 JSript 正则表达式语法，而在服务器端使用的是 System. Text . RegularExpressions . Regex 类提供的正则表达式语法。由于 JScript 正则表达式语法是 Regex 类语法的子集，所以最好使用 JScript 正则表达式语法，以便在客户端和服务器端得到同样的结果。

系统提供了一些常用的正则表达式，可在“ValidationExpression”属性处获取，如图 4.34所示。

表 4.17 中包含了常用的正则表达式语法，供大家在使用时参考。

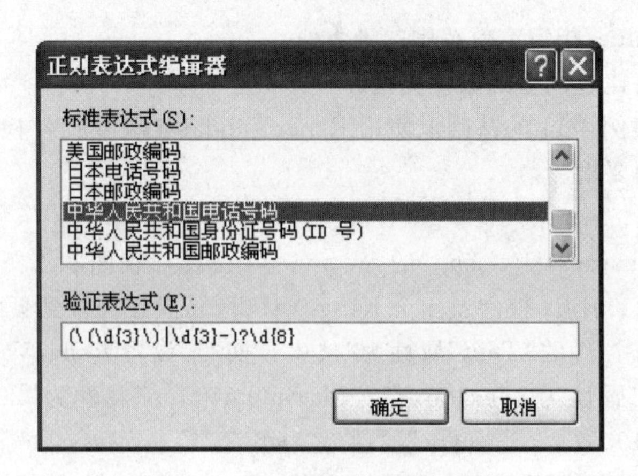

图 4.34　系统提供的正则表达式

表 4.17　常用正则表达式语法

字　符	说　　明
\	将下一字符标记为特殊字符、文本、反向引用或八进制转义符。例如,“n”匹配字符“n”,“\n”匹配换行符,序列“\\”匹配“\”,“\(”匹配“(”
*	零次或多次匹配前面的字符或子表达式。例如,zo *　匹配“z”和“zoo”。 *　等效于 {0,}
+	一次或多次匹配前面的字符或子表达式。例如,“zo+”与“zo”和“zoo”匹配,但与“z” 不匹配。+　等效于 {1,}
?	零次或一次匹配前面的字符或子表达式。例如,“do(es)?”匹配“do”或“does”中的“do”。? 等效于 {0,1}
{n}	n 是非负整数。正好匹配 n　次。例如,“o{2}”与“Bob”中的“o”不匹配,但与“food” 中的两个“o”匹配
{n,}	n 是非负整数。至少匹配 n　次。例如,“o{2,}”不匹配“Bob”中的“o”,而匹配“foooood” 中的所有 o。“o{1,}”等效于“o+”,“o{0,}”等效于“o *”
{n,m}	m 和 n　是非负整数,其中 n <= m。至少匹配 n 次,至多匹配 m 次。例如,“o{1,3}”匹 配“fooooood”中的头三个 o。“o{0,1}”等效于“o?”。注意:不能将空格插入逗号和数字之间
·	匹配除“\n”之外的任何单个字符。例如,a · c 可以匹配 abc、aac、acc 等。若要匹配包括“\n”在内的任意字符,请使用如“[\s\S]” 之类的模式
x| y	与 x 或 y 匹配。例如,“z| food”与“z”或“food”匹配,“(z| f)ood”与“zood”或“food” 匹配
[xyz]	字符集。匹配包含的任一字符。例如,“[abc]”匹配“plain”中的“a”
[^xyz]	反向字符集。匹配未包含的任何字符。例如,“[^abc]”匹配“plain”中的“p”
[a-z]	字符范围。匹配指定范围内的任何字符。例如,“[a-z]”匹配“a”到“z”范围内的任何小写字母
[^a-z]	反向范围字符。匹配不在指定的范围内的任何字符。例如,“[^a-z]”匹配任何不在“a”到“z”范围内的任何字符
\b	匹配一个字边界,即字与空格间的位置。例如,“er\b”匹配“never”中的“er”,但不匹配“verb”中的“er”
\B	非字边界匹配。“er\B”匹配“verb”中的“er”,但不匹配“never”中的“er”
\cx	匹配由 x 指示的控制字符。例如,\cM 匹配一个 Control+M 或回车符。x 的值必须在 A～Z 或 a～z 之间。如果不是这样,则假定 c 就是“c”字符本身

续表

字　符	说　　明
\d	数字字符匹配。等效于[0-9]
\D	非数字字符匹配。等效于 [^0-9]
\f	换页符匹配。等效于 \x0c　和 \cL
\n	换行符匹配。等效于 \x0a　和 \cJ
\r	匹配一个回车符。等效于 \x0d　和 \cM
\s	匹配任何空白字符,包括空格、制表符、换页符等。与 [\f\n\r\t\v] 等效
\S	匹配任何非空白字符。等效于[^ \f\n\r\t\v]
\t	制表符匹配。与\x09 和\cI 等效
\v	垂直制表符匹配。与\x0b 和\cK 等效
\w	匹配任何字类字符,包括下画线。与"[A-Za-z0-9_]"等效
\W	任何非字字符匹配。与"[^A-Za-z0-9_]"等效

参照表 4.17 给出的常用符号语法说明,可以对图 4.34 中出现的"中华人民共和国电话号码"的正则表达式"(\(\d{3}\)|\d{3}-)? \d{8}"加以简单解析如下。

(1) "\(\d{3}\)"——表示必须使用 3 位数字且两边要加括号,如(010)、(020)等区号形式。

(2) "\d{3}-"——表示必须使用 3 位数字且后边需要紧跟一连字符,如 010-、020-等区号形式。

(3) "(\(\d{3}\)|\d{3}-)"——"|"表示可以采用(1)的形式或者(2)的形式,即(010)或 010-都满足要求。

(4) "(\(\d{3}\)|\d{3}-)?"——"?"表示(3)部分可以出现 0 次或者 1 次,即可以有区号也可以无区号。

(5) "\d{8}"——表示必须使用 8 位数字,如 89254356。

由此可见,"(\(\d{3}\)|\d{3}-)? \d{8}"即表示电话号码中可以使用区号,也可以不使用区号,但电话号码必须为 8 位数字,使用区号时可以采用(010)或 010-两种形式。

【案例 4-13】在案例 4-12 的基础上使用 RegularExpressionValidator 验证控件检查页面中输入的电话号码是否符合正则表达式规则。

方法与步骤如下。

(1) 打开名为"chapter4-10.aspx"的 Web 窗体,在设计视图状态下从工具箱中拖曳 1 个 Label 控件、1 个 TextBox 控件及 1 个 RegularExpressionValidator 验证控件到页面上。

(2) 设置 Label5 控件的"Text"属性为"电话号码"。设置 RegularExpressionValidator 验证控件的"ControlToValidate"属性为"TextBox5","ValidationExpression"属性为"(\(\d{3}\)|\d{3}－)? \d{8}"或者单击属性后的[...]按钮并在弹出的窗口中选择"中华人民共和国电话号码","ErrorMessage"属性为"电话号码格式不正确","ForeColor"属性为"Red",其余属性保持默认值。

(3) 按"Ctrl"+"F5"组合键运行页面,当输入的电话号码不符合正则表达式的规则时,结果如图 4.35 所示。

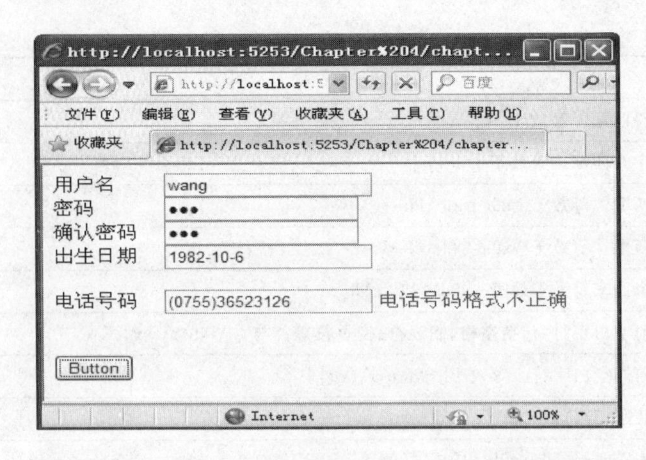

图 4.35　RegularExpressionValidator 验证控件运行效果

注意：在用户名输入不为空时，其他的验证控件都会验证通过。所以，当使用其他验证控件时，通常还需要 RequiredFieldValidator 控件的配合。

4.5.7　自定义验证控件(CustomValidator)

自定义验证控件允许使用自定义的验证逻辑创建验证控件。例如，可以创建一个验证控件检查用户输入的数据是否为偶数。

除具备表 4.16 列出的验证控件共有属性外，CustomValidator 控件的特有属性及事件如下。

- ClientValidationFunction：指定与 CustomValidator 控件相关联的客户端验证脚本函数的名称。由于脚本函数在客户端执行，该函数必须使用目标浏览器所支持的语言，如 VBScript 或 JavaScript。
- OnServerValidate：为 CustomValidator 控件引发 ServerValidate 事件。ServerValidate 事件为在服务器上执行某一输入控件验证时触发的事件，该事件有一"ServerValidateEventArgs"对象参数，可以从参数的 Value 属性中获取待验证输入控件中的输入数据。验证的结果需要存储到"ServerValidateEventArgs"参数的"IsValid"(true 或 false)属性中，标识验证是否通过。

【案例 4-14】在案例 4-13 的基础上使用 CustomValidator 验证控件检查页面中输入的密码长度是否在 6～10 位之间。

方法与步骤如下。

(1) 打开名为"chapter4-10.aspx"的 Web 窗体，在设计视图状态下从工具箱中拖曳 1 个 CustomValidator 验证控件到页面上。

(2) 设置 CustomValidator 验证控件的"ControlToValidate"属性为第一个密码框对应的"TextBox2"，"ErrorMessage"属性为"密码长度应在 6～10 位之间"，"ForeColor"属性为"Red"，其余属性保持默认值。

(3) 双击 CustomValidator 验证控件，系统将自动切换至代码页并添加验证控件的默认事件过程 CustomValidator1_ServerValidate，在其中添加如下代码：

```
protected void CustomValidator1_ServerValidate(object source, ServerValida-
teEventArgs args)
    {
        int lenPWD = 0;
        //args.Value 中存储了待验证输入控件的输入字符串
        foreach (char ch in args.Value)
        {
            lenPWD ++;
        }
        if (lenPWD >= 6 && lenPWD <= 10)
        {
            args.IsValid = true;   //验证通过
        }
        else
        {
            args.IsValid = false;   //验证失败
        }
    }
```

（4）按"Ctrl"+"F5"组合键运行页面，当输入的密码长度不符合要求时，结果如图 4.36 所示。

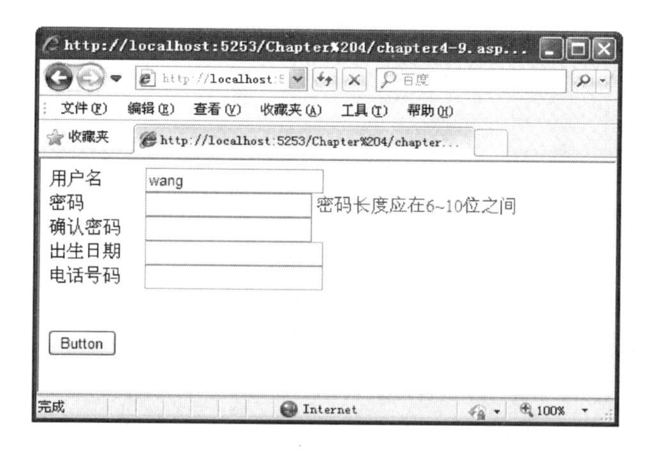

图 4.36　CustomValidator 验证控件运行效果

4.5.8　验证错误摘要控件(ValidationSummary)

当页面上有多个验证控件时，可以使用验证错误摘要控件集中显示验证出错信息。该控件收集验证未通过的各控件的 ErrorMessage 属性值，并在页面上显示出来。如果没有设置验证控件的 ErrorMessage 属性，则在验证错误摘要控件中将不为该验证控件显示错误信息。验证错误摘要控件的特有属性如下。

• DisplayMode：获取或设置验证错误信息摘要的显示模式。摘要可显示为列表、项目符号列表或单个段落形式，默认为项目符号列表显示模式。

- HeaderText：指定显示在摘要上方的标题文本。
- ShowMessageBox：是否在消息框中显示错误摘要。
- ShowSummary：控制是显示还是隐藏 ValidationSummary 控件。

【案例 4-15】在案例 4-14 的基础上使用 ValidationSummary 验证控件汇总显示页面错误信息。

方法与步骤如下。

(1) 打开名为“chapter4-10.aspx”的 Web 窗体，在设计视图状态下从工具箱中拖曳 1 个 ValidationSummary 验证控件到页面上。

(2) 设置 ValidationSummary 验证控件的“DisplayMode”属性为“List”，“HeaderText”属性为“请修正以下错误：”，“ShowMessageBox”属性为“True”，“ForeColor”属性为“Blue”，其余属性保持默认值。

(3) 按“Ctrl”+“F5”组合键运行页面，当有多个输入数据不符合要求时，结果如图 4.37 所示。

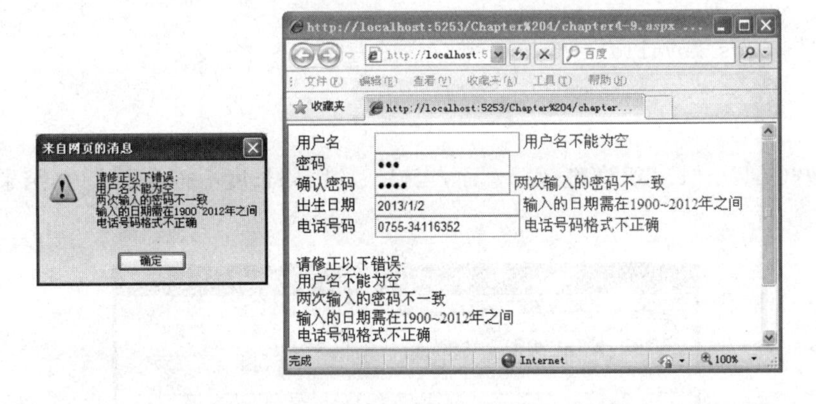

图 4.37　ValidationSummary 控件运行效果

习　题

1. 填空题

(1) Label 控件为开发人员提供了一种以________方式设置页面中文本的方法，和它有类似作用的控件是________。

(2) 若希望每次修改 TextBox 控件时，文本内容后都能立刻被服务器处理，则应将________属性值更改为 true。

(3) 若不采用任何容器控件，要将页面中的若干个 RadioButton 控件分为两组进行单选，则应该设置的属性是________。

(4) 在设计阶段必须将各个验证控件的________属性指向被验证的控件。

(5) 使用 RegularExpressionValidator 控件验证输入时，首先要将该控件的________属性设置成检查的模式。

2. 选择题

(1) 以下说法错误的是(　　)。

A. Page_Init 事件在页面服务器控件被初始化时发生

B. Page_Load 事件只在页面初次加载时发生

C. 利用 IsPostBack 属性,可以检查页面是否为传递回服务器的页面

D. 如果页面验证成功,IsValid 属性值为 True

(2) 下列 Web 服务器控件中,不能接收用户输入信息的是(　　)。

A. Text 控件　　　　B. Label 控件

C. DropDownList 控件　　　　D. CheckBox 控件

(3) 当需要用控件来输入性别(男,女)或婚姻状况(已婚,未婚)时,为了简化输入,应该选用的控件是(　　)。

A. RadioButton　　　　B. CheckBoxList

C. CheckBox　　　　D. RadioButtonList

(4) 下列关于 DropDownList 控件的说法不正确的是(　　)。

A. DropDownList 控件显示为下拉列表框

B. DropDownList 控件只能实现单选操作

C. DropDownList 控件的选项中可以有默认选项

D. DropDownList 控件中的选项不能动态设定

(5) 以下几个图形控件中,不能执行鼠标单击事件的控件是(　　)。

A. ImageButton　　　　B. Image

C. ImageMap　　　　D. ImageURL

(6) 当需要验证某个 TextBox 控件的输入数据是否大于 0 时,应使用的验证控件是(　　)。

A. CompareValidator　　　　B. CompareValidator 与 ReauiredFieldValidator

C. RangeValidator　　　　D. RangeValidator 与 RequiredFieldValidator

(7) 当需要验证某个 TextBox 控件输入的年龄是否大于 18 且小于 65 时,应使用的验证控件是(　　)。

A. CompareValidator　　　　B. CompareValidator 与 RequiredFieldValidator

C. RangeValidator　　　　D. RangeValidator 与 RequiredFieldValidator

(8) 对于正则表达式([0-9a-z]{4,})|(\..{3,6}),下面(　　)是错误的输入。

A. 2asd　　　　B. &8#

C. avdf*　　　　D. ads

(9) 下列关于数据验证控件的说法不正确的是(　　)。

A. 必填验证控件只能检查输入信息是否为空

B. 比较验证控件可以进行输入数据的类型检查

C. 范围验证控件需要使用 Minimum 和 Maximum 属性设置范围

D. 规则验证控件需要使用 ValidationExpression 属性设置文本格式

(10) 下列关于 IsValid 的说法不正确的是(　　)。

A. IsValid 是 Web 页面的属性

B. IsValid 是数据验证控件的属性

C. IsValid 可用于判断页面表单中提交的数据是否通过验证

D. IsValid 用于判断页面中的表单是否可以操作

3. 简答题

(1) HTML 服务器控件适合在什么情况下使用?

(2) 什么是 Web 服务器控件? 它能完成哪些功能? 与 HTML 服务器控件有什么区别?

(3) 使用两个 DropDownList 控件,如何实现级联选择(如在 DropDownList1 中选择了"广东省",则在 DropDownList2 中自动列出广东省的城市)?

(4) 验证控件包括哪些? 各自的作用是什么?

(5) 请举例说明自定义验证控件(CustomValidator)的设计方法。

第5章　内置对象

早在 ASP. NET 的早期版本 ASP 中就包含 Page、Response、Request、Server 等对象，它们被一直沿用至今，而且使用方法也没有大的改动。与 ASP 时期的内置对象相比，ASP. NET 的对象改由. NET Framework 中封装好的类来实现，但由于这些对象是在 ASP. NET 页面初始化请求时自动创建的，所以仍然可以在程序中直接调用，而无须对类进行实例化操作。

ASP. NET 中常用的内置对象主要有 Response、Request、Session、Application、Server 等，它们提供基本的响应、请求、会话等处理功能。

5.1　Page 类与 Page 对象

通过前面章节的学习，我们已经知道：在使用 ASP. NET 创建 Web 应用程序时，每一个. aspx 页面都继承自 System. UI. Page 类，对应一个 Page 对象实例，Page 类实现了所有页面最基本的功能，Page 对象借助类中实现的属性、方法及事件可实现对整个页面的操作。

Page 类位于 System. Web. UI 命名空间下，其常用成员及简要说明如表 5.1 所示。

表 5.1　Page 对象的常用属性

属性/方法	说　明
Response	获取与请求网页相关的 Response 对象，Response 对象派生自 HttpResponse 类，允许发送 HTTP 响应数据给客户端
Request	获取请求网页的 Request 对象，Request 对象派生自 HttpRequest 类，主要用来获取客户端的相关信息
Server	获取 Server 对象，Server 对象派生自 HttpServerUtility 类
Session	获取 Session 对象，Session 对象派生自 HttpSessionstate 类
Application	获取目前 Web 请求的 Application 对象，Application 对象派生自 httpapplicationstate 类，每个 Web 应用程序都有一个专属的 Application 对象
Cache	获取与网页所在应用程序相关联的 Cache 对象，Cache 对象派生自 Cache 类，允许在后续的请求中保存并捕获任意数据，Cache 对象主要用来提升应用程序的效率
Trace	获取目前 Web 请求的 Trace 对象，Trace 对象派生自 TraceContext 类，可以用来处理应用程序跟踪
ClientScript	获取用于管理脚本、注册脚本和向页添加脚本的 ClientScriptManager 对象

续 表

属性/方法	说　明
ClientTarget	获取或设定数值,覆盖浏览器的自动侦测,并指定网页在特定浏览器用户端如何显示。若设置了此属性,则会禁用客户端浏览器检测,使用在应用程序配置文件(web.config)中预先定义的浏览器能力
Controls	获取 ControlCollection 对象,该对象表示 UI 层次结构中指定服务器控件的子控件
EnableViewState	获取或设置目前网页请求结束时,网页是否要保持视图状态及其所包含的任何服务器控件的视图状态(viewstate),默认为 true
IsPostBack	获取布尔值,用来判断网页在何种情况下加载,返回 false 表示是第一次加载该网页,返回 true 表示是因为客户端返回数据而被重新加载
IsValid	获取布尔值,用来判断网页上的验证控件是否全部验证成功,返回 true 表示全部验证成功,返回 false 表示至少有一个验证控件验证失败
Validators	获取请求的网页所包含的 ValidatorsCollection(验证控件集合),网页上的验证控件均存放在此集合中
DataBind	将数据源绑定到网页上的服务器控件
FindControl	在网页上搜索标志名称为 id 的控件,返回值为标志名称为 id 的控件,若找不到标志名称为 id 的控件,则会返回 Nothing
HasControls	获取布尔值,用来判断 Page 对象是否包含控件,返回 true 表示包含控件,返回 false 表示没有包含控件
MapPath	将 VirtualPath 指定的虚拟路径(相对或绝对路径)转换成实际路径

其中,我们不仅看到了一些熟悉的"面孔",如 IsPostBack、IsValid、FindControl 等在前面章节已经使用过的属性及方法,还发现了 Response、Request、Server、Session、Application 等内置对象的身影,它们也是作为 Page 类的属性存在的,必须依附于一个具体的 Page 对象,即必须依附于.aspx 页面,而不能脱离页面单独使用。

5.2 Response 对象

Response 对象是 HttpResponse 类的一个实例,与 HTTP 协议的响应消息相对应。Response 对象的作用就是向浏览器输出文本、数据等信息,并可重定向网页或用来设置 Cookie 的值。

Response 对象有许多属性和方法,表 5.2 所示为其中最为常用的一些属性和方法。

表 5.2 Response 对象常用属性及方法

属性/方法	说　明
BufferOutput	指示输出内容是否被缓冲
ContentType	设置输出内容的类型
Write()	输出数据到客户端浏览器
Redirect()	重新定向浏览器的 URL 地址
Clear()	清除缓冲区所有信息(在 BufferOutput 属性为 True 的条件下)
End()	将当前所有缓冲的输出发送到客户端,停止该页的执行

1. BufferOutput 属性

BufferOutput 属性用来设置是否将输出暂时存放在服务器的缓冲区中。当其属性为"true"(默认值)时,将启动缓冲输出,只有当前页处理完毕或者调用了 Flush 或 End 方法后,服务器才将相应数据发送给客户端浏览器。

2. ContentType 属性

ContentType 用来设置输出内容的类型,示例代码如下:

```
Response.ContentType = image/gif;   //输出文件类型为 GIF 文件类型
Response.ContentType = text/plain;  //文件类型为文本文件
```

如果未指定 ContentType 属性,其值默认为 text/html。

3. Write 方法

Write 方法是 Response 对象最常用的方法,它用于将指定的数据输出到客户端浏览器,其常用格式如下:

```
Response.Write("输出字符串");
Response.Write(变量);
Response.Write(表达式);
```

4. Redirect 方法

Redirect 方法可以使浏览器立即重定向到程序指定的 URL。这是一个常用的方法,可以根据客户的不同响应,为不同的客户指定不同的页面。例如:

```
Response.Redirect("default.aspx") ;             //跳转地址可以是一个相对地址
Response.Redirect("http://www.gzhmt.edu.cn") ;//也可以是一个绝对地址
```

5. Clear 方法

用 Clear 方法可以清除缓冲区中的所有 HTML 输出。我们常用该方法处理错误情况,但是如果没有将 Response.BufferOutput 设置为"true",则该方法将导致运行时发生错误。

6. End 方法

End 方法使 Web 服务器提前结束页面的运行并返回当前处理结果。如果开启了缓冲区且缓冲区中有数据,则调用 Response.End 时会将缓冲输出,示例代码如下:

```
for (int i = 0; i <= 100; i++)
{
    Response.Write(i + "<br/>");  //输出 i 的值
    if (i == 10)
    {
      Response.End();             //提前结束页面运行
    }
}
```

5.3 Request 对象

动态 Web 页面的最主要特征就是用户可以在页面上进行各种输入操作,并借助 HTTP

连接以 HTTP 请求的形式向服务器提交数据。请求信息中既会包括用户的请求方式(如 post 方式或 get 方式)、参数名、参数值等数据,又会包括如浏览器类型、版本号、用户所用语言及编码方式等客户端浏览器的基本信息。

利用 Request 对象的属性与方法,便可以访问以上这些数据,表 5.3 列出了 Request 对象的属性与方法。

表 5.3　Request 对象的属性与方法

属性/方法	说　明
ApplicationPath	获取服务器上 ASP. NET 应用程序的虚拟应用程序根路径
Browser	获取有关正在请求的客户端的浏览器功能的信息
Cookies	获取客户端发送的 cookie 的集合
FilePath	获取当前请求的虚拟路径
Files	获取客户端上载的文件(多部件 MIME 格式)集合
Form	获取客户端表单元素中所填入的信息
QueryString	获取 HTTP 查询字符串变量集合
RequestType	获取或设置客户端使用的 HTTP 数据传输方法(GET 或 POST)
ServerVariables	获取 Web 服务器变量的集合
Url	获取有关当前请求的 URL 的信息
UserHostAddress	获取远程客户端的 IP 主机地址
UserLanguages	获取客户端语言首选项的排序字符串数组
MapPath()	为当前请求将请求的 URL 中的虚拟路径映射到服务器上的物理路径
SaveAs()	将 HTTP 请求保存到磁盘
ValidateInput()	验证由客户端浏览器提交的数据,如果存在具有潜在危险的数据,则引发异常

其中,最重要的两个属性为 Form 和 QueryString,分别用来获取客户端以 post 方式和 get 方式提交的数据。这两个属性都是一个集合,可以通过索引或键值两种方式获取数据,如 Request. Form[0]或 Request. Form["id"],通常使用键值的方式。

除这两个集合属性外,还可以使用表 5.3 中提供的其他属性获取服务器端及客户端浏览器的相应信息。

【案例 5-1】使用 post 与 get 两种方式获取文本框中的输入数据进行简单登录验证,当以 post 方式获取数据时,在页面输出服务器端及客户端浏览器的相应信息。

方法与步骤如下。

(1) 新建一个 ASP. NET 空网站并命名为“Chapter 5”,然后向网站中添加一个 Web 窗体并命名为“chapter5-1. aspx”。

(2) 从工具栏的“标准”分类中拖曳 2 个 TextBox 控件、1 个 Button 控件及 1 个 HyperLink 控件到页面中,修改按钮及超链接控件的“Text”属性分别为“Post 方式提交”及“我也验证一下”,如图 5.1 所示,继续修改超链接控件的“NavigateUrl”属性为“chapter5-1-1. aspx? Username=张佳 &Pwd=654321”。

【提示】超链接控件的作用是使页面跳转至“NavigateUrl”属性指定的“chapter5-1-1. aspx”页面,“?”后面的串“Username=张佳 &Pwd=654321”表示使用 get 方式提交的用户信息。

(3) 切换至“源”视图,为“form1”表单添加属性 method="post",并在“form1”表单下增加一个“form2”表单,设计页面的源代码如下:

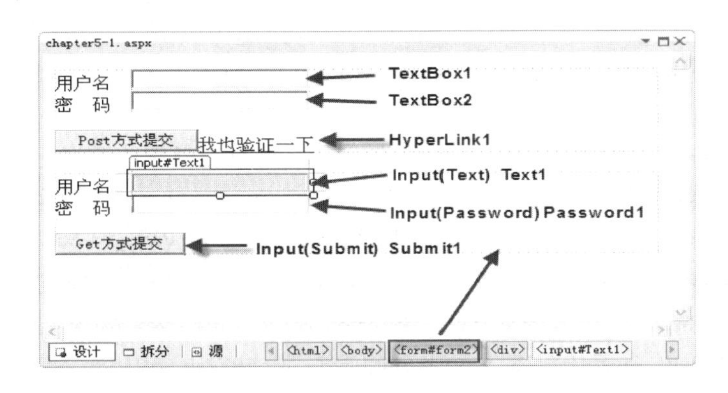

图 5.1　页面设计所需控件及设置

```
<form id = "form1" runat = "server" method = "post">
<div>
    用户名  <asp:TextBox ID = "TextBox1" runat = "server"></asp:TextBox><br />
    密  码  <asp:TextBox ID = "TextBox2" runat = "server"></asp:TextBox><br />
    <br />
    <asp:Button ID = "Button1" runat = "server" Text = "Post 方式提交" onclick = "
Button1_Click" />
    <asp:HyperLink ID = "HyperLink1" runat = "server"
        NavigateUrl = "chapter5-1-1.aspx? Username = 张佳 &Pwd = 654321">我也
验证一下</asp:HyperLink>
    <br />
</div>
</form>
<form id = "form2" method = "get" action = "chapter5-1-1.aspx">
</form>
```

【提示】表单的“method”属性用于指定数据的提交方式，其值有“post”与“get”两种。两种提交方式都可以通过“action”属性指定由哪一个页面处理浏览器提交的表单数据。

(4) 切换至“设计”视图，从工具栏的“HTML”分类中拖曳 1 个 Input(Text)控件、1 个 Input(Password)控件及 1 个 Input(Submit)控件到页面的“form2”表单中，如图 5.1 所示。修改 Input(Text)控件与 Input(Password)控件的“Name”属性分别为“Username”与“Pwd”，修改 Input(Submit)控件的“Value”属性为“Get 方式提交”。

(5) 双击“Post 方式提交”按钮，在自动生成的按钮单击事件中，输入以下代码：

```
//用 Request.Form[]集合获取以 Post 方式提交的表单数据，并与预设值比较
//对 Form 集合的引用，可采用索引或键值两种形式，"TextBox1"与"TextBox2"为文本框
//的 ID 键值
if(Request .Form [" TextBox1"] = = " 王明" && Request .Form [" TextBox2"] =
= "123456")
    Response.Write(" 你好" + Request.Form[" TextBox1"] + ",欢迎回来!" + "
<br/ >");
```

```
    else
        Response.Write("你好" + Request.Form["TextBox1"] + ",请检查输入!" + "
<br/>");
    //可以使用对象的 ServerVariables 数据集合获取服务器端的环境变量信息
    Response.Write("当前网页虚拟路径为:" + Request.ServerVariables["URL"] + "  ");
    Response.Write("实际路径为:" + Request.ServerVariables["PATH_TRANSLATED"] + "  ");
    Response.Write("服务器名或 IP 为:" + Request.ServerVariables["SERVER_NAME"] + "  ");
    Response.Write("服务器连接端口为:" + Request.ServerVariables["SERVER_PORT"] + "  ");
    Response.Write("客户主机名为:" + Request.ServerVariables["REMOTE_HOST"] + "
<br/>");
    //可以使用对象的 Browser 数据集合获取客户端浏览器的功能信息
    Response.Write("浏览器为:" + Request.Browser.Browser + "  ");
    Response.Write("版本为:" + Request.Browser.Version + "  ");
    Response.Write("支持 Cookie 为:" + Request.Browser.Cookies + "  ");
    Response.Write("支持 VBScript 为:" + Request.Browser.VBScript + "  ");
    Response.Write("微软 DOM 版本号为:" + Request.Browser.MSDomVersion.ToString
() + "  ");
    Response.Write("W3C DOM 版本号为:" + Request.Browser.W3CDomVersion.ToString
() + "  ");
    Response.Write("安装 CLR 为:" + Request.Browser.ClrVersion.ToString() + "  ");
    Response.Write("客户端操作系统为:" + Request.Browser.Platform + "<br/>");
    //其他两个常用属性
    Response.Write("你的 IP 地址为:" + Request.UserHostAddress + "  ");
    Response.Write("当前网站的路径为" + Request.PhysicalApplicationPath + "<br/>");
```

(6) 按“Ctrl”+“F5”组合键运行页面,在文本框中输入用户名及密码,单击“Post 方式提交”按钮后,页面运行结果如图 5.2 所示。

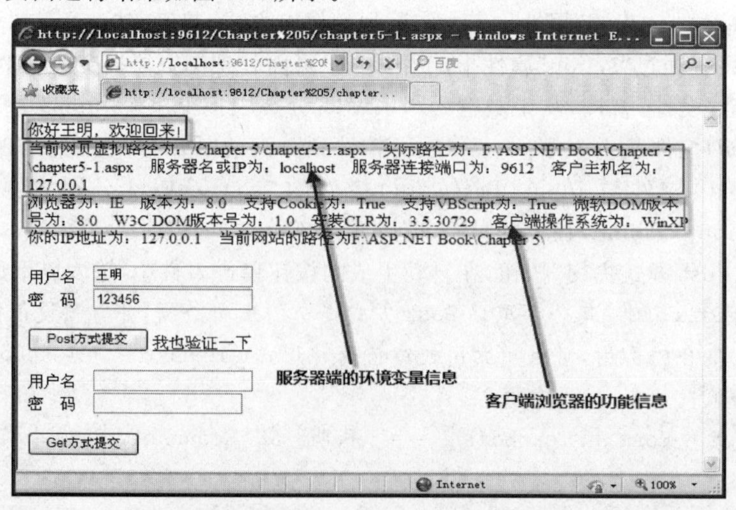

图 5.2 chapter5-1.aspx 页面运行结果

(7) 向网站中再添加一个 Web 窗体并命名为“chapter5-1-1. aspx”，打开代码页文件“chapter5-1-1. aspx. cs”，在页面加载事件过程中添加如下代码：

```
protected void Page_Load(object sender, EventArgs e)
{
    //用 Request. QueryString []集合获取以 Get 方式提交的表单数据,并与预设值比较
    //"Username"与"Pwd"分别为文本输入框与密码框的 Name 键值
    if(Request.QueryString ["Username"] == "张佳"&&Request.QueryString ["Pwd"]
== "654321")
        Response.Write(" 你好" + Request .QueryString ["Username"] + ",欢迎
回来!");
      else
        Response.Write("你好" + Request.QueryString ["Username"] + ",请检查
你的输入!");
}
```

(8) 按“Ctrl”+“F5”组合键运行页面“chapter5-1. aspx”，单击“我也验证一下”超链接或在“form2”表单的文本框及密码框中输入用户名及密码，单击“Get 方式提交”按钮后，将跳转至“chapter5-1-1. aspx”页面进行登录验证，运行结果如图 5. 3 所示。

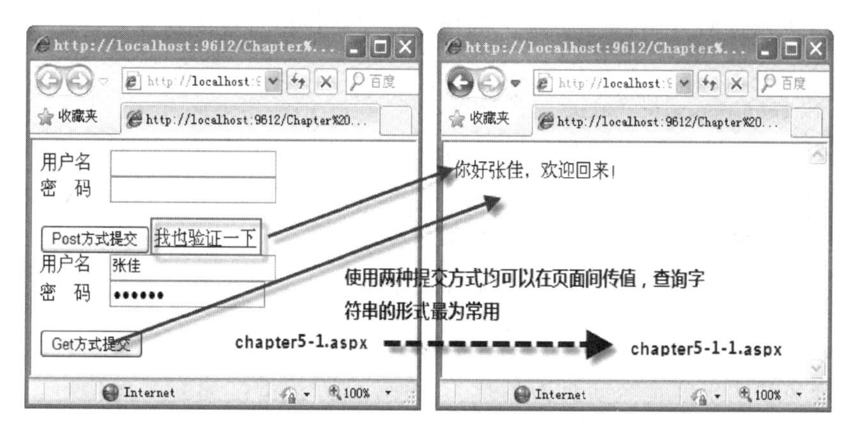

图 5. 3　页面运行结果

【思考】案例中使用了“post”与“get”两种方式实现了表单数据的提交，两者的区别在哪？各自适用于什么场合？

5. 4　Server 对象

Server 对象由 System. Web. HttpServerUtility 类实现，它是一个与 Web 服务器相关的类，通过它的方法和属性可以实现对服务器的访问，如得到服务器上某文件的物理路径、设置某文件的执行期限和对字符进行编码等。Server 对象的常用属性和方法如表 5. 4 所示。

表 5.4 Server 对象的常用属性和方法

属性/方法	说　明
MachineName	获取服务器的计算机名称
ScriptTimeout	设置或获取脚本程序可以运行的时间期限，默认为 90 秒
MapPath()	把相对路径或虚拟路径转换为服务器的物理路径
Execute()	执行指定的 aspx 程序
Transfer()	将控制权转移至指定的 aspx 程序
HTMLEncode()	对特殊的字符串进行 HTML 编码并返回已编码的字符串
HtmlDecode	对已被编码的字符串进行解码
URLEncode()	编码字符串，以便通过 URL 从 Web 服务器到客户端进行可靠的 HTTP 传输
UrlDecode	对字符串进行解码，以便于进行 HTTP 传输，并在 URL 中发送到服务器

1. ScriptTimeout 属性

ScriptTimeout 属性用于设置或获取脚本程序可以运行的时间期限，以秒为单位，默认时间为 90 秒。例如，设置脚本程序最长执行时间为 120 秒，可以这样写：

```
Server.ScriptTimeout = 120;
```

2. MapPath 方法

MapPath 方法返回与 Web 服务器上的指定虚拟路径相对应的物理文件路径。其语法格式如下：

```
Server.MapPath(string path)
```

其中，Path 为服务器上的指定虚拟路径。如果 path 值为空，则该方法返回包含当前应用程序的完整物理路径。另外，使用 Server.MapPath(".")可以获取当前文件的物理路径；使用 Server.MapPath("/")可以获取虚拟根目录的实际路径名。

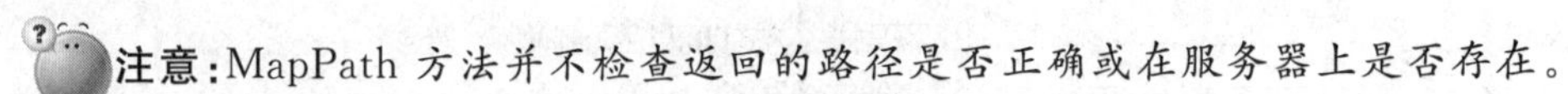
注意：MapPath 方法并不检查返回的路径是否正确或在服务器上是否存在。

3. Transfer 方法

Transfer 方法用于停止当前页面的执行，并转到方法指定的新页面执行。基本语法如下：

```
Server.Transfer(string path)
```

其中，Path 为服务器上要执行的新页面的 URL 地址。

注意：新页的 URL 地址必须是.aspx 文件，而且要和当前页面文件在同一个 Web 应用程序下。

4. HtmlEncode 与 HtmlDecode

HtmlEncode 方法用来对字符串进行 HTML 编码并返回已编码的字符串，使用该方法可实现在页面上输出 HTML 标记的操作。

HtmlDecode 方法的作用与 HtmlEncode 刚好相反，用于对 HTML 编码的字符串进行解码，并返回已解码的字符串。

示例代码如下：

```
Response.Write(Server.HtmlEncode("<font color = red>试试看：第一行</font>
```


"));

Response.Write(Server.HtmlDecode("
<font color = red>再试试看:第二行</font>"));

5. UrlEncode 与 UrlDecode

当以查询字符串的形式在页面间传递参数时,可能会遇到一些如"#"、"&"等特殊字符,此时.aspx 页面可能会无法正确读取这些参数值。因此,在需要传递特殊字符参数的时候,可以考虑先使用 UrlEncode 方法进行编码,读取时使用 UrlDecode 方法解码,这样便可以保证在页面间传递的值可以被正确读出。

【案例 5-2】使用两种方式传递查询字符串的参数并对比区别。

方法与步骤如下。

(1) 打开网站"Chapter 5",向网站中添加一个 Web 窗体并命名为"chapter5-2.aspx"。

(2) 从工具栏中拖曳 1 个 TextBox 控件及 2 个 Button 控件到页面中,修改两个按钮控件的"Text"属性分别为"直接传值"及"编解码方式"。

(3) 双击"直接传值"按钮,在自动生成的单击事件过程中添加如下代码:

```
string strUrl = TextBox1.Text;
Response.Redirect("chapter5-2.aspx? Url =" + strUrl);  //携带参数跳转页面
```

(4) 双击"编解码方式"按钮,在自动生成的单击事件过程中添加如下代码:

```
string strUrl = Server.UrlEncode(TextBox1.Text);//先对字符串进行 Url 编码处理
Response.Redirect("chapter5-2-1.aspx? Url =" + strUrl);
```

(5) 打开代码页文件"chapter5-2.aspx.cs",在页面加载事件过程中添加如下代码:

```
Response.Write(Request.QueryString["Url"]);
```

(6) 向网站中添加一个 Web 窗体并命名为"chapter5-2-1.aspx",打开代码页文件"chapter5-2-1.aspx.cs",在页面加载事件过程中添加如下代码:

```
Response.Write(Server.UrlDecode(Request.QueryString["Url"]));//读取已编码字符串时要解码
```

(7) 按"Ctrl"+"F5"组合键运行页面"chapter5-2.aspx",运行结果如图 5.4 所示。

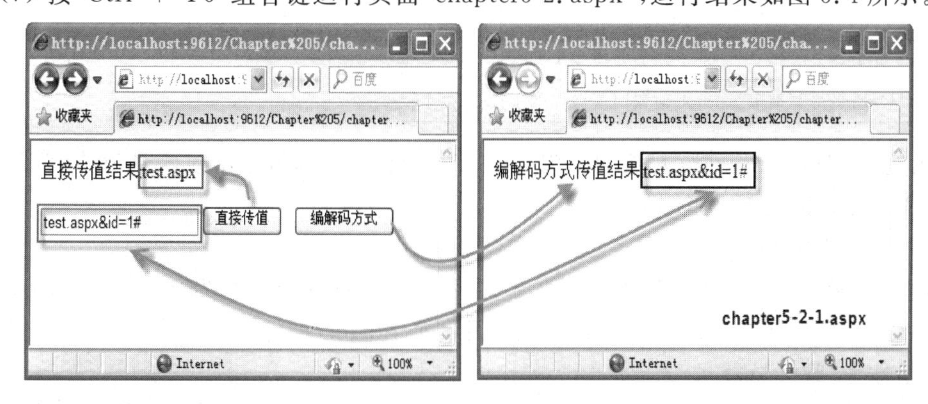

图 5.4　页面运行结果

【分析】当在文本框中输入"test.aspx&id=1#"并单击"直接传值"按钮时只输出了"test.aspx"部分。这是因为,符号"&"在查询字符串中是用于连接多个传递参数的,"test.

aspx&id=1#”会被理解为“Url=test. aspx & id=1#”,也就是说字符串中包含了连个待传递参数,我们在代码中只是通过 Request. QueryString["Url"]读取了第一个参数。

而使用 Server 对象的 UrlEncode 方法在传递参数前先进行编码,读取时通过 UrlDecode 方法将编码后的字符串再解码为普通的字符串,就不会产生这种“误读”,如图 5.4 所示。

5.5 Session 对象

Session 对象由 System. Web. SessionState 类实现,它是用户级别的应用程序公用对象,被用来存储特定用户会话所需的信息,不同用户的会话信息由不同的 Session 对象存储。这样,即使用户在应用程序的不同页面之间跳转,存储在 Session 对象中的变量也不会丢失,而是在整个用户会话中一直存在。

当用户向应用程序的某个页面发起请求时,如果该用户还没有会话,则 Web 服务器将自动创建一个 Session 对象并自动分配一个长整数 SessionID,当用户再次访问该应用程序时,服务器就可通过检查客户端的 SessionID,返回该用户的 Session 信息。只有当会话过期或被放弃后,服务器才会中止该会话。

Session 对象的常用属性、方法及事件如表 5.5 所示。

表 5.5 Session 对象的常用属性、方法及事件

属性/方法/事件	说　明
SessionID	用来标识每一个 Session 对象
TimeOut	获取或设置 Session 对象的失效时间(以分钟为单位,默认为 20 分钟)
Contents	从 Contents 集合中获取变量值,如 Session. Contents["admin"]可简写为 Session["admin"]
Add()	将新的项添加到会话状态中
Clear()	清除会话状态中的所有值
Abandon()	强行删除当前会话的 Session 对象,释放系统资源
Session_OnStart	建立 Session 对象时所激发的事件
Session_OnEnd	结束 Session 对象时所激发的事件

【案例 5-3】利用 Session 对象的常用属性及方法实现管理员登录时的身份验证,若验证不通过或未经验证则返回登录页。

方法与步骤如下。

(1) 打开网站“Chapter 5”,向网站中添加一个 Web 窗体并命名为“chapter5-3. aspx”。

(2) 从工具栏中拖曳 2 个 TextBox 控件及 1 个 Button 控件到页面中,修改按钮控件的“Text”属性为“管理员登录”。

(3) 双击“管理员登录”按钮,在自动生成的单击事件过程中添加如下代码:

```
//从页面上获取用户输入
string strName = TextBox1.Text;
string strPwd = TextBox2.Text;
```

```
//判断用户是否为管理员身份,若是则将其加入 Session 变量集合
if (strName == "wang"&&strPwd == "654321")
{
    //两种方式定义 Session 变量均可,通常使用下面的方式
    //Session.Add("admin", strName);
     Session["admin"] = strName;
}
//跳转到 chapter5-3-1.aspx 页面
Response.Redirect("chapter5-3-1.aspx");
```

(4) 向网站中添加一个 Web 窗体并命名为“chapter5-3-1.aspx”,从工具栏中拖曳 1 个 Button 控件到页面中,修改该控件的“Text”属性为“退出管理”。

(5) 双击“退出管理”按钮,在自动生成的单击事件过程中添加如下代码:

```
// 退出登录时将 Session 变量内容清空,并使用 Abandon 方法强行释放对象
if (Session["admin"] != null)
{
    Session["admin"] = null;
    //Session.Remove("admin");
    Session.Abandon();
    //如果有 cookie,则通过将 cookie 设置为即时过期的方式清除
    Response.Cookies["admin"].Expires = DateTime.Now;
}
Response.Redirect("chapter5-3.aspx");
```

(6) 打开代码页文件“chapter5-3-1.aspx.cs”,在页面加载事件过程中添加如下代码:

```
// 判断用户身份是否验证通过,若没有则返回 chapter5-3.aspx 页面
// Session 变量存储在对象的 Contents 集合中,通常可省略 Contents
if (Session.Contents["admin"] == null)
{
    Response.Redirect("chapter5-3.aspx");
}
Response.Write("欢迎" + Session["admin"] + "进入后台管理!");
//输出 SessionID
Response.Write("您的 SessionID 为:" + Session.SessionID.ToString());
```

(7) 按“Ctrl”+“F5”组合键运行页面“chapter5-3.aspx”,运行结果如图 5.5 所示。

【分析】当用户身份验证不通过或未经验证直接访问后台管理页 chapter5-3-1.aspx 时,因为 Session["admin"] 的值为 null,所以会被 Response.Redirect("chapter5-3.aspx");强行跳转回登录页,这种机制就可以保证只有当身份验证通过时,用户才能进入后台管理页。当管理员需要退出后台管理时,为防止不安全访问发生,必须及时清理 Session 变量并释放当前管理员的 Session 对象,然后重新跳转回登录页。有兴趣的读者可以在此案例的基础上继续完善,如添加用户重复登录的处理代码等。

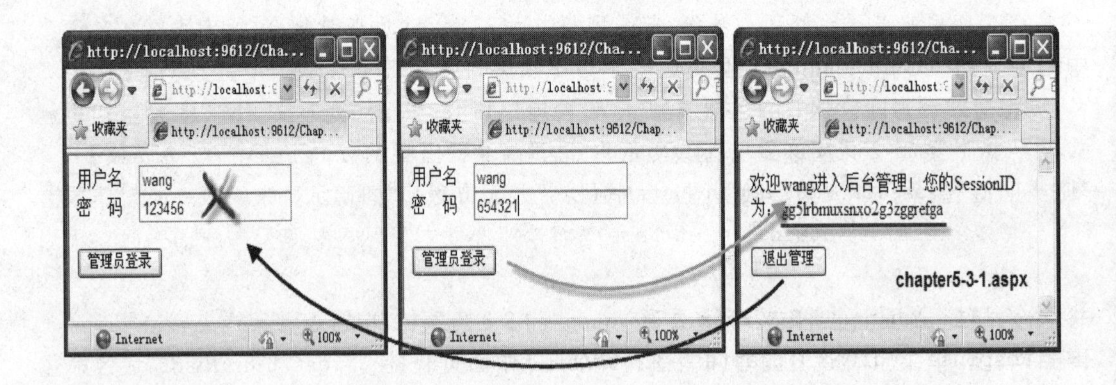

图 5.5 页面运行结果

5.6 Application 对象

Application 对象由 System.Web.HttpApplication 类实现，它是应用程序级别的公用对象，生存期限为整个应用程序，一旦创建了 Application 对象，它就会一直存在，除非服务器关闭或使用 Clear 方法清除。

使用 Application 对象可以在指定的应用程序的所有用户之间共享信息，通过调用该对象的 Lock 和 Unlock 方法能够确保多个用户无法同时改变某一属性。

Application 对象的常用属性和方法如表 5.6 所示。

表 5.6 Application 对象的常用属性和方法

属性/方法/事件	说 明
AllKeys	AllKeys 从 Content 集合中返回所有的变量名，AllKeys(index)返回下标为 index 的变量名
Contents	从 Contents 集合中获取变量值，如 Application.Contents["cnt"]通常简写为 Application["cnt"]。保留它是为了与 ASP 兼容
Count	获取 Contents 集合中的变量数
Item	从 Contents 集合内获取变量值，如 Application.Item["cnt"]通常简写为 Application["cnt"]
Add()	向 Contents 集合中添加键值对(name,value)变量
Clear()	清除 Contents 集合中的所有变量
Remove()	从 Contents 集合中删除某个变量
Lock()	禁止其他用户修改 Application 对象记录的变量值
Unlock()	允许其他用户修改 Application 对象记录的变量值

除具有如表 5.6 所示的属性及方法外，Application 对象还有以下两个常用事件。

(1) OnStart 事件：该事件在首次创建新会话(即 Session_Start 事件)之前发生，当服务器启动并允许对应用程序所包含的文件进行请求时就触发 Application_Start 事件，Application_Start 事件的处理过程必须写在 Global.asax 文件中。

(2) OnEnd 事件：与 OnStart 事件正好相反，在应用程序退出时于 Session_End 事件之后发生，该事件的处理过程也必须写在 Global. asax 文件中。

【案例 5-4】综合利用 Application 对象与 Session 对象的常用属性、方法和事件，实现网站访问计数器与用户访问计数器。

方法与步骤如下。

(1) 打开网站“Chapter 5”，向网站中添加一个 Web 窗体并命名为“chapter5-4. aspx”，然后再添加一个“Global. asax”文件，如图 5. 6 所示。

图 5. 6　添加 Global. asax 文件

(2) 在 Global. asax 文件的“Application_Start”事件过程中添加如下代码：

```
//创建网站访问计数器,赋初值为 0
Application["counter"] = 0;
```

(3) 在 Global. asax 文件的“Session_Start”事件过程中添加如下代码：

```
//创建用户访问计数器,赋初值为 0
Session["counter"] = 0;
```

(4) 打开代码页文件“chapter5-4. aspx. cs”，在页面加载事件过程中添加如下代码：

```
//判断是否为新的用户会话,若为同一用户会话,不对网站计数器做增 1 操作
if (Session.IsNewSession)
{    //引入加锁/解锁机制,防止多用户同时访问时对计数变量的误操作
    Application.Lock();           //加锁,禁止其他用户修改变量
    Application["counter"] = (int)Application["counter"] + 1;     //网站访问计数器自增
    Application.UnLock();     //解锁,允许其他用户修改变量
}
//用户访问计数器自增,Session 对象为用户级别的,无须加解锁限制
Session["counter"] = (int) Session["counter"] +1;
//依次输出计数器的结果及 SessionID
Response.Write("您是第" + Application["counter"] + "位来访者" + "<br/>");
Response.Write("这是您第" + Session["counter"] + "次访问本站" + "<br/>");
Response.Write("您的 SessionID 为:" + Session.SessionID + "<br/>");
```

(5) 按“Ctrl”+“F5”组合键运行页面“chapter5-4. aspx”，运行结果如图 5. 7 所示。

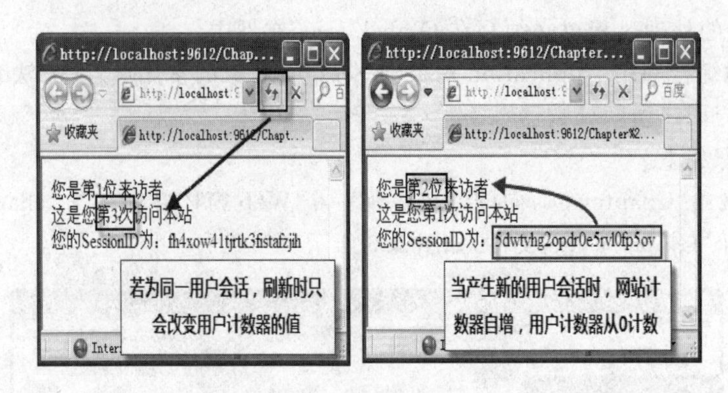

图 5.7　页面运行结果

【分析】Application 是应用程序级别的公用对象，一旦创建，在网站的所有页面均可使用，也允许多个用户同时对其访问，所以在使用 Application 对象时一定要使用加锁/解锁机制，以保证多个用户无法同时改变某一属性。Session 对象为用户级别的公用对象，只与某一用户会话相关，无须进行加解锁限制。有兴趣的读者可以在此案例的基础上继续完善，如添加在线人数的统计代码等。

习　题

1. 填空题

(1) 当需要跳转到"test.aspx"页面时，可以使用 Response.________("test.aspx")；。

(2) 当用户首次与服务器建立连接时，服务器都会为其建立一个________，同时服务器会自动为用户分配一个________，用以唯一标识这个用户的身份。

(3) 强行释放 Session 对象的语句是：________。

(4) 下面是使用 Application 对象时实现网站计数器的代码，请补充完整。

```
Application.________;
Application["counter"] = (int) Application["counter"] + 1;
Application.________;
```

2. 选择题

(1) 下面程序段执行完后，页面显示的内容是(　　)。

```
Response.Write("ASP.NET")
Response.End()
Response.Write("你好")
```

A. ASP.NET　　B. 你好　　C. ASP.NET 你好　　D. ASP.NET(换行)你好

(2) 使用下面的(　　)对象可以从客户端得到用户提交的 Form 表单。

A. Response　　B. Request　　C. Server　　D. Get

(3) Web 应用程序中所有页面均可以访问(　　)变量。

A. Session　　B. Application

C. Server　　D. ViewState

(4) (　　)文件负责处理 Application_Start、Application_End 等事件。

A. Web. config　　B. Config. asax

C. Global. asax　　D. Global. inc

3. 简答与操作题

(1) 请列举出 ASP. NET 中页面之间传递值的几种方式。

(2) 创建多个页面,当在其中一个页面中输入姓名和密码时,利用 Request 对象和 Response 对象将姓名和密码传送到其他页面并显示。

(3) 使用 Session 对象实现(2)中的操作。

(4) 使用 Application 对象及 Session 对象实现在线人数的统计功能。

第6章　数据库与数据访问控件

在 ASP. NET 应用程序开发过程中，我们往往需要保存大量的种类繁多的数据，而且这些数据之间通常还有所关联，如用户信息、新闻内容等。一般的页面处理技术已经远远不能满足这一数据存储需求，如果在 ASP. NET 应用程序中将数据库技术加以整合，由它来管理这些数据，却可以很好地解决这一问题，同时还可以便捷地进行数据的查询与更新。

由此可见，一个功能齐备、与用户交互良好的网站是离不开数据库的。本章就将围绕数据库的基础知识及 ASP. NET 中提供的数据源控件及数据绑定控件进行介绍。

6.1　数据库基础

数据库(database，DB)可以直观地理解为存放数据的仓库，只不过这个仓库是建立在计算机的大容量存储器上(如硬盘等)。数据不仅需要合理地存放，还要便于查找，因此相关的数据及其之间的联系必须按一定的格式有组织地存储。数据库不仅仅要供创建者使用，更多的时候还要允许多个用户，为了达到不同的应用目的、使用多种不同的语言同时存取数据库。因此，归结来说，数据库就是长期存储在计算机内的、有结构的、大量的、可共享的数据集合。例如，一个新闻发布系统数据库中就需要有组织地存放新闻信息、分类信息、评论信息、用户信息等数据内容，以供普通用户与管理员用户按各自不同的应用需求共同使用。

6.1.1　数据库管理系统

为了方便数据库的建立、运用和维护，人们研制了一种数据管理软件——数据库管理系统(DataBase Management System，DBMS)。

数据库管理系统是位于用户与操作系统之间的一层数据管理软件，在数据库建立、运用和维护时对数据库进行统一控制、统一管理，使用户能方便地定义数据和操纵数据，并能够保证数据的安全性、完整性、多用户对数据的并发使用及发生故障后的系统恢复。数据库管理系统是整个数据库系统的核心。

数据库管理系统是对数据进行管理的系统软件，用户在数据库系统中进行的一切操作，包括数据定义、查询、更新及各种控制，都是通过 DBMS 进行的，常见的 Microsoft SQL Server、MySQL、Oracle、DB2、Access 等数据库软件都属于 DBMS 的范畴。

6.1.2　表和视图

表是关系数据库中最主要的数据对象，它是用来存储和操作数据的一种逻辑结构。表通常以行和列共同构成的二维表形式呈现，在 SQL Server Management Studio 中可以修改表结构或操作表数据，如图 6.1 所示。

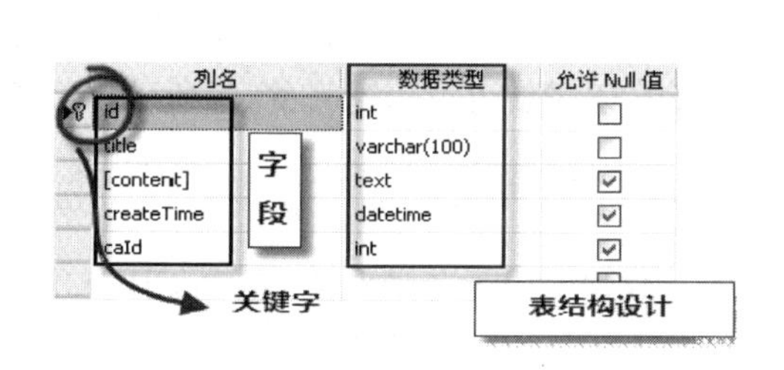

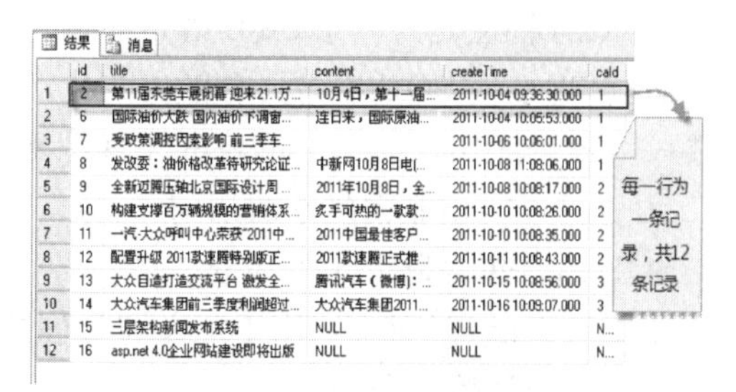

图 6.1　表结构与表数据

从图 6.1 中我们已经大致了解了表的构成与数据的表现形式，下面给出相关的定义。

（1）表结构

每个数据库包含了若干个表。每个表都具有一定的结构，称为“表结构”。所谓表结构，即指组成表的各列（字段）的名称及数据类型。

（2）字段（列名）

如图 6.1 右图所示，表中的每一行由若干个数据项构成，其中的每一个数据项通常被称为字段（field）。字段包含的属性有字段名、字段数据类型、字段长度及是否为关键字等，其中字段名是字段的标识，字段的数据类型可以是多样的，如整型、实型、字符型、日期型或二进制型等。

（3）关键字

若表中记录的某一字段或字段组合能唯一标识记录，则称该字段或字段组合为候选关键字（candidate key）。若一个表有多个候选关键字，则选定其中一个为主关键字（primary key），也称为主键。当一个表仅有唯一的一个候选关键字时，该候选关键字就是主关键字。例如，图 6.1 中所示的“news”表的“id”字段即是该表的主关键字，其余字段均有可能存在重复值。

若某字段或字段组合不是数据库中 A 表的关键字，但它是数据库中 B 表的关键字，则称该字段或字段组合为 A 表的外关键字（foreign key）。外关键字表示了两个表之间的联系，以外关键字作为主关键字的表被称为主表，具有此外关键字的表被称为主表的从表。外关键字也常被称为外键。

（4）记录

表结构设计完成后，我们需要向其中添加数据，表中的每一行数据就被称为“记录”，它们是表的“值”。

视图不同于表，视图并不是实际存在的表，而是一种虚拟的表，视图通常是从若干个表中按照一定的规则筛选形成的结果集，它在物理上并不存在。当对视图进行操作时，系统会根据视图的定义去操作与视图相关联的基本表。视图有助于隐藏现有表的数据，便于数据共享、简化用户权限管理等。

6.1.3　SQL 语言

结构化查询语言（structured query language，SQL），是一种数据库查询和程序设计语言,用于存取数据以及查询、更新和管理关系数据库系统。

SQL 语言以记录集作为操作对象,所有 SQL 语句接受集合作为输入,返回集合作为输出,这种集合特性允许一条 SQL 语句的输出作为另一条 SQL 语句的输入,所以 SQL 语言可以嵌套,这也使 SQL 语句具有极大的灵活性和强大的功能。多数情况下,在其他语言中需要一大段程序实现的一个单独事件只需要一个 SQL 语句就可以达到目的,这也意味着用 SQL 语言可以写出非常复杂的语句。

SQL 语言包含以下 4 个部分。

数据定义语言(DDL):用于定义和管理数据库及数据库中的各种对象,包含 CREATE、DROP、ALTER 等语句。

数据操作语言(DML):用于向数据库添加、修改和删除数据,包含 INSERT(插入)、UPDATE(修改)、DELETE(删除)等语句。

数据查询语言(DQL):用于从数据库获取数据记录,最常见的就是 SELECT 语句。

数据控制语言(DCL):用于安全管理,针对不同的数据库的表、字段等确定其访问权限,包含 GRANT、REVOKE、COMMIT、ROLLBACK 等语句。

下面以图 6.1 中给出的“news”表为基础,通过一组例子简单演示 SQL 语句的使用方法。

(1) 查询表中所有记录。使用 select 语句进行查询,示例代码如下:

```
SELECT * FROM NEWS
```

(2) 条件查询,查询新闻标题“title”中包含“大众”关键字的所有记录。通过使用 select 语句的 where 子句进行带条件的查询,示例代码如下:

```
SELECT * FROM NEWS WHERE TITLE LIKE '%大众%'
```

(3) 对查询结果排序,查询最新发布的前 3 条记录(按发布时间“createTime”降序排列)。通过使用 select 语句的 order by 子句进行排序,示例代码如下:

```
SELECT TOP 3 * FROM NEWS ORDER BY CREATETIME DESC
```

(4) 使用函数统计表中的新闻总数。select 语句中也可以使用内置聚合函数,如 COUNT、SUM、AVG、MAX、MIN 等,示例代码如下:

```
SELECT COUNT( * ) AS TOTALNEWS FROM NEWS
```

(5) 向新闻表内增加一条记录。使用 insert 语句进行插入数据库操作,示例代码如下:

```
INSERT INTO NEWS(TITLE, [CONTENT], CAID) VALUES ('企业新闻发布系统','暂无详细内容','2')
```

(6) 将表中新增的记录删除。使用 delete 语句删除数据库中的数据,示例代码如下:

```
DELETE FROM NEWS WHERE TITLE ='企业新闻发布系统'
```

(7) 再次执行(5)中的插入语句,并修改它的新闻内容为“即将更新”。使用 update 语句来更新表中的数据,示例代码如下:

```
UPDATE NEWS SET content ='即将更新' WHERE title ='企业新闻发布系统'
```

注意:SQL 语句并不区分大小写,但推荐全部大写,这样有助于在应用程序中清晰地区分。

6.1.4　操作 SQL Server 2008 Express 数据库

1. 创建数据库

SQL Server 2008 Express 是 Visual Studio 2010 中自带的数据库，可以很好地与系统集成。用 Visual Studio 2010 创建数据库的步骤如下。

(1) 打开 Visual Studio 2010→打开“服务器资源管理器”窗口→右击“数据连接”→选择“创建新 SQL Server 数据库”选项，如图 6.2 所示。

(2) 在“创建新的 SQL Server 数据库”对话框中选择要连接的服务器名并输入新数据库名称，单击【确定】按钮，如图 6.3 所示，系统添加了一个数据库。

图 6.2　创建数据库

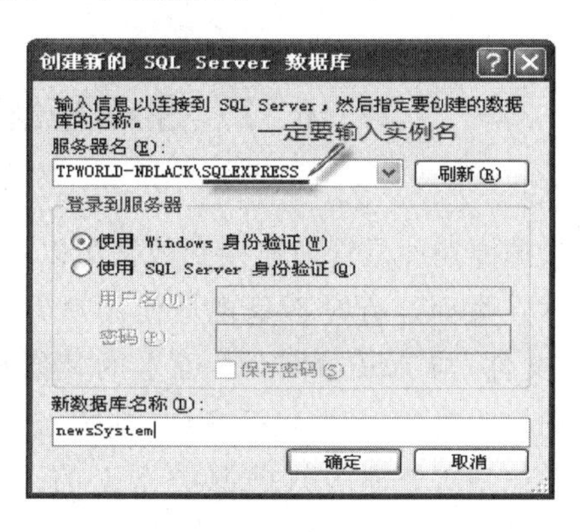

图 6.3　指定服务器名及新数据库名

2. 创建表

在 Visual Studio 2010 中创建数据表的步骤如下。

(1) 打开“服务器资源管理器”窗口→展开刚添加的数据库“newsSystem”→右击“表”→选择“添加新表”选项，如图 6.4 所示。

(2) 按图 6.5 所示，完成表结构设计，添加字段并指定字段类型。完成字段设计后右击“id”并选择“设置主键”选项，id 字段即被设置为新表的主键。其中，“title”、“content”、“createTime”、“caID”分别表示“新闻标题”、“内容”、“发布时间”、“新闻类别编号”。

图 6.4　添加新表

列名	数据类型	允许为 null
id	int	☐
title	varchar(100)	☐
[content]	text	☐
createTime	datetime	☐
caId	int	☑
		☐

图 6.5　设计 news 表的字段和字段类型

(3) 关闭窗口并保存对表格的修改，在弹出的“选择名称”对话框中输入“news”，单击“确定”按钮，news 表即创建成功。

以同样的方法创建 category 表，表的结构如图 6.6 所示。其中，“id”、“name”分别表示“新闻类别编号”、“类别名称”。

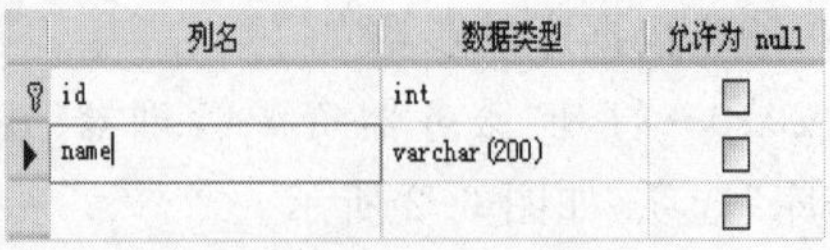

列名	数据类型	允许为 null
id	int	☐
name	varchar(200)	☐
		☐

图 6.6　设计 category 表的字段和字段类型

6.2　SqlDataSource 数据源控件

数据源控件是管理连接到数据源以及读取和写入数据等任务的.NET 数据控件。数据源控件在页面运行时不呈现任何用户界面，而是充当特定数据源（如数据库、数组、集合或 XML 文件）与 ASP.NET 页面上的其他数据控件的中介。数据源控件实现了丰富的数据检索和修改功能，其中包括查询、排序、分页、筛选、更新、删除以及插入等。

考虑到所处理的数据源类型上的差异，ASP.NET 共提供了 SqlDataSource、AccessDataSource、XmlDataSource 等 6 种数据源控件。表 6.1 对这 6 种数据源控件进行了简要描述。

表 6.1　ASP.NET 中内置的数据源控件

数据源控件	说　　明
SqlDataSource	用于处理 Microsoft SQL Server、OLE DB、ODBC 或 Oracle 数据库。与 SQL Server 一起使用时支持高级缓存功能。当数据作为 DataSet 对象返回时，此控件还支持排序、筛选和分页
AccessDataSource	用于处理 Microsoft Access 数据库。当数据作为 DataSet 对象返回时，支持排序、筛选和分页
XmlDataSource	用于处理 XML 文件，特别适用于分层的 ASP.NET 服务器控件，如 TreeView 或 Menu 控件。支持使用 XPath 表达式来实现筛选功能，并允许您对数据应用 XSLT 转换。XmlDataSource 可以通过保存更改后的整个 XML 文档来更新数据
SiteMapDataSource	通常配合 ASP.NET 站点导航控件使用，详见第 8 章
ObjectDataSource	用于处理业务对象或其他类，以及创建依赖中间层对象管理数据的 Web 应用程序。支持对其他数据源控件不可用的高级排序和分页方案
LinqDataSource	可以通过标记在 ASP.NET 网页中使用语言集成查询（LINQ），从数据对象中检索和修改数据。支持自动生成选择、更新、插入和删除命令，还支持排序、筛选和分页

本节只介绍其中的 SqlDataSource 控件，并通过它连接 Microsoft SQL Server 数据库。为了正确地建立数据源连接，通常需要设置连接字符串和 SQL Server 数据库的访问权限。连接数据源成功后，就可以使用 SqlDataSource 控件为任何支持“DataSourceID”属性的数据

绑定控件(如 GridView 控件)提供数据。

【案例 6-1】使用 SqlDataSource 控件连接 SQL Server 数据库并显示数据的详细信息。

方法与步骤如下。

(1) 新建一个 ASP. NET 空网站并命名为“Chapter 6”,然后向网站中添加一个 Web 窗体并命名为“chapter6-1. aspx”。切换到页面的设计视图模式,从工具箱的“标准”控件分类中将 1 个 TextBox 控件与 1 个 Button 控件拖曳到页面上,从“数据”控件分类中,将 1 个 SqlDataSource 控件与 1 个 GridView 控件拖曳到页面上。

(2) 在 SqlDataSource 控件的“SqlDataSource 任务”智能菜单上,单击“配置数据源”,如图 6.7 所示。在弹出的“配置数据源”对话框中单击“新建连接”按钮。如果出现如图 6.8 所示的“添加连接”对话框,请单击“更改”按钮并在弹出的“更改数据源”对话框选择“Microsoft SQL Server”,然后单击“确定”按钮。此时会出现如图 6.9 所示的“添加连接”对话框,在“服务器名称”框中,输入服务器及实例名称,如“. \SQLEXPRESS”或“localhost\SQLEXPRESS”,然后在“登录到服务器”下面选择身份验证方式,如有需要,请输入安装 SQL Server Express 时指定的用户名和密码。

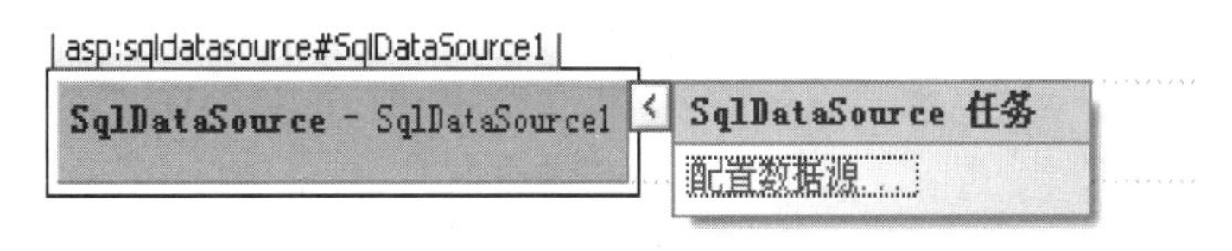

图 6.7　“SqlDataSource 任务”智能菜单

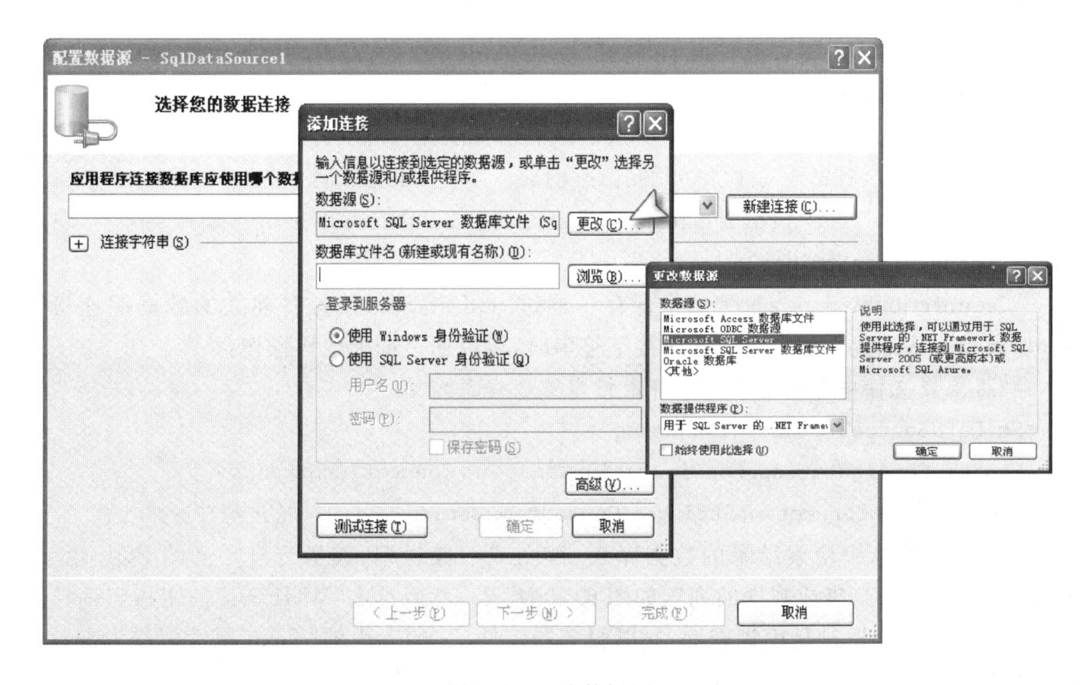

图 6.8　更改数据源

(3) 在“选择或输入一个数据库名”列表处,请输入或从下拉列表中直接选取该服务器上的一个有效数据库的名称,如选择之前创建的“newsSystem”数据库。单击“测试连接”按

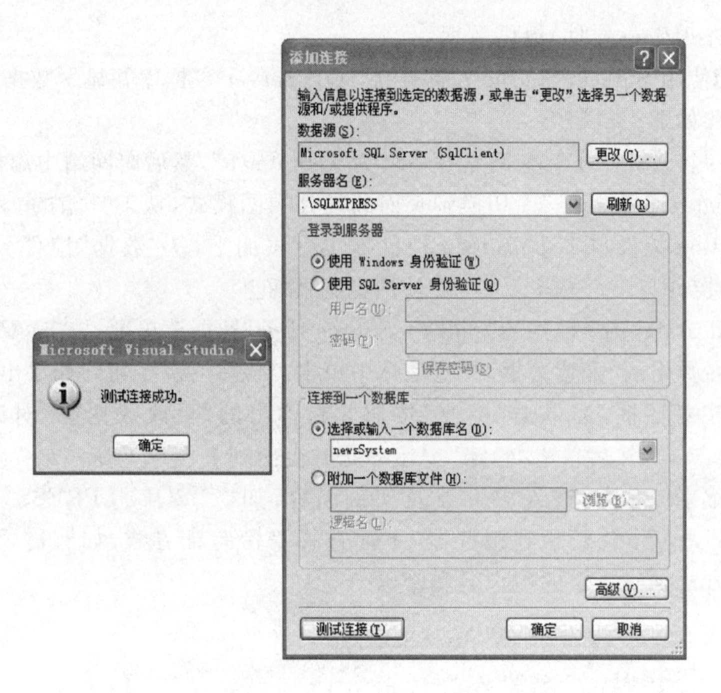

图 6.9　添加连接并测试

钮验证该连接是否有效。成功后，单击"确定"按钮。可以看到，"配置数据源"对话框中选中了新连接。单击"下一步"按钮，选择"是，将此连接另存为"，并输入或修改在应用程序配置文件"web.config"中保存该连接时所使用的名称，然后单击"下一步"按钮。

【提示】在"解决方案资源管理中"打开"web.config"文件，会看到如下的配置节：

```
<connectionStrings>
    <add name="newsSystemConnectionString" connectionString="Data Source=.\SQLEXPRESS;Initial Catalog=newsSystem;Integrated
    Security=True" providerName="System.Data.SqlClient"/>
</connectionStrings>
```

<connectionStrings>配置节中保存了通过 SqlDataSource 控件建立的数据源连接字符串，当需要从配置文件中读取该连接字符串时，可以通过如下代码操作：

```
//将配置文件中存储的配置字符串指定给数据源控件
SqlDataSource2.ConnectionString =
System.Configuration.ConfigurationManager.ConnectionStrings
["newsSystemConnectionString"].ConnectionString;
```

(4) 选择要从中检索结果的数据库表、视图或存储过程，或指定自定义的 SQL 语句。这里选择"指定来自表或视图的列"，如图 6.10 所示。然后单击"WHERE"按钮指定筛选条件：对新闻标题 title 进行模糊查询，并以服务器控件 TextBox1 的"Text"属性值作为参数来源，如图 6.11 所示。设置完毕后单击"添加"按钮并单击"确定"按钮。

【提示】

① 单击"WHERE"按钮可设置筛选条件，单击"ORDER BY"按钮指定排序顺序。如果想要数据源控件支持插入、更新和删除操作，则需要单击"高级"按钮，然后选择为 SqlData-

Source 控件“生成 INSERT、UPDATE 和 DELETE 语句”的选项。还可以指定是否想让命令使用开放式并发检查，以便在执行更新或删除操作之前确定数据是否已被修改。

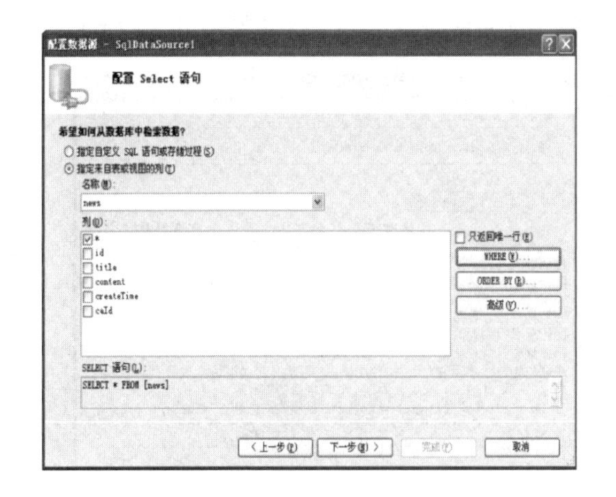

图 6.10　选择数据检索方式

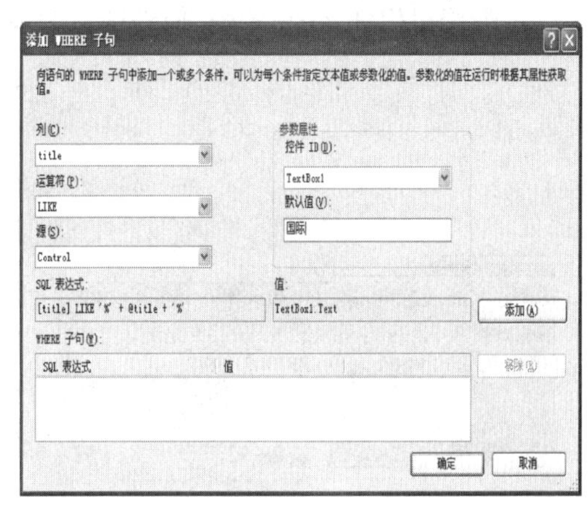

图 6.11　配置 WHERE 子句

② SqlDataSource 控件的参数来源支持以下几种。

- Cookie：把 Cookie 中变量的值作为参数的值。
- Control：把服务器控件的属性值作为参数的值。
- Form：把 Form 表单内的元素值作为参数的值。
- Profile：把 Profile 文件中的属性值作为参数的值。
- QueryString：把 QueryString 查询字符串中的变量值作为参数的值。
- Session：把 Session 对象中的变量的值作为参数的值。

(5) 单击“下一步”按钮可以看到，在指定了“TextBox1”控件的默认值后的测试查询结果如图 6.12 所示，也可以单击“测试查询”按钮更换测试参数，测试无误后单击“完成”按钮。

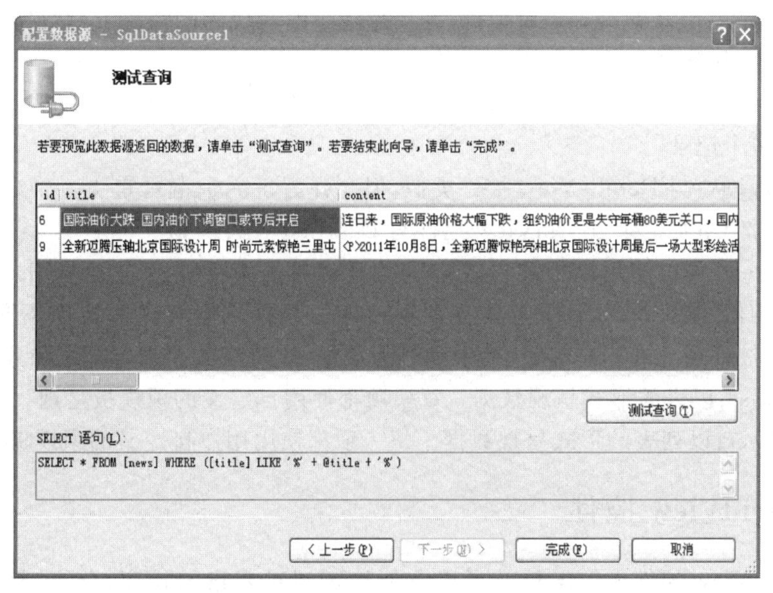

图 6.12　参数默认值的测试查询结果

（6）在 GridView 控件的“GridView 任务”智能菜单上选择“SqlDataSource1”控件作为数据源，如图 6.13 所示。按“Ctrl”+“F5”组合键运行网页，在文本框内输入新闻标题关键字后单击按钮控件，GridView 控件中就会显示相应新闻的详细情况，结果如图 6.14 所示。

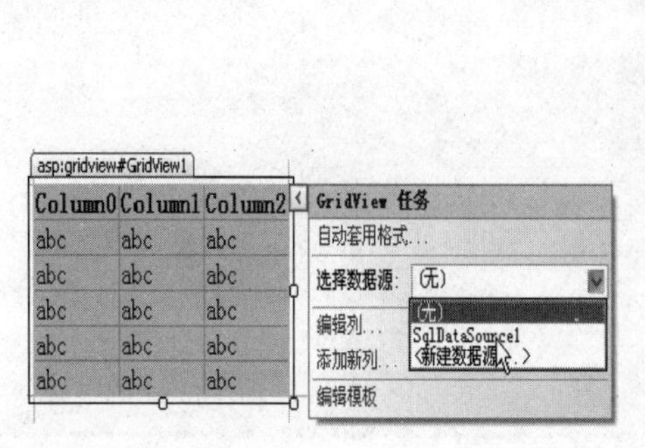

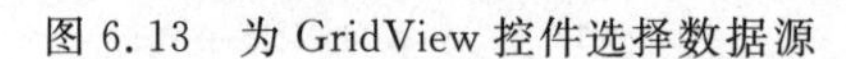
图 6.13　为 GridView 控件选择数据源

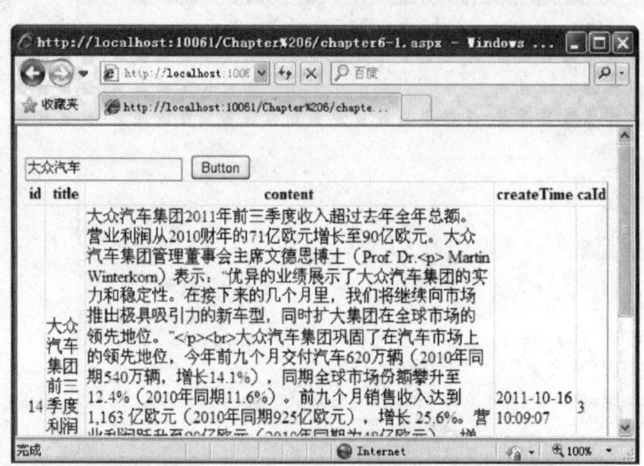

图 6.14　页面运行结果

6.3　数据绑定控件

数据绑定控件可以将数据以标记的形式呈现给请求数据的浏览器。数据绑定控件可以同数据源控件绑定，并自动在页请求生命周期的适当时间获取数据。数据绑定控件可以利用数据源控件提供的功能，包括排序、分页、缓存、筛选、更新、删除和插入。数据绑定控件通过其 DataSourceID 属性连接数据源控件。

ASP. NET 中主要提供了以下的数据绑定控件。

- GridView：以表的形式显示数据，并支持在不编写代码的情况下对数据进行编辑、更新、排序和分页。
- DetailsView：以表格布局一次显示一个记录，并允许编辑、删除和插入记录。还可以翻阅多个记录。
- FormView：与 DetailsView 控件类似，但允许为每一个记录定义一种自动格式的布局。对于单个记录，FormView 控件与 DataList 控件类似。
- ListView：可以使用模板和样式来定义显示数据的格式。与 DataList 及 Repeater 控件相似，它也适用于任何具有重复结构的数据。但与这些控件不同的是，ListView 控件还允许用户编辑、插入和删除数据，以及对数据进行排序和分页。
- DataList：以表的形式呈现数据。每一项都使用自定义的项模板呈现。
- Repeater：以列表的形式呈现数据。每一项都使用用户自定义的项模板呈现。

6.3.1　GridView 控件

使用 GridView 控件无须编程就可以方便地实现对表格的排序、分页、格式设置等功能。下面会介绍一些 GridView 控件的常用使用技巧，掌握了这些技巧后，就可以更加灵活地利用该控件实现一些实用功能。

1. 分页与排序

在案例 6-1 的基础上，打开页面中 GridView1 控件的智能任务标记菜单，如图 6.15 所示，勾选“启用分页”、“启用排序”的复选框即可实现不编程无代码的分页与排序功能。这一操作也可通过在控件的属性窗口中将“AllowPaging”和“AllowSorting”属性设置为“True”实现，如图 6.15 右图所示。

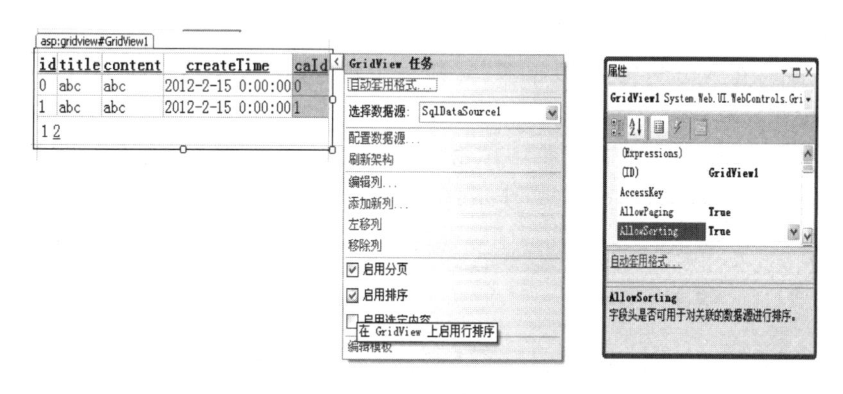

图 6.15　启动排序、分页

分页设置默认为每页显示 10 条记录，可以通过修改“PageSize”属性调整，如修改为“2”，即每页只显示 2 条记录，页面运行效果如图 6.16 所示。

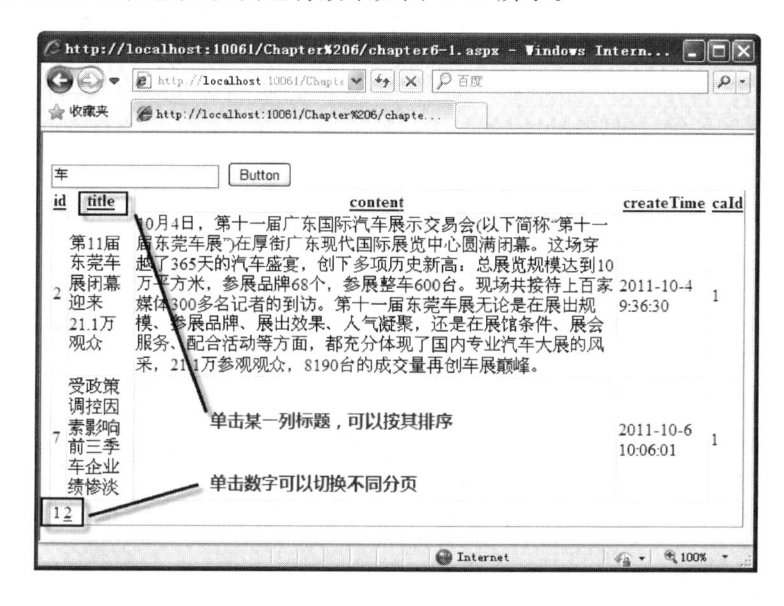

图 6.16　页面运行效果

2. 编辑、删除与选定

除能够显示数据外，GridView 控件还支持编辑与删除模式，在编辑或删除模式下用户可更改或删除某一行的内容，并更新数据库的数据，无须编写任何代码就可以将编辑与删除功能添加到 GridView 控件中。

应该注意的是，仅当 GridView 控件所绑定到的数据源控件支持编辑与删除功能时，才会在智能标记菜单中显示“启用编辑”及“启用删除”复选框。例如，如果 GridView 控件绑定到 SqlDataSource 控件并希望启用编辑功能，则 SqlDataSource 控件的 UpdateQuery 属性必须包含一条 SQL Update 语句。

【案例 6-2】为 GridView 控件启用编辑与删除功能。

方法与步骤如下。

(1) 在“解决方案资源管理器”中，对案例 6-1 的“chapter6-1. aspx”文件进行复制、粘贴，并重命名为“chapter6-2. aspx”。打开页面中 SqlDataSource1 控件的智能任务标记菜单，选择“配置数据源”，在弹出的“配置数据源”对话框中选择【案例 6-1】中创建的数据连接并单击“下一步”按钮。

(2) 在“配置 select 语句”对话框中单击“高级”按钮，并选择“生成 INSERT、UPDATE 和 DELETE 语句”复选框，如图 6.17 所示，然后单击“确定”按钮。

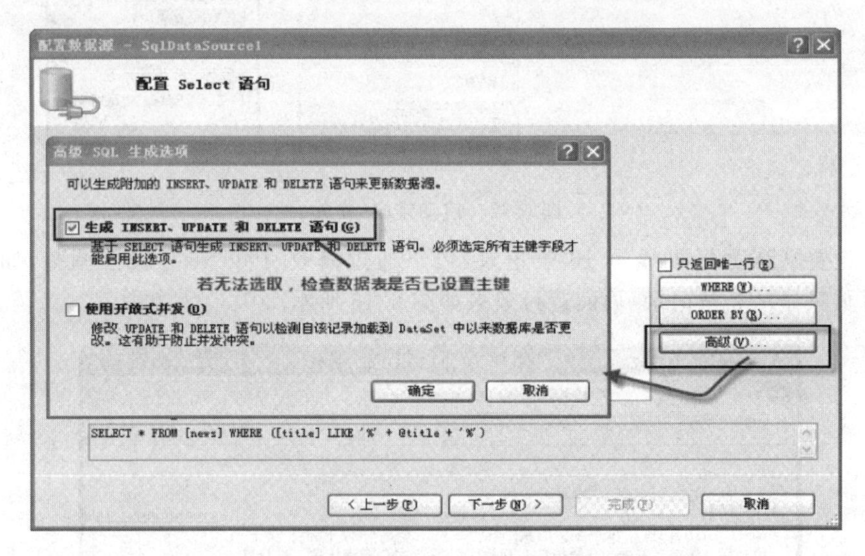

图 6.17　生成 INSERT、UPDATE 和 DELETE 语句

(3) 完成数据源的配置后，打开页面中 GridView1 控件的智能任务标记菜单，勾选“启用编辑”、“启用删除”及“启用选定内容”复选框即可实现无代码编辑、删除与选定功能，如图 6.18 所示。页面运行效果如图 6.19 所示。

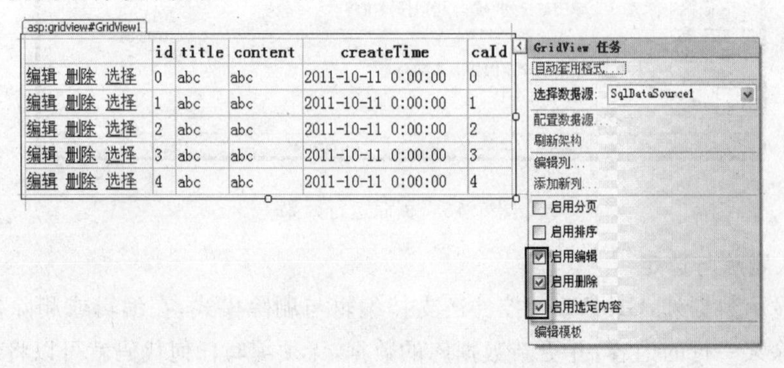

图 6.18　启用编辑、删除及选定功能

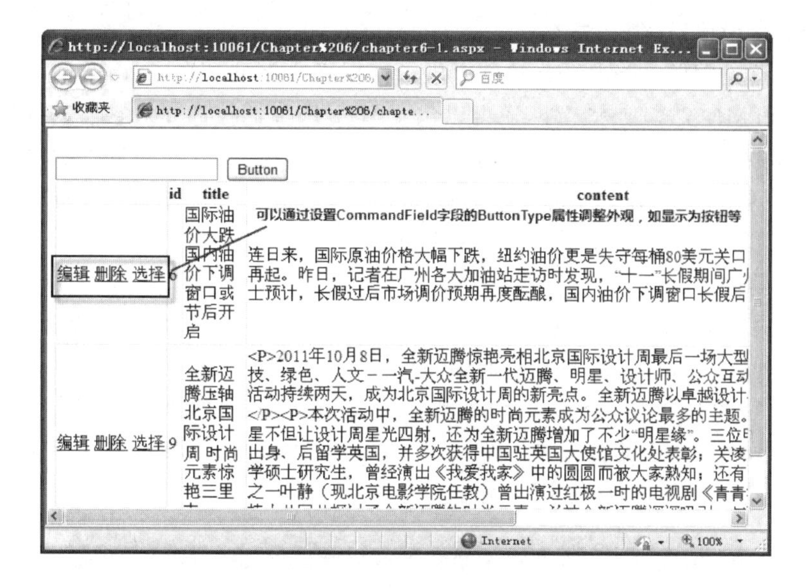

图 6.19　页面运行效果

3. 使用模板字段(TemplateField)

GridView 控件可看做由一组字段(Field)组成的表格，它包含了多种可用字段类型，如 BoundField、CheckBoxField、ImageField、HyperLinkField 和 ButtonField 等，如图 6.20 所示。最简单的字段类型是绑定字段(BoundField)，它仅是简单地将数据源中的数据在表格中显示为文本。其他的类型字段则使用 HTML 元素显示数据，例如，CheckBoxField 字段在页面运行时将被呈现为一个复选框，而 ImageField 字段则可以将某一特定数据字段呈现为一幅图片等。

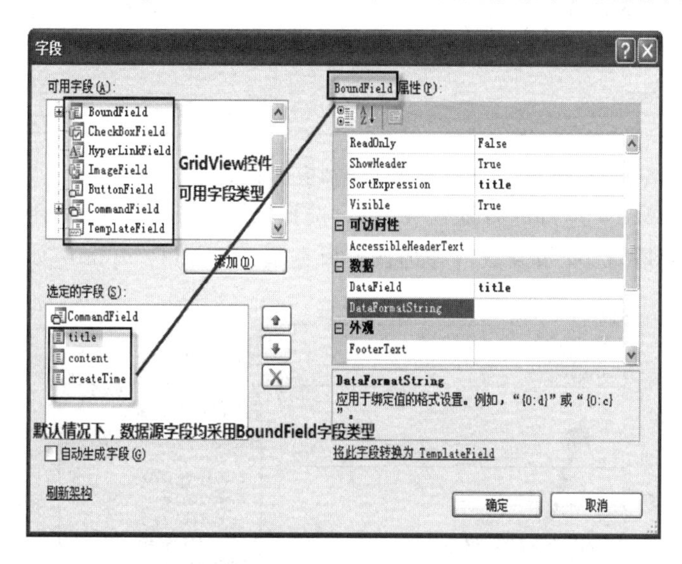

图 6.20　编辑列时可用的字段类型及设置

虽然 CheckBoxField、ButtonField 等字段类型考虑到了数据的交互问题，但单是通过它们仍然不足以满足我们某些功能需求。例如，当我们需要在 GridView 控件列中放置可用字段以外的控件类型时，该怎么办？或者我们想要在一个 GridView 控件列中显示两个或者更多的数据字段值，该怎么办？

为了解决这一问题，GridView 控件提供了模板字段类型 Template Field。模板字段中除可以包含 HTML 文本或标记外，还可以包含 Web 服务器控件并对它们进行数据绑定。

【案例 6-3】在 GridView 中列出每条新闻的“新闻标题”、“发布时间”及“类别编号”，并在尾部增加一列用来显示新闻“已发布天数”。另外，当进入“编辑模式”时，希望“新闻类别”以下拉列表的形式呈现并显示具体的类别名称。

方法与步骤如下。

(1) 在解决方案管理器中，对案例 6-2 的“chapter6-2.aspx”文件进行复制、粘贴操作，并重命名为“chapter6-3.aspx”。打开页面中 GridView 控件的智能任务标记菜单，选择“编辑列”，删除选定字段中的“content”字段，然后在选定字段中增加一个模板字段，修改其“HeaderText”属性为“已发布天数”，如图 6.21 所示，同时修改其他选定字段的“HeaderText”属性，设置完毕后单击“确定”按钮。

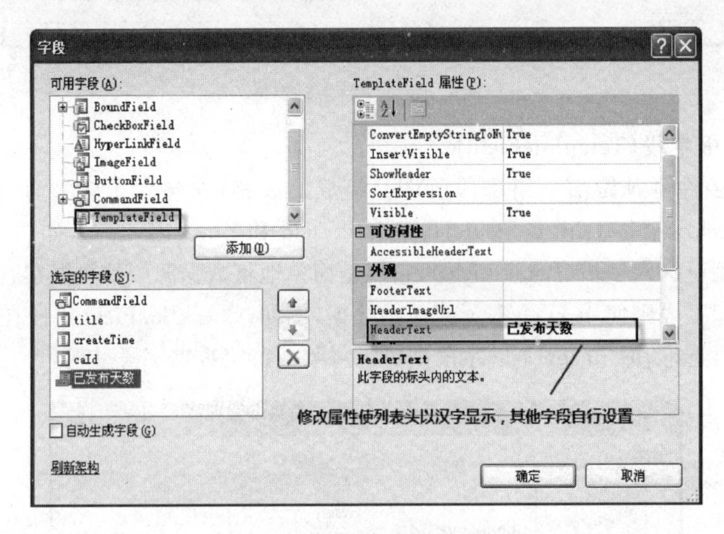

图 6.21 增加模板字段

(2) 打开 GridView 控件的智能任务菜单，选择“编辑模板”，在“显示”下拉列表处选择刚刚添加的模板字段“已发布天数”，并选择模板类型为 ItemTemplate，如图 6.22 所示。

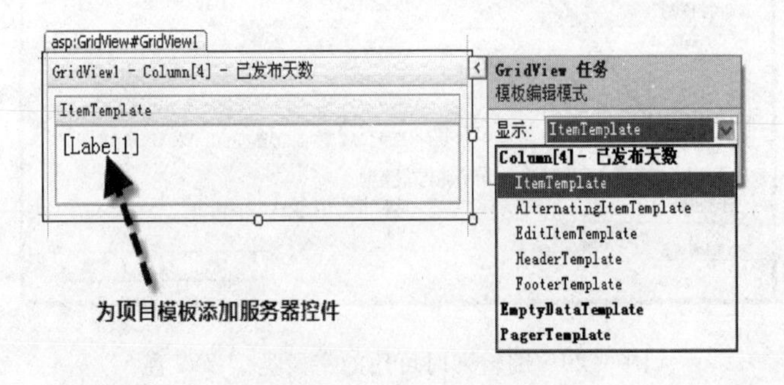

图 6.22 编辑模板

【提示】模板字段的常用类型包括以下几种。

• 项模板(ItemTemplate)：指定列中每一行数据与布局形式的显示方式。

- 交错项模板(AlternatingItemTemplate):指定列中交错行数据与布局形式的显示方式,通常与 ItemTemplate 类型配合使用,其中奇数行由 AlternatingItemTemplate 模板定义,偶数行由 ItemTemplate 模板定义。
- 编辑项模板(EditItemTemplate):进入编辑模式时,列中每一行数据与布局形式的显示方式。
- 头模板(HeaderTemplate):指定列表标题的内容和布局。如果未定义,则不呈现标题。
- 脚模板(FootTemplate):指定列表页脚的内容和布局。如果未定义,则不呈现页脚。

(3) 在项模板(ItemTemplate)中放入一个 Label 控件,如图 6.22 所示,完成后在智能任务菜单中选择“结束模板编辑”。

(4) 在 news 数据表中并没有“已发布天数”字段,所以无法对模板中放置的“Label1”控件直接进行数据绑定,而需要将计算发布天数的功能代码写入 GridView 控件的 RowDataBound 事件过程中,具体代码如下:

```
//进行“行数据绑定”时,将触发该事件
protected void GridView1_RowDataBound(object sender, GridViewRowEventArgs e)
{
    //判断是否处于编辑模式
    if ((e.Row.RowState & DataControlRowState.Edit) <= 0)
    {
        //若为正常显示模式,判断当前行类型是否为数据
        if (e.Row.RowType == DataControlRowType.DataRow)
        {
            //从当前行的第 2 个单元格中读取新闻发布时间,索引从 0 开始
            string createTime = e.Row.Cells[2].Text;
            //计算距离发布时间的间隔
            TimeSpan ts = DateTime.Now.Subtract(DateTime.Parse(createTime ));
            //在当前行中查找在模板中放置的标签控件
            Label lblDays = (Label)e.Row.FindControl("Label1");
            //显示时间间隔对应的天数
            lblDays.Text = ts.Days.ToString("#,##0");
        }
    }
}
```

(5) 打开页面中 GridView 控件的智能任务标记菜单,选择“编辑列”,在选定字段中选择“新闻类别”字段,然后单击“将此字段转换为 TemplateField”链接,如图 6.23 所示,单击“确定”按钮。

(6) 在 GridView 控件的智能任务标记菜单中,选择“编辑模板”,在“显示”下拉列表处选择刚刚转换的模板字段“新闻类别”,并选择模板类型为“EditItemTemplate”,在其中添加一个 DropDownList 控件,如图 6.24 所示。结束编辑。

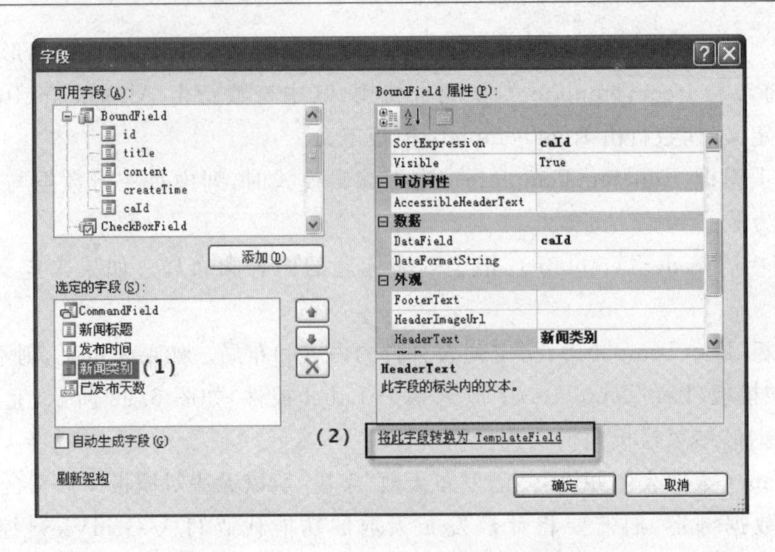

图 6.23　将 BoundField 字段转换为模板字段

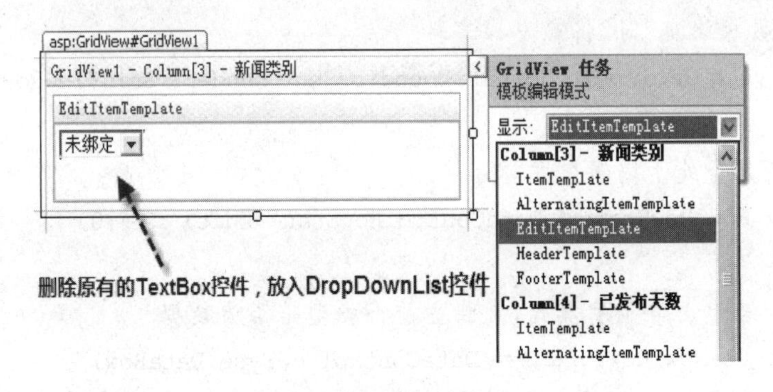

图 6.24　编辑新闻类别模板字段

(7) 从工具箱的“数据”分类中拖曳一个 SqlDataSource 控件到页面上，并对数据源进行配置，如图 6.25 所示。

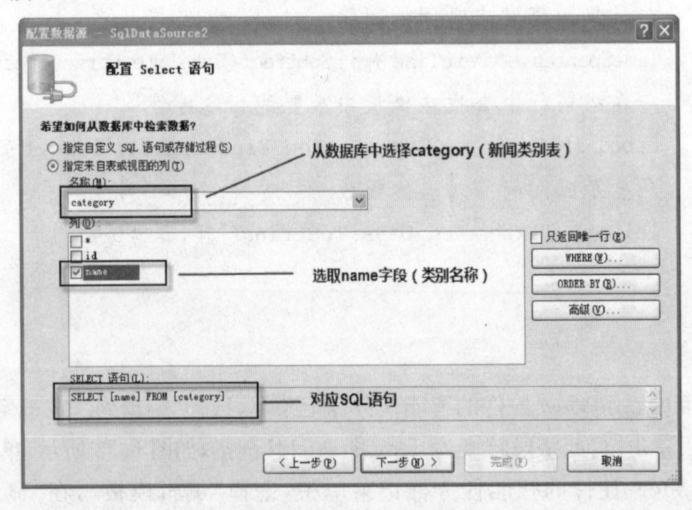

图 6.25　配置数据源

(8) 重新打开“新闻类别”模板编辑窗口，在 DropDownList 控件的任务菜单中选择(7)中添加的 SqlDataSource2 作为数据源，如图 6.26 所示，确定后结束模板编辑。

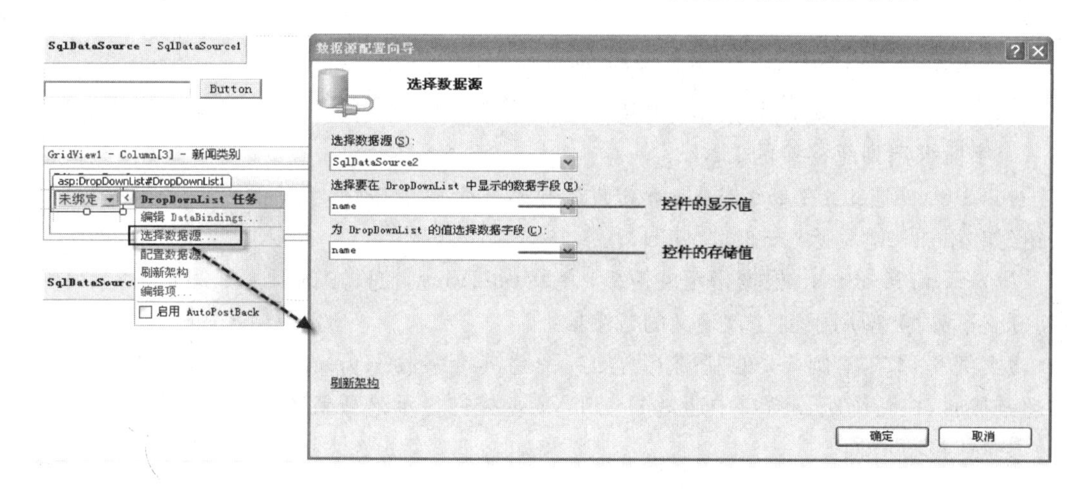

图 6.26　为模板控件选择数据源

(9) 在 GridView1 的智能任务标记菜单中单击“自动套用格式…”，选择“专业型”。按“Ctrl”+“F5”组合键运行页面，结果如图 6.27 所示。

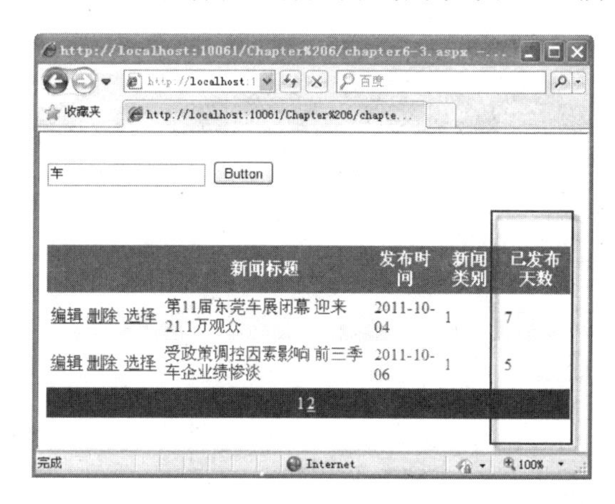

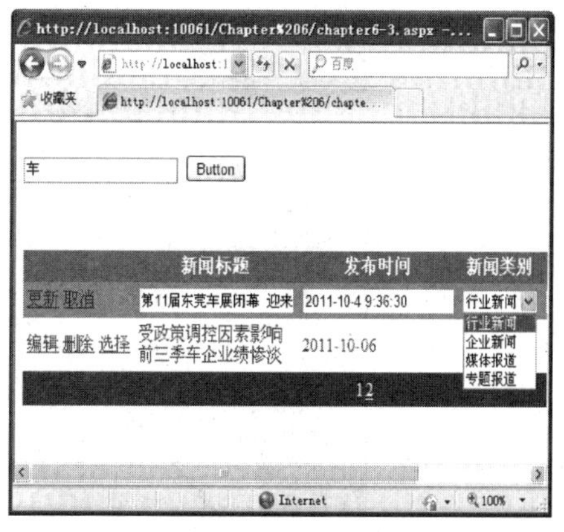

图 6.27　页面正常显示模式与编辑模式的运行效果

6.3.2　DetailsView 控件

DetailsView 是一个数据绑定用户界面控件，一次仅从其关联的数据源呈现一条记录，并可选择提供分页按钮以在记录之间进行导航。它类似于 Access 数据库的窗体视图，可用于更新和(或)插入新记录。DetailsView 控件通常用在主/详细信息方案中，在这种方案中，主控件(如 GridView 控件)中的所选记录决定了 DetailsView 控件显示的记录。

DetailsView 控件一行显示一个字段，每个数据行是通过声明一个行字段控件创建的。不同的行字段类型确定了控件中各行的行为，它共包含了如下的 7 种行字段类型。

(1) BoundField：常用于以普通文本形式显示数据源中某个字段的值。

(2) CheckBoxField：在 DetailsView 控件中显示一个复选框，通常用来显示布尔型数据字段。

(3) CommandField:在 DetailsView 控件中用来显示执行编辑、插入、删除的内置命令按钮。

(4) ImageField:在 DetailsView 控件中显示图片。

(5) HyperLinkField:将数据源中某个字段的值显示为超链接。此行字段类型允许将另一个字段绑定到超链接的 URL。

(6) ButtonField:在 DetailsView 控件中显示一个命令按钮,允许显示一个带有自定义按钮(如"添加"或"移除"按钮)控件的行。

(7) TemplateField:根据指定的模板,为 DetailsView 控件中的行显示用户自定义的内容。此行字段类型用于创建自定义的行字段。

【案例 6-4】在案例 6-3 的基础上增加一个超链接字段 HyperLinkField,当单击某一行的超链接时,在新浏览器窗口中通过 DetailsView 控件显示该条新闻的详细信息。

方法与步骤如下。

(1) 在案例 6-3 的基础上生成一个新 Web 页面并命名为"chapter6-4.aspx"。打开页面中 GridView 控件的智能任务标记菜单,选择"编辑列",在选定字段中增加一个 HyperLinkField 字段,修改其"HeaderText"属性为"详细"、"DataNavigateUrlFields"属性为"id"、"DataNavigateUrlFormatString"属性为"chapter6-4-1.aspx? id={0}"、"Target"属性为"_blank",如图 6.28 所示。设置完毕后单击"确定"按钮。

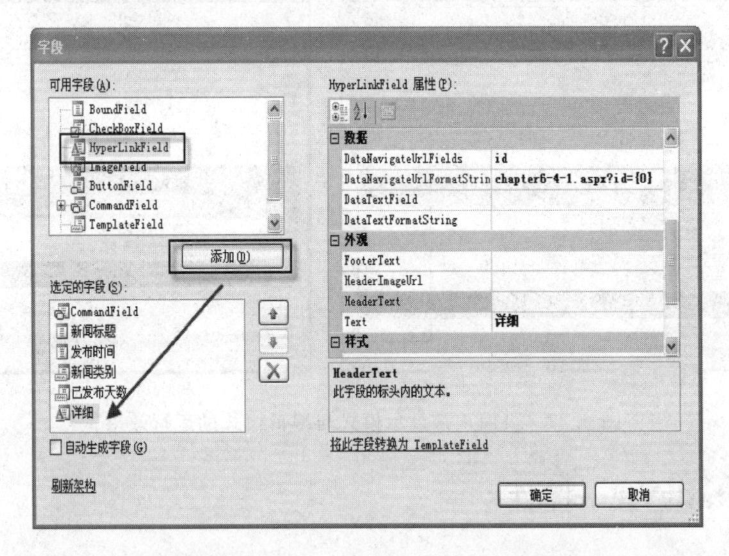

图 6.28 添加 HyperLinkField 字段并设置属性

【提示】"DataNavigateUrlFields"属性的作用是获取或设置数据源中一个或多个字段的名称,并为"DataNavigateUrlFormatString"属性中的 URL 地址提供参数。"news"数据表中的"id"字段为主键,可唯一标识一条新闻记录,所以这里就将"DataNavigateUrlFields"属性设置为了"id"。"DataNavigateUrlFormatString"属性则是提供 URL 链接地址的格式字符串。其中,{n}代表了 DataNavigateUrlFields 中指定的字段。这样在页面跳转时,就能够以查询字符串(QueryString)的形式在页面间进行参数的传递了。

(2) 向网站中添加一个新的 Web 窗体并命名为“chapter6-4-1. aspx”，从工具箱的“数据”分类中拖曳 1 个 DetailsView 控件及 1 个 SqlDataSource 控件到页面上，并参照图 6.29 与图 6.30 完成 SqlDataSource 控件的数据源配置，然后单击“高级”按钮，在弹出的对话框中选择“生成 INSERT、UPDATE 和 DELETE 语句”复选框。

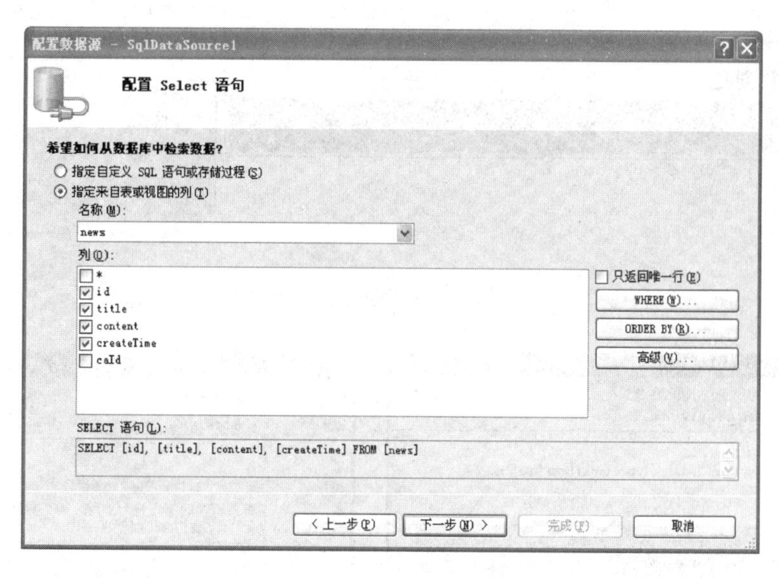

图 6.29　配置数据源

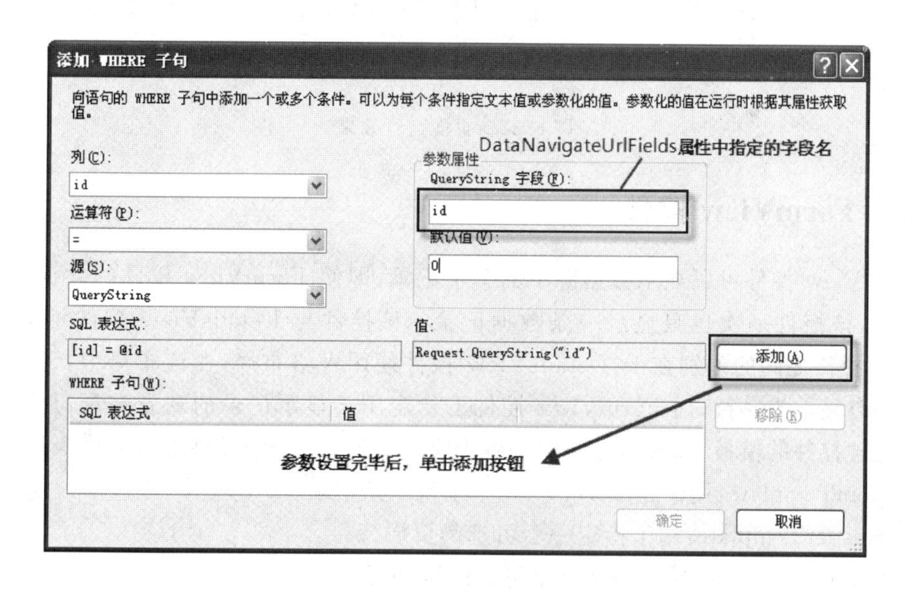

图 6.30　配置 WHERE 子句

(3) 完成数据源的配置后，在 DetailsView 控件的智能任务标记菜单中选择“SqlDataSource1”作为数据源，并开启 DetailsView 控件的分页、插入、编辑与删除功能，如图 6.31 所示。最后，单击“自动套用格式…”，选择“专业型”。

(4) 按“Ctrl”+“F5”组合键运行页面，结果如图 6.32 所示。

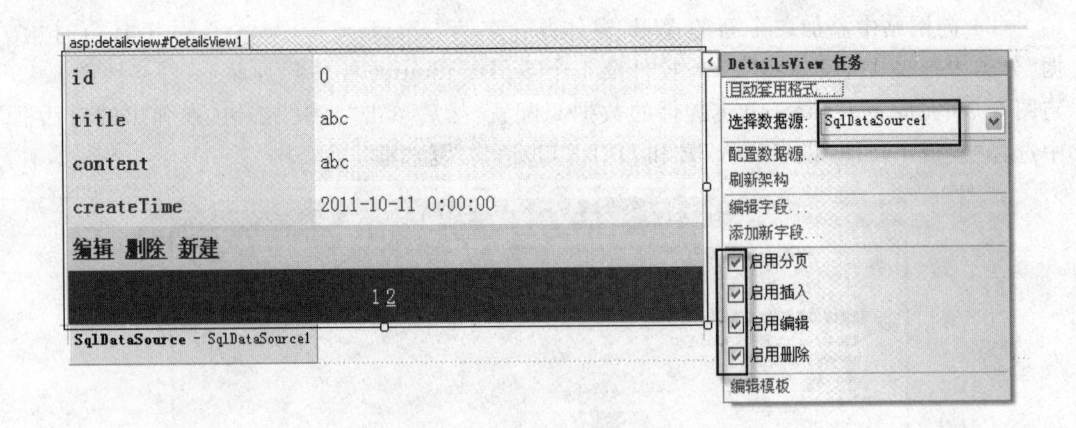

图 6.31 配置 DetailsView 控件

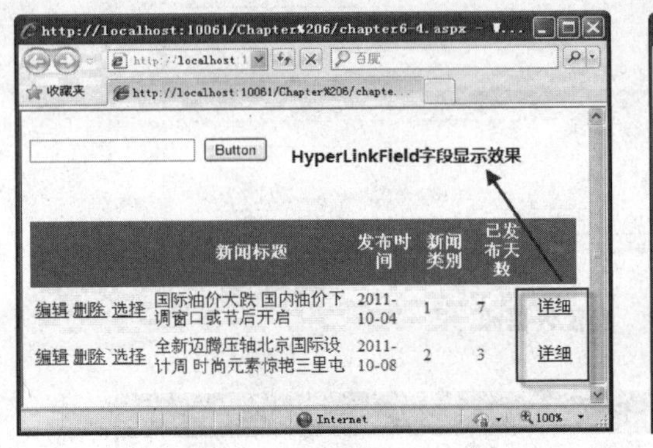

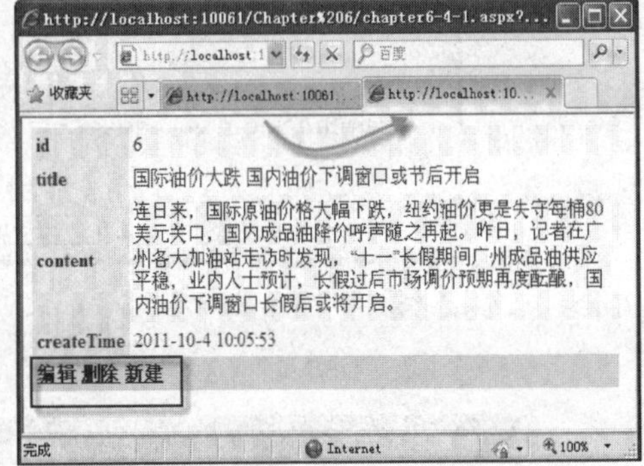

图 6.32 页面运行效果

6.3.3 FormView 控件

FormView 控件可以显示数据源中的单个记录，即使 FormView 控件的数据源公开了多条记录，该控件一次也只显示一条数据记录。该控件与 DetailsView 控件相似，和 DetailsView 控件之间的差别在于：DetailsView 控件使用表格布局，在该布局中，记录的每个字段都各自显示为一行；而 FormView 控件不指定用于显示记录的缺省布局，用户可以创建一个包含控件的模板，以显示记录中的各个字段。FormView 控件支持的模板如下所示。

- ItemTemplate：用于在 FormView 中呈现一条记录。
- HeaderTemplate：用于指定一个可选的页眉行。
- FooterTemplate：用于指定一个可选的页脚行。
- EmptyDataTemplate：当 FormView 的 DataSource 缺少记录的时候，EmptyDataTemplate 将会代替 ItemTemplate 来生成控件的标记语言。
- PagerTemplate：如果 FormView 启用了分页，这个模板可以用于自定义分页的界面。
- EditItemTemplate / InsertItemTemplate：如果 FormView 支持编辑或插入功能，那么这两种模板可以用于自定义相关的界面。

FormView 控件依赖于数据源控件的功能，执行诸如更新、插入和删除记录的任务，它通常用于配合主控件(如配合 GridView 控件)使用，多见于列出数据的详细信息等方案中。

【案例 6-5】在案例 6-4 的“chapter6-4-1.aspx”页面中增加一个 FormView 控件，并通过页面运行效果与 DetailsView 控件进行对比。

方法与步骤如下。

(1) FormView 控件的智能任务标记菜单中选择“SqlDataSource1”作为数据源，并开启 DetailsView 控件的分页功能，如图 6.33 所示。然后，单击“自动套用格式…”，选择“专业型”。

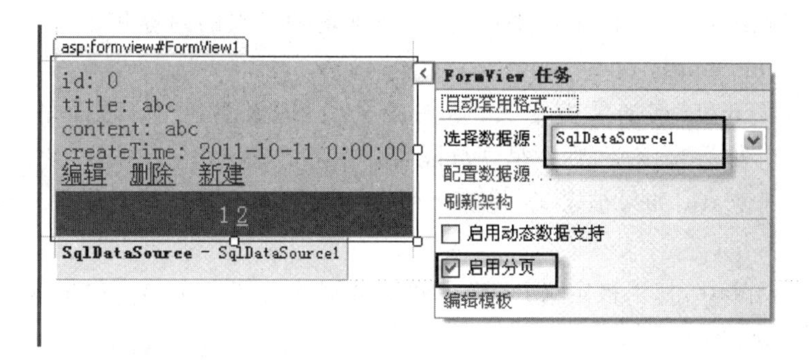

图 6.33　配置 FormView 控件

(2) 按“Ctrl”+“F5”组合键运行页面，结果如图 6.34 所示。

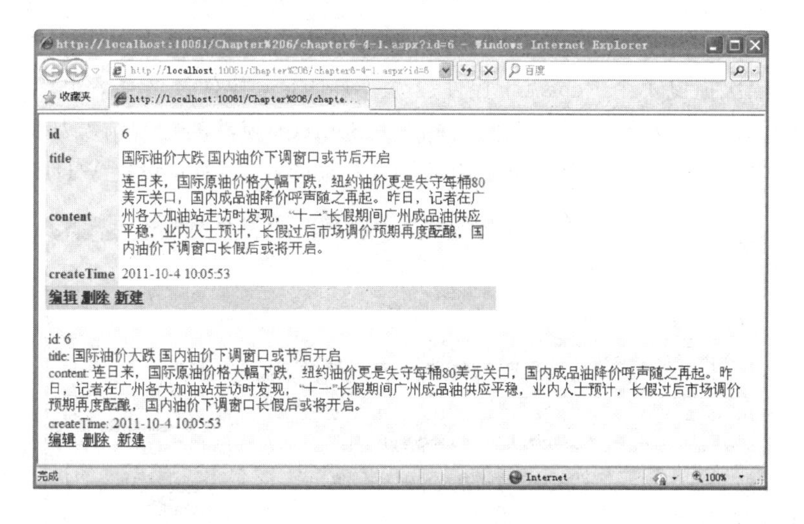

图 6.34　页面运行效果

【提示】DetailsView 控件没有提供 ItemTemplate 给用户编辑，它采用表格布局，一行显示一个字段的内容，用户也不能修改这种布局方式。FormView 控件可以对各种模板进行布局，其灵活性比 DetailsView 控件大，更适合于熟练的设计人员使用。

6.3.4　Repeater 控件与内部数据绑定

Repeater 控件通常用于在重复的列表中显示数据项目，如动态分类导航等。Repeater 中的列表项的内容和布局是用模板(Templates)定义的。Repeater 控件适合与 HTML 标记混合使用以实现相应功能。

Repeater 控件没有内置的布局或样式。必须显式声明该控件模板中所有的 HTML 布局、格式设置及样式标记。例如，若要在 HTML 表格内创建一个列表，需要声明 HeaderTemplate 中的<table>标记，ItemTemplate 中的表行<tr>标记、<td>标记和数据绑定项以及 FooterTemplate 中的</table>标记，每个 Repeater 至少需要定义一个 ItemTemplate。

Repeater 控件中的模板主要有以下几种。

- ItemTemplate：定义列表中项目的内容和布局，为必选模板。
- AlternatingItemTemplate：如果被定义，将确定替换项的内容和布局。如果未定义，则使用 ItemTemplate。
- SeparatorTemplate：如果被定义，则在各个项目（及替换项）之间呈现 SeparatorTemplate。如果未定义，则不呈现分隔符。
- HeaderTemplate：如果被定义，将确定列表标题的内容和布局。如果未定义，则不呈现标题。
- FooterTemplate：如果被定义，将确定列表页脚的内容和布局。如果未定义，则不呈现页脚部分。

【案例 6-6】使用 Repeater 控件实现新闻的分类导航。当单击某一分类时，通过 GridView 控件列出该分类下的所有新闻。

方法与步骤如下。

（1）向网站“Chapter 6”中添加一个 Web 窗体并命名为“chapter6-6.aspx”，从工具箱的“数据”分类中依次拖曳 1 个 Repeater 控件、1 个 GridView 控件及 2 个 SqlDataSource 控件到页面上，然后对数据源分别进行配置。SqlDataSource1 控件的配置情况如图 6.35 所示，SqlDataSource2 控件的配置情况如图 6.36 所示，并按图 6.37 所示设置 WHERE 子句。

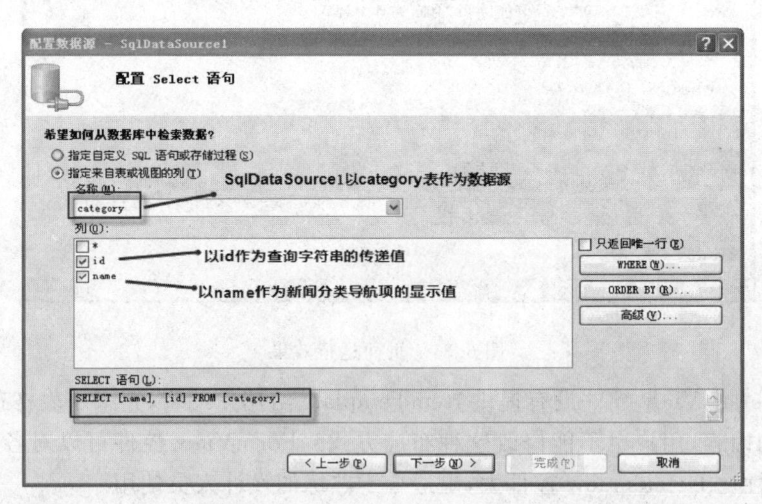

图 6.35　SqlDataSource1 控件的配置

（2）通过控件的“智能标记菜单”分别将 SqlDataSource1 控件及 SqlDataSource2 控件指定给 Repeater 控件及 GridView 控件作为其数据源。

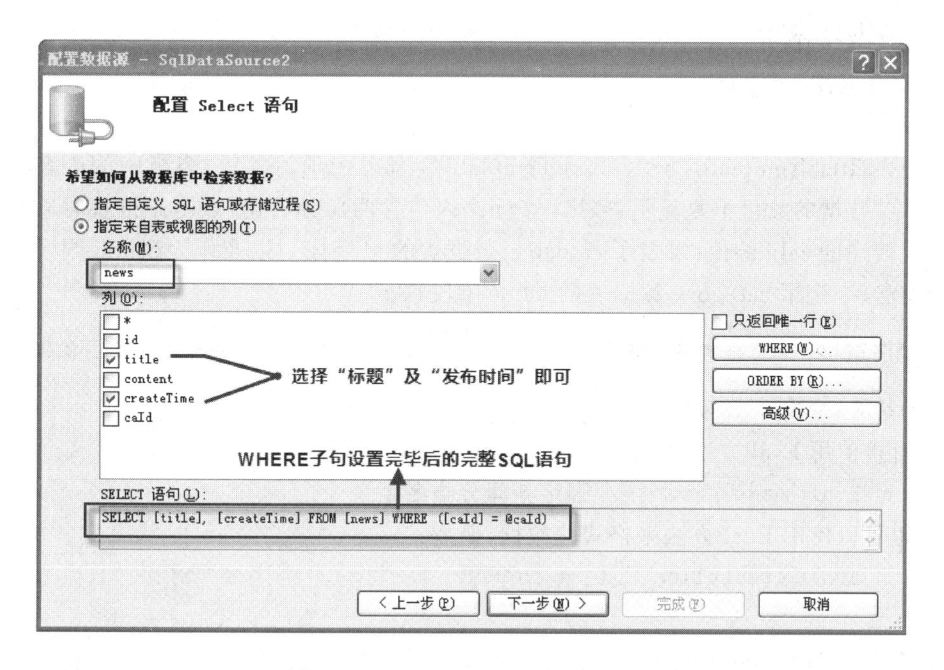

图 6.36　SqlDataSource2 控件的配置

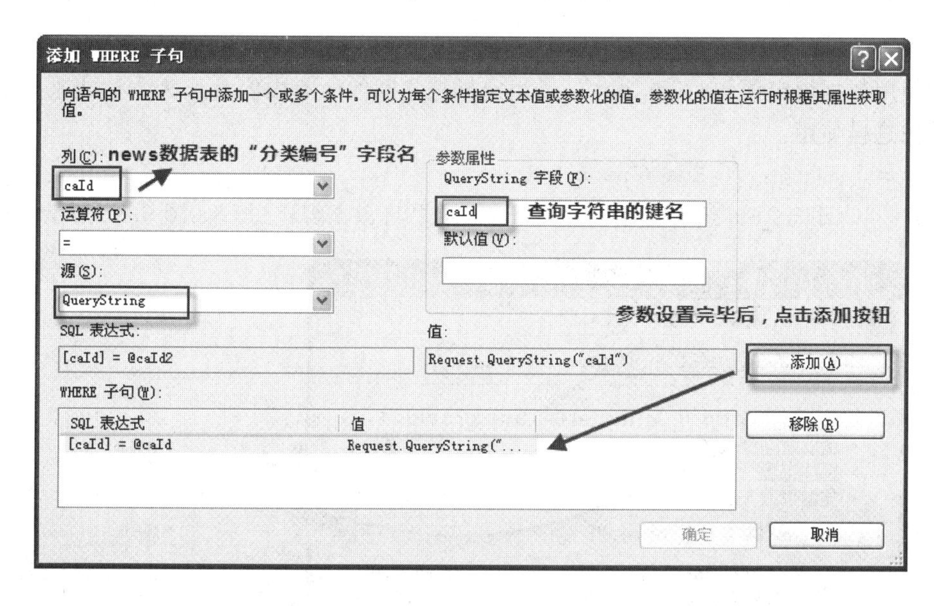

图 6.37　WHERE 子句的设置

(3) 选中 Repeater 控件并切换至"源"视图，修改 Repeater 控件的页面代码如下：

```
<ul>
  <asp:Repeater ID = "Repeater1" runat = "server" DataSourceID = "SqlData-
Source1">
    <ItemTemplate >
      <li><a href = 'chapter6-5.aspx? caId = <% # Eval("id") %>'><% #
Eval("name") %></a> </li>
```

```
    </ItemTemplate>
  </asp:Repeater>
</ul>
```

其中,<ItemTemplate ></ ItemTemplate >部分为项目模板,模板中的内容将根据"内部绑定"数据的数目重复显示,<li></li>内包含两部分数据:点击超链接时以查询字符串形式传递的caId的值(绑定了category数据表的id字段),以及作为超链接显示文本的新闻分类名(绑定了category数据表的name字段)。

注意:内部数据绑定,即是以<%# Eval() %>语法表示的部分,用于数据源中某一字段的绑定,它有以下两种常用的形式:

- 直接使用Eval方法,例如:

```
<%# Eval("name") %>  //绑定新闻分类名
```

- 也可以使用Eval方法来格式化数据,例如:

```
<%# Eval("createTime","{0:mm dd yyyy}") %>  //绑定发布时间并以月日年的形式呈现
```

除了可以使用Eval方法外,还可以通过Bind方法实现内部数据绑定,它与Eval方法类似,示例代码如下:

```
<%# Bind("name") %>
```

在使用数据绑定语句时,<%# %>定界符之间的所有内容都作为表达式来处理,所以可以像这样使用:

```
<%# "分类名:" + Eval("name") %>
```

(4) 按"Ctrl"+"F5"组合键运行页面,运行结果与数据绑定过程如图6.38所示。

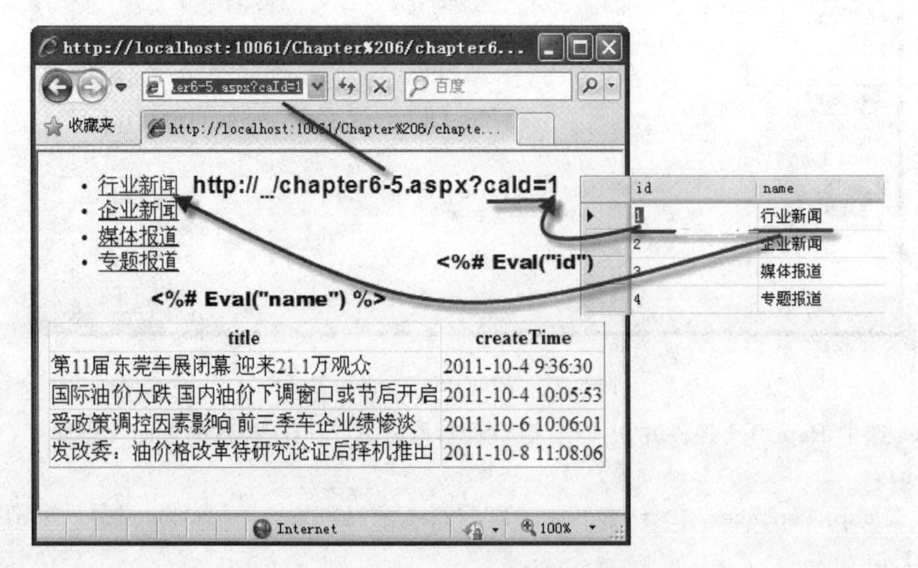

图6.38 页面运行结果与绑定过程

习　题

1. 选择题

(1) 要查询姓“李”并且是 2010 年 10 月 2 日前注册的用户，以下正确的是(　　)。

A. select * from users where name="李" and submit_date<#2010-10-2#

B. select * from users where name like"李%" or submit_date<#2010-10-2#

C. select * from users where name like"李" or submit_date<#2010-10-2#

D. select * from users where name like"李%" and submit_date<#2010-10-2#

(2) 以下插入语句正确的是(　　)。

A. INSERT INTO TABLENAME VALUES ('ABC');

B. INSERT INTO TABLENAME SET FIELD_1='ABC'

C. INSERT TABLE TABLENAME VALUES (FIELD_1='ABC')

D. INSERT FIELD_1='ABC' FROM TABLENAME

(3) 在配置 SqlDataSource 数据源控件过程中，单击“高级”按钮的目的是(　　)。

A. 打开其他窗口　　B. 输入新参数　　C. 生成 SQL 编辑语句　　D. 优化代码

(4) 在配置 SqlDataSource 数据源控件的过程中，单击“高级”按钮后打开的窗口中的选项无效(不能选择)，通常是因为(　　)。

A. 不能输入参数　　B. 不能返回数据

C. 不能优化代码　　D. 数据表中缺少关键字段

(5) 当 GridView 控件启用分页后，默认每页显示记录的条数是(　　)。

A. 5　　B. 10　　C. 15　　D. 20

(6) 若希望在 GridView 控件中显示“上一页”和“下一页”的导航按钮，则 PagerStyle 属性中 Mode 应设置为( )。

A. NumericPages　　B. NextPrev　　C. 上一页　　D. 下一页

2. 简答题

(1) 什么是数据源控件? ASP. NET 共包含哪几种数据源控件?

(2) DetailsView 控件与 FormView 控件有什么区别?

第7章 ADO.NET访问数据库

在ASP.NET中，提供了一系列的数据源控件，如SqlDataSource等，通过这些控件，开发人员能够简单快捷甚至无须编程就可以建立数据连接并进行相应的数据操作。但是考虑到访问效率与操作灵活性等方面的问题，实际的开发中很少会使用数据源控件完成数据访问，而多采用ADO.NET的方式。

ADO.NET是.NET Framework中的一系列类库，它能够让开发人员更加方便、灵活地在Web应用程序中使用和操作数据。在ADO.NET中，大量复杂的数据操作代码被封装起来，所以开发人员在ASP.NET应用程序开发中，仍然只需要编写少量的代码即可完成大量的复杂操作。

7.1 ADO.NET概述

ADO.NET是.NET框架下的一种新的数据访问编程模型，是一组处理数据的类，它用于实现数据库中数据的交互，同时提供对XML的强大支持。在ADO.NET中，使用的是数据存储的概念，而不是数据库的概念。简言之，ADO.NET不但可以处理数据库中的数据，而且还可以处理其他数据存储方式中的数据，如XML格式、Excel格式和文本文件的数据。

ADO.NET提供对Microsoft SQL Server等数据源以及通过OLE DB和XML公开的数据源的一致访问。应用程序可以使用ADO .NET连接到这些数据源，并检索、操作和更新数据。

ADO .NET具有如下新特点。

（1）断开式连接技术。在以往的数据库访问中，程序运行时总是保持与数据库的连接。而ADO .NET仅在对数据库操作时才打开对数据库的连接，数据被读入数据集之后在连接断开的情况下实现对数据在本地的操作。

（2）数据集缓存技术。从数据源读取的数据在内存中的缓存为数据集（DataSet）。数据集就像一个虚拟的数据库，可以保存比记录集更丰富的结构，包括多个表、关系、约束等。数据库与数据集之间没有实际的关系，可以在非连接状态下对数据集进行操作，当对数据集执行完数据处理后，再连接数据库写入。

（3）更好的程序间共享。ADO .NET使用XML为数据传输的媒质，只要处理数据的不同平台有XML分析程序，就可以实现不同平台之间的互操作性，从而提高了标准化程度。

（4）易维护性。使用*N*层架构分离业务逻辑与其他应用层次，易于增加其他层次。

（5）可编程性。ADO .NET对象模型使用强类型数据，使程序更加简练易懂；提供了强大的输入环境，可编程性大大增强；使用了更好的封装，所以更容易实现数据共享。

(6) 高性能与可扩展性。ADO .NET 使用强类型数据取得高性能,它鼓励程序员使用 Web 方式,由于数据保存在本地缓存中,所以不需要解决复杂的并发问题。

7.2　初识 ADO.NET 核心组件

ADO .NET 的两个核心组件是:.NET Framework 数据提供程序和 DataSet(数据集)。在 .NET 框架中,称处理数据的应用程序为.NET Framework 数据提供程序或托管提供程序,它包括 Connection、Command、DataReader 和 DataAdapter 4 个核心对象。这些对象都是连接对象(需要保持与数据源的连接才能够使用的对象),而 DataSet(数据集)为非连接对象。ADO.NET 的组成结构如图 7.1 所示。

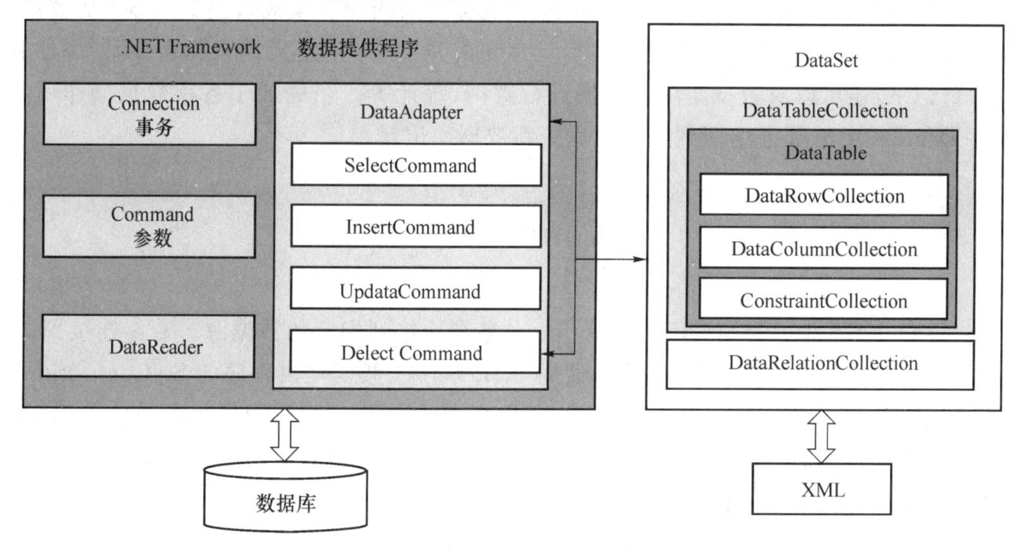

图 7.1　ADO .NET 结构

1. NET Framework 数据提供程序

.NET Framework 数据提供程序用于连接数据库、执行命令和检索结果。可以直接处理检索到的结果,或将其放入 ADO .NET DataSet 对象,以便与来自多个源的数据组合在一起。表 7.1 所示为.NET Framework 中包含的.NET Framework 数据提供程序。

.NET Framework 数据提供程序包含 4 个核心对象,表 7.2 对其进行了简要说明。

表 7.1　.NET Framework 数据提供程序

数据提供程序	说　明
SQL Server 数据提供程序	提供对 Microsoft SQL Server 7.0 版或更高版本的数据访问,位于 System. Data. SqlClient 命名空间中
OLE DB 数据提供程序	适合于使用 OLE DB 公开的数据源,如 Access 、Excel 等,位于 System. Data. OleDb 命名空间中
ODBC 数据提供程序	适合于用 ODBC 公开的数据源,位于 System. Data. Odbc 命名空间中
Oracle 数据提供程序	适用于 Oracle 数据源支持 Oracle 客户端软件 8.1.7 版和更高版本,位于 System. Data. OracleClient 命名空间中

表 7.2 核心对象及说明

对象	说明
Connection	建立与特定数据源的连接
Command	使用数据命令与数据源进行通信
DataReader	从数据源中读取只能前向且只读的数据流
DataAdapter	用数据源填充 DataSet 并解析更新，充当 DataSet 对象和数据源之间的桥梁

2. DataSet

DataSet（数据集）相当于内存中暂时存放的数据库，它不仅可以包括多张数据表，还可以包括数据表之间的关系和约束。允许将不同类型的数据表复制到同一个数据集中，甚至还允许数据表与 XML 文档组合到一起协同操作。

DataSet 提供了对数据库的断开操作模式（也称为离线操作模式），当 DataSet 从数据源获取数据后就断开了与数据源之间的连接。允许在 DataSet 中定义约束和表关系，添加、删除或编辑记录，还可以对数据集中的数据进行查询、统计等。当完成了各项数据操作后，还可以将 DataSet 中的数据送回到数据源以更新数据库记录。

7.3 Connection 对象

在 ADO.NET 中，可以使用 Connection 对象来连接到指定的数据源。若要连接到 Microsoft SQL Server 7.0 版或更高版本，使用 SQL Server 数据提供程序的 SqlConnection 对象；若要连接到 OLE DB 数据源或 Microsoft SQL Server 6.x 版或较早版本，使用 OLE DB 数据提供程序的 OleDbConnection 对象。在使用数据提供程序的核心对象前，应首先引入对象所在的命名空间，示例代码如下：

```
using System.Data.SqlClient;        //使用 SQL 命名空间
using System.Data.Oledb             //使用 Oledb 命名空间
```

Connection 对象中最重要的属性是 ConnectionString，该属性用来指定建立数据库连接所需要的连接字符串。ConnectionString 的主要参数如表 7.3 所示。

表 7.3 ConnectionString 的主要参数

参数	说明
Data Source	设置需连接的数据库服务器名
Initial catalog	设置连接的数据库名称
Integrated Security	服务器的安全性设置，是否使用信任连接。值有 True、False 和 SSPI3 种，True 和 SSPI 都表示使用信任连接
Workstation ID	数据库客户端标识。默认为客户端计算机名
Packet Size	获取与 SQL Server 通信的网络数据包的大小，单位为字节，有效值为 512～32 767，默认值为 8 192
user id	登录 SQL Server 的账号
password	登录 SQL Server 的密码
Connection Timeout	设置 SqlConnection 对象连接 SQL 数据库服务器的超时时间，单位为秒。若在所设置的时间内无法连接数据库，则返回失败。默认为 15 秒

以 Visual Studio 2010 自带的 SQL Server 2008 Express 数据库的连接为例，代码如下：

```
SqlConnection conn = new SqlConnection();          //创建 SQL Server 的连接对
象 conn
conn.ConnectionString =
@"Data Source = .\SQLEXPRESS;                       //服务器名与实例名
user id = sa;password = 123456;                     //登录账号及密码
Initial catalog = newsSystem; Integrated Security = False";
                                                    //连接数据库名及其他参数
```

上例中，存储连接字符串的详细信息(如用户名和密码)可能会影响应用程序的安全性。若要控制对数据库的访问，一种较为安全的方法是使用 Windows 集成安全性，此时连接字符串可以修如下：

```
conn.ConnectionString =
@"Data Source = .\SQLEXPRESS;        //服务器名与实例名
Initial catalog = newsSystem;        //连接数据库名
Integrated Security = True";         //采用 Windows 集成安全性
```

表 7.4 列出了其他常见数据库 ConnectionString 的设置示例。

表 7.4　ConnectionString 的设置示例

数据库类型	数据提供程序	ConnectionString 属性设置示例
SQL Server	SQL Server 数据提供程序	Server=.;DataBase=Northwind;user id=sa;password=;
Access	OLE DB 数据提供程序	Provider=Microsoft.Jet.OLEDB.4.0; Data Source=c:\ myAccess.mdb
Oracle	Oracle 数据提供程序	Data Source=Servername;user=yourusername;password=yourpwd;

表 7.5 列出了 Connection 对象的常用方法。

表 7.5　Connection 对象的常用方法

方　法	说　明
Open()	使用 ConnectionString 所指定的属性设置打开数据库连接
Close()	关闭与数据库的连接，这是关闭任何打开连接的首选方法
ChangeDatabase()	在打开连接的状态下，更改当前数据库
Dispose()	调用 Close()方法关闭与数据库的连接，并释放所占用的系统资源

7.4　Command 对象

当建立了与数据源的连接后，就可以利用 Command 对象来执行命令并从数据源中返回结果。例如，当需要执行一条插入语句或者删除数据库中的某条数据记录的时候，就可以使用 Command 对象。通常情况下，Command 对象用于数据的操作，如执行数据的插入和删除，也可以执行数据库及表结构的更改。示例代码如下：

```
conn.Open();                                                    //打开数据库连接
SqlCommand cmd = new SqlCommand("select * from news ",conn);   //建立 Command 对象
```

上述代码使用了可用的构造函数并指定了 SQL 查询字符串和 Connection 对象连接的数据源来初始化 Command 对象 cmd。对象创建后，还可以使用 CommandText 属性来查询和修改对象的 SQL 语句字符串。

Command 对象还公开了几种可用于执行所需操作的 Execute 方法。当以数据流的形式返回结果时，使用 ExecuteReader 方法可返回 DataReader 对象。使用 ExecuteScalar 方法可返回单个值。使用 ExecuteNonQuery 方法可执行不返回行的命令。

Command 对象的常用属性及方法见表 7.6。

表 7.6　Command 对象的常用属性及方法

属性/方法	说　明
CommandText	取得或设置要对数据源执行的 SQL 命令、存储过程或数据表名
CommandType	获取或设置命令类别，可取值有 StoredProcedure、TableDirect、Text，代表的含义分别为存储过程、数据表名和 SQL 语句，默认为 Text
Connection	获取或设置 Command 对象所使用的数据连接属性
Parameters	SQL 命令参数集合
Cancel()	取消 Command 对象的执行
CreateParameter	创建 Parameter 对象
ExecuteNonQuery()	执行 CommandText 属性指定的内容，返回数据表被影响行数
ExecuteReader()	执行 CommandText 属性指定的内容，返回 DataReader 对象
ExecuteScalar()	执行 CommandText 属性指定的内容，返回结果表第一行、第一列的值
ExecuteXmlReader()	执行 CommandText 属性指定的内容，返回 XmlReader 对象。只有 SQL Server 才能用此方法

7.5　DataReader 对象

使用 DataReader 可以从数据库中检索只读、只向前的数据流。查询结果在查询执行时返回，并存储在客户端的网络缓冲区中，直到使用 DataReader 的 Read 方法对它们发出请求。使用 DataReader 可以提高应用程序的性能，因为一旦数据可用，DataReader 就立即检索该数据，而不是等待返回查询的全部结果；并且在默认情况下，该方法一次只在内存中存储一行，从而降低了系统开销。

使用 DataReader 检索数据前，必须首先创建 Command 对象实例，并通过调用 Command 对象的 ExecuteReader 方法创建一个 DataReader，示例如下：

```
SqlDataReader myReader = cmd.ExecuteReader();
```

在创建了 DataReader 对象后，就可以使用 Read 方法从查询结果中获取行。通过向 DataReader 传递列的名称或序号引用，可以访问返回行的每一列。不过，为了实现最佳性能，DataReader 提供了一系列方法，如 GetDateTime、GetDouble、GetInt32 等，它们能够获取其本机数据类型的列值。

DataReader 对象的常用属性及方法见表 7.7。

表 7.7　DataReader 对象的常用属性及方法

属性/方法	说　明
FieldCount	获取当前行中的列数
HasRows	指示 DataReader 是否包含查询结果，为 true 表示有查询结果
IsClosed	获取 DataReader 对象的状态，为 true 表示已关闭
Read()	读取下一条记录，返回 true 表示有下一条记录，返回 false 表示没有下一条记录
Close()	关闭 DataReader 对象
GetBoolean(ColIndex)	获取指定列的布尔值形式的值，ColIndex 为列序号，序号从 0 开始，下同
GetByte(ColIndex)	获取指定列的字节形式的值
GetChar(ColIndex)	获取指定列的单个字符串形式的值
GetDateTime(ColIndex)	获取指定列的 DateTime 对象形式的值
GetDecimal(ColIndex)	获取指定列的 Decimal 对象形式的值
GetDouble(ColIndex)	获取指定列的双精度浮点数形式的值
GetFieldType(ColIndex)	获取指定对象的数据类型
GetFloat(ColIndex)	获取指定列的单精度浮点数形式的值
GetInt32(ColIndex)	获取指定列的 32 位有符号整数形式的值
GetInt64(ColIndex)	获取指定列的 64 位有符号整数形式的值
GetName(ColIndex)	获取指定列的名称
GetString(ColIndex)	获取指定列的字符串形式的值
GetValue(ColIndex)	获取以本机格式表示的指定列的值

【案例 7-1】综合运用已介绍的 3 个核心对象，将 newsSystem 数据库中的 news 表的 id 字段（新闻编号）值及 title 字段（新闻标题）值在页面中输出显示。

方法与步骤如下。

(1) 新建一个 Web 空网站并命名为“Chapter 7”，向其中添加一个 Web 窗体并命名为“chapter7-1.aspx”。打开“chapter7-1.aspx.cs”代码页，输入以下代码：

```
using System;
using System.Collections.Generic;
using System.Linq;
using System.Web;
using System.Web.UI;
using System.Web.UI.WebControls;
using System.Data.SqlClient;                //引入数据提供程序所在的命名空间

public partial class chapter7_1 : System.Web.UI.Page
{
```

```
    protected void Page_Load(object sender, EventArgs e)
    {
        SqlConnection conn = new SqlConnection();
        conn.ConnectionString = @"Data Source = .\SQLEXPRESS;Initial Catalog =
newsSystem;Integrated Security = True";
        conn.Open();
        SqlCommand cmd = new SqlCommand();  //使用不带参数的构造函数
        cmd.CommandText = "select * from news";
        cmd.Connection = conn;
        SqlDataReader myReader = cmd.ExecuteReader();  //创建 DataReader 对象
        if (myReader.HasRows)                          //判断是否有查询结果
        {   while (myReader.Read())                    //按行读取
            {
                                                       //按字段数据类型获取列值
                Response.Write("新闻编号:" + myReader.GetInt32(0) + "<br/>");
                Response.Write("新闻标题:" + myReader.GetString(1) + "<br/>");
            }
        }
        else
        {
            Response.Write("查询结果为空!");
        }
        myReader.Close();
        conn.Close();
    }
}
```

(2) 按"Ctrl"+"F5"组合键运行页面,运行结果如图 7.2 所示。

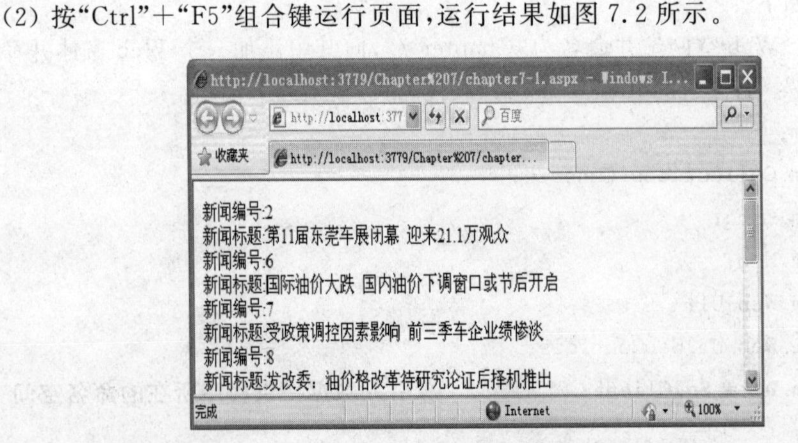

图 7.2 页面运行结果

7.6　DataAdapter 对象

DataAdapter(数据适配器)对象可看做 DataSet 和数据源之间进行关联的桥梁。DataAdapter 对象用于从数据源中检索数据并填充数据集中的数据表。DataAdapter 还能将数据集中作出更改的数据送回数据源。DataAdapter 使用数据提供程序的 Connection 对象连接到数据源,使用 Command 对象从数据源中检索数据用于填充数据集或将更改回送数据源。

7.6.1　DataAdapter 对象的常用属性

使用 DataAdapter 对象可以读取、添加、更新和删除数据源中的数据。DataAdapter 提供了以下 4 个主要属性,分别用来管理数据操作的"增"、"删"、"改"、"查"4 个动作。

- SelectCommand 属性:该属性用来从数据源中检索数据。
- InsertCommand 属性:该属性用来向数据源中插入数据。
- DeleteCommand 属性:该属性用来删除数据源中的数据。
- UpdateCommand 属性:该属性用来更新数据源中的数据。

例如,可以通过如下代码给 DataAdapter 对象的 SelectCommand 属性赋值。

```
// 创建 DataAdapter 对象
SqlDataAdapter sda = new SqlDataAdapter();
//给 DataAdapter 对象的 SelectCommand 属性赋值,conn 为已打开的数据源连接
sda.SelectCommand = new SqlCommand("select * from user", conn);
//后续代码
```

同样,可以使用上述方式给 InsertCommand、DeleteCommand 和 UpdateCommand 属性赋值。

当使用 DataAdapter 对象的 SelectCommand 属性获得数据表的连接数据时,如果表中数据有主键,就可以使用 CommandBuilder 对象来自动为这个 DataAdapter 对象隐式地生成其他 3 个属性。这就意味着,在数据发生更改后,可以直接调用 Update 方法将修改后的数据更新到数据库中,而不必再使用 InsertCommand、DeleteCommand 和 UpdateCommand 这 3 个属性来执行更新操作。具体操作示例参见 7.7.4 节中的案例 7-2。

7.6.2　DataAdapter 对象的常用方法

DataAdapter 对象主要用来把数据源的数据填充到 DataSet 中,以及把 DataSet 里的数据更新到数据源,同样有 SqlDataAdapter 和 OleDbAdapter 两种常用对象。它的常用方法有如下两种(具体操作示例参见 7.7.4 节中的案例 7-2)。

1. Fill 方法

该方法主要用来把数据源的数据填充到 DataSet 中的指定数据表中,返回值是影响 DataSet 的行数。该方法有以下两种常用形式:

- int Fill (DataSet dataset)
- int Fill (DataSet dataset,string srcTable)

例如：

da.Fill (ds，"news")

其中，da 为 DataAdapter 对象实例，ds 为要填充数据的数据集对象，news 为数据集中的数据表名。当 da 调用 Fill 方法时会执行存储于数据适配器 SelectCommand 中的查询，并将结果存储在数据表 news 中，若数据表不存在，则自动创建该对象。

2. int Update(DataSet dataset)方法

当程序调用 Update 方法时，DataAdapter 将检查参数 DataSet 每一行的 RowState 属性，根据 RowState 属性来检查 DataSet 里的每行是否改变和改变的类型，并依次执行所需的 INSERT、UPDATE 或 DELETE 语句，最终将改变提交到数据源中。这个方法返回影响 DataSet 的行数。更准确地说，Update 方法会将更改解析回数据源，但自上次填充 DataSet 以来，其他客户端可能已修改了数据源中的数据。若要使用当前数据刷新 DataSet，应使用 DataAdapter 和 Fill 方法。新行将添加到该表中，更新的信息将并入现有行。Fill 方法通过检查 DataSet 中行的主键值及 SelectCommand 返回的行来确定是要添加一个新行还是更新现有行。如果 Fill 方法发现 DataSet 中某行的主键值与 SelectCommand 返回结果中某行的主键值相匹配，则它将用 SelectCommand 返回的行中的信息更新现有行，并将现有行的 RowState 设置为 Unchanged。如果 SelectCommand 返回的行所具有的主键值与 DataSet 中行的任何主键值都不匹配，则 Fill 方法将添加 RowState 为 Unchanged 的新行。

7.7 DataSet 对象

DataSet 是一种驻留内存的数据缓存，相当于内存中暂存的数据库，可以表示包括相关表、约束和表间关系在内的整个数据集。它可以作为数据的无连接关系视图，当应用程序查看和操作 DataSet 中的数据时，DataSet 没有必要与数据源一直保持连接状态。只有在从数据源读取或向数据源写入数据时才使用数据库服务器资源，数据集存储数据类似于关系数据库，它们都使用具有层次关系的表、行、列的对象模型，还可以为数据集中的数据定义约束和关系。

如图 7.3 所示，DataSet 主要由 DataRelationCollection(数据关系集合)、DataTableCollection(数据表集合)和 ExtendedProperties 对象组成。其中，最基本也是最常用的是 DataTableCollection。在每一个 DataSet 对象中可以包含由 DataTable(数据表)对象表示的若干个数据表的集合，而 DataTableCollection 对象则包含了 DataSet 对象中的所有 DataTable 对象。

7.7.1 数据表和数据表集合

1. 数据表(DataTable)

创建 DataTable 时，不需要为 TableName 属性提供值，可以在其他时间指定该属性，或者将其保留为空。但是，在将一个没有 TableName 值的表添加到 DataSet 中时，该表会得

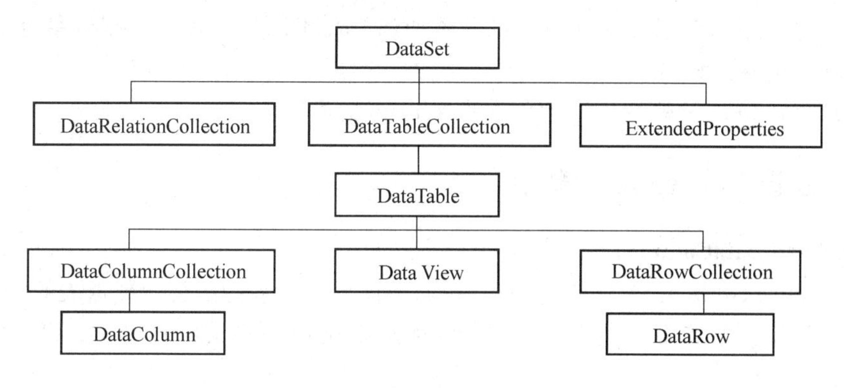

图 7.3　DataSet 结构简图

到一个从 Table0 开始递增的默认名称 TableN。可以使用相应的 DataTable 构造函数创建 DataTable 对象。例如：

```
DataTable dtNews = new DataTable("news");
                                    //创建 DataTable 对象并指定表名为 news
```

表 7.8 所示为 DataTable 对象的常用属性和方法。

表 7.8　DataTable 对象的常用属性和方法

属性/方法	说　明
Columns	获取数据表的所有字段，即 DataColumnCollection 集合
DataSet	获取 DataTable 对象所属的 DataSet 对象
DefaultView	获取与数据表相关的 DataView 对象，DataView 对象可用来显示 DataTable 对象的部分数据，可通过对数据表选择、排序等操作获得 DataView(相当于数据库中的视图)
PrimaryKey	获取或设置数据表的主键
Rows	获取数据表的所有行，即 DataRowCollection 集合
TableName	获取或设置数据表名
Copy()	复制 DataTable 对象的结构和数据，返回与本 DataTable 对象具有同样结构和数据的 DataTable 对象
NewRow()	创建一个与当前数据表有相同字段结构的数据行
GetErrors()	获取包含错误的 DataRow 对象数组

2. 数据表集合(DataTableCollection)

DataSet 的所有数据表包含于数据表集合 DataTableCollection 中，可以通过 DataSet 的 Tables 属性访问 DataTableCollection。DataTableCollection 有以下两个属性。

(1) Count：DataSet 对象所包含的 DataTable 个数。

(2) Tables[index]或 Tables[name]：获取 DataTableCollection 中下标为 index 或名称为 name 的数据表。例如：

```
ds.Tables[0]              //表示数据集对象 ds 中的第一个数据表
ds.Tables[1]              //表示数据集对象 ds 中的第二个数据表
ds.Tables["news"]         //表示数据集对象 ds 中名称为"news"的数据表
```

可以通过使用 Add 方法将 DataTable 添加到 DataTable 对象的 Tables 集合中，再将其添加到 DataSet 中。例如：

```
ds.Tables.Add("news");    //将名称为 news 的数据表添加到数据集 ds 中
```

7.7.2 数据列和数据列集合

1. 数据列(DataColumn)

在创建 DataTable 后，它并没有一个结构，因此要定义表的结构。数据表的结构由列和约束表示，所以首先需要通过 DataColumn 对象创建列并将其添加到 DataTable 的 Columns 集合中。

以下示例代码创建了一个名为"news"的数据表，并定义了表结构，它由 id、title、content 3 列构成。

```
DataTable dtNews = new DataTable("news");
DataColumn col1, col2, col3;
col1 = new DataColumn("id");              //创建第一列，初始化时指定列名
                                          //使用 DataType 指定数据类型
col1.DataType = System.Type.GetType("System.Int32");
dtNews.Columns.Add(col1);                 //将第一列添加到 news 表中

col2 = new DataColumn();
col2.ColumnName = "title";                //使用 ColumnName 指定列名
col2.DataType = System.Type.GetType("System.String");
dtNews.Columns.Add(col2);
                                          //初始化的同时指定列名与数据类型
col3 = new DataColumn("content", typeof(string));
dtNews.Columns.Add(col3);
                                          //直接生成新列并添加到表中
dtNews.Columns.Add(new DataColumn("createTime", typeof(DateTime)));
```

注意：通过 DataColumn 对象的 DataType 属性设置字段数据类型时，不可直接设置数据类型，而需按照以下语法格式：

```
对象名.DataType = System.Type.GetType (数据类型)
```

其中的"数据类型"取值为.NET Framework 数据类型，如 System.Int32 等。

表 7.9 所示为 DataColumn 对象的常用属性。

2. 数据列集合(DataColumnCollection)

数据表中的所有列都被存放于数据列集合 DataColumnCollection 中，通过 DataTable 的 Columns 集合可以访问 DataColumnCollection。例如：

```
dtNews.Columns[i].Caption       //代表 dtNews 数据表第 i 列的标题
```

DataColumnCollection 有以下两个属性：

(1) Count：数据表所包含的列个数。

(2) Columns[index]或 Columns[name]:获取下标为 index 或名称为 name 的字段。例如:

```
DS.Tables[0].Columns[0]        //表示获取数据表 DS.Tables[0]中的第一列
DS.Tables[0].Columns["id"]     //表示获取数据表 DS.Tables[0]的名为"id"的列
```

表 7.9 DataColumn 对象的常用属性

属　性	说　明
AllowDBNull	设置该字段可否为空值。默认值为 True
Caption	获取或设置字段标题。若未指定字段标题,则字段标题即为字段名
ColumnName	获取或设置字段名
DataType	获取或设置字段的数据类型
DefaultValue	获取或设置新增数据行时,字段的默认值
ReadOnly	获取或设置新增数据行时,字段的值是否可修改。默认值为 False
Table	获取包含该字段的 DataTable 对象

7.7.3 数据行和数据行集合

1. 数据行(DataRow)

数据表中的每个数据行都对应一个 DataRow 对象。DataRow 对象是给定数据表中的一行数据,或者说是数据表中的一条记录。DataRow 对象的方法提供了对表中数据的插入、删除、更新和查询等功能。

若要向数据表中添加一个新行,需要首先声明一个 DataRow 对象实例。当调用数据表的 NewRow 方法时会返回一个新的 DataRow 对象,然后数据表会根据 DataColumnCollection 定义的表结构来创建 DataRow 对象,示例代码如下:

```
DataRow dr = dtNews.NewRow();
```

向数据表添加新行之后,可以使用索引或列名来操作新行,例如:

```
dr[0] = 12;
dr[1] ="最新新闻";
```

或:

```
dr["id"] = 12;
dr["title"] = "最新新闻";
```

在将数据插入新行后,可以使用 Add 方法将该行添加到 DataRowCollection 中,例如:

```
dtNews.Rows.Add(dr);
```

也可以通过 DataRowCollection 提取数据表中的行,例如:

```
DataRow dr1 = dtNews.Rows[0];
```

DataRow 对象的属性主要如下。

(1) RowState:表示 DataRow 当前的状态。RowState 有 Added、Modified、Unchanged,、Deleted、Detached 这 5 种,分别表示 DataRow 被添加、修改、无变化、删除、从表中脱离这 5 种状态。

(2) Table:获取包含该数据行的 DataTable 对象。

DataRow 对象的方法主要有以下 3 种。

① AcceptChanges():将所有变动过的数据行更新到 DataRowCollection。

② Delete():删除数据行。

③ IsNull({colName,index,Column 对象名}):判断指定列或 Column 对象是否为空值。

2. 数据行集合(DataRowCollection)

数据表的所有行都被存放于数据行集合 DataRowCollection 中,通过 DataTable 的 Rows 属性访问 DataRowCollection。例如:

```
dtNews.Rows[i][j]              //表示访问 dtNews 表的第 i 行、第 j 列数据
```

7.7.4 DataSet 对象的属性和方法

1. DataSet 对象的常用属性

DataSet 对象的常用属性及简要说明见表 7.10。

表 7.10 DataSet 对象的常用属性

名　称	说　　明
DataSetName	获取或设置当前 DataSet 的名称
Tables	获取包含在 DataSet 中的表的集合

2. DataSet 对象的常用方法

DataSet 对象的常用方法及简要说明见表 7.11。

表 7.11 DataSet 对象的常用方法

名　称	说　　明
AcceptChanges()	提交自加载此 DataSet 或上次调用 AcceptChanges 以来对其进行的所有更改
Clear()	通过移除所有表中的所有行来清除任何数据的 DataSet
Clone()	复制 DataSet 的结构,包括所有 DataTable 架构、关系和约束。不复制任何数据
Copy()	复制该 DataSet 的结构和数据
CreateDataReader()	为每个 DataTable 返回带有一个结果集的 DataTableReader,顺序与 Tables 集合中表的显示顺序相同
HasChanges()	获取一个值,该值指示 DataSet 是否有更改,包括新增行、已删除的行或已修改的行
Merge()	将指定的 DataSet、DataTable 或 DataRow 对象的数组合并到当前的 DataSet 或 DataTable 中

使用 DataSet 的方法有若干种,这些方法可以单独应用,也可以结合应用。常用的应用形式有以下 3 种。

(1) 以编程方式在 DataSet 中创建 DataTable、DataRelation 和 Constraint,并使用数据填充表。

(2) 通过 DataAdapter 用现有关系数据源中的数据表填充 DataSet。

(3) 使用 XML 加载和保持 DataSet 内容。

【案例 7-2】综合运用 DataSet 和 DataAdapter 对象，实现新闻发布系统的登录验证与忘记密码时的找回密码功能。

方法与步骤如下。

(1) 在数据库“newsSystem”中添加一张新表，命名为“users”。

① 打开“服务器资源管理器”窗口，展开在第 6 章中创建的数据库“newsSystem”，右击“表”，选择“添加新表”选项。

② 参照图 7.4，完成表结构设计，添加字段并指定字段类型。完成字段设计后右击“username”选择“设置主键”选项，将其设置为新表的主键。其中，“username”、“userpwd”、“level”、“question”、“answer”分别表示“用户名”、“密码”、“用户级别”、“找回密码提示问题”及“预留的问题答案”。

③ 表设计完成后保存为“users”，并右击“表”，选择“显示表数据”选项，适当填入数据，如图 7.5 所示，其中“level”字段只能输入“admin”或“user”。

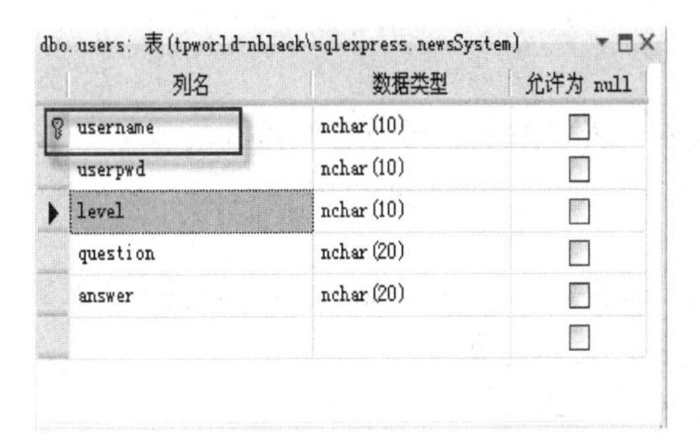

图 7.4　users 表结构

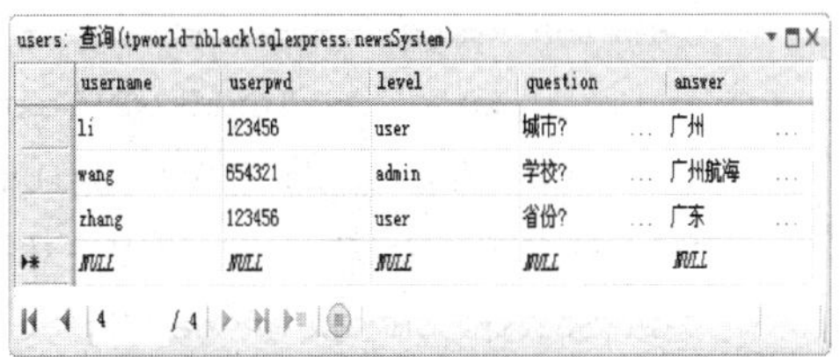

图 7.5　users 表数据

(2) 向网站“chapter 7”中添加两个 Web 窗体，分别命名为“chapter7-2.aspx”及“chapter7-2-1.aspx”，并参照图 7.6、图 7.7 完成页面设计。

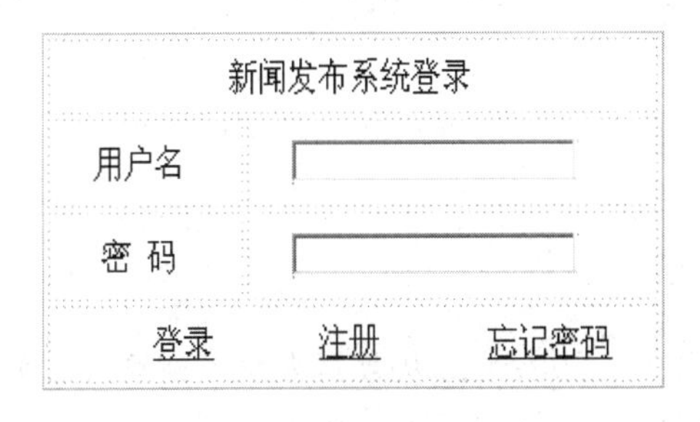

图 7.6　登录页面设计

图 7.7　找回密码页面设计

① 在“chapter7-2.aspx”页面中添加一个用于布局的 4×2 表格，向表格中依次添加 2 个文本框控件 TextBox1 和 TextBox2，3 个链接按钮控件 LinkButton1、LinkButton2、LinkButton3，然后添加必要的说明文字，并适当调整各控件的大小及位置。

② 设置 LinkButton1～LinkButton3 的“Text”属性分别为“登录”、“注册”和“忘记密码”。

③ 在“chapter7-2-1.aspx”页面中添加一个用于布局的 5×2 表格，向表格中添加 2 个标签控件 Label1 和 Label2，添加 1 个文本框控件 TextBox1，再添加 2 个链接按钮控件 LinkButton1 和 LinkButton2。向页面中添加必要的说明文字，适当调整各控件的大小及位置。

④ 设置 LinkButton1、LinkButton2 的“Text”属性分别为“找回”和“返回”，设置“返回”链接按钮的 PostBackUrl 属性指向登录页面“chapter7-2.aspx”。

(3) 编写代码实现登录验证与密码找回功能。

① 双击“chapter7-2.aspx”页面中的“登录”链接按钮，输入以下代码：

```
protected void LinkButton1_Click(object sender, EventArgs e)
    {
        SqlConnection conn = new SqlConnection();
        //设置 conn 对象的连接字符串
        conn.ConnectionString =
          @"Data Source = .\SQLEXPRESS;Initial Catalog = newsSystem;Integrated
Security = True";
        conn.Open();  //打开连接
        //设置查询字符串,查找同页面输入的用户名及密码匹配的记录
        string selectSql = "select * from users where username = '" + TextBox1.
Text + "' and userpwd = '" + TextBox2.Text   + "'";
        SqlDataAdapter da = new SqlDataAdapter();  //创建 DataAdapter 对象
        // 设置 SelectCommand 属性,对数据源做查询操作
        da.SelectCommand = new SqlCommand(selectSql, conn);
        DataSet ds = new DataSet();  //创建一个空 DataSet 对象
        da.Fill(ds);    //将 DataAdapter 执行 select 语句的结果填充到 DataSet 对象
        conn.Close();                //断开连接,使用 DataSet 的离线操作模式
        if (ds.Tables[0].Rows.Count == 0)
                                //如果返回的记录条数为 0,则表示没有符合条件的记录
        {
            Response.Write("<script language = javascript>alert('用户名或密
码错!');</script>");
            return;
        }
        DataRow myRow = ds.Tables[0].Rows[0];  //从数据表中得到要修改的行
        if (myRow[2].ToString().Trim() == "admin")
                                        //如果第 3 列(即 level 列)的值为 admin
        {
            Response.Write("<script language = javascript>alert('您是管理员,
欢迎!');</script>");
        }
        else
```

```
        {
            Response.Write("<script language = javascript>alert('您是普通用户,欢迎!');</script>");
        }
    }
```

② 双击"chapter7-2.aspx"页面中的"忘记密码"链接按钮,输入以下代码:

```
protected void LinkButton3_Click(object sender, EventArgs e)
{
    if (TextBox1.Text == "")
    {
        Response.Write("<script language = javascript>alert('请输入用户名!');</script>");
        return;
    }
    //通过查询字符串将用户名传递给找回密码页面
    Response.Redirect("chapter7-2-1.aspx? username =" + TextBox1.Text);
}
```

③ 在"chapter7-2-1.aspx.cs"代码页的页面加载事件中输入以下代码:

```
protected void Page_Load(object sender, EventArgs e)
{
    if (! IsPostBack)  //如果页面是首次加载
    {
        //若查询字符串的值为null,则返回登录页面,防止误入
        if (Request.QueryString["username"] == null)
        {
            Response.Redirect("chapter7-2.aspx");
        }
    }
    //将登录页面传递来的用户名显示到标签控件中
    Label1.Text = Request.QueryString["username"];
    SqlConnection conn = new SqlConnection();
    conn.ConnectionString =
      @"Data Source = .\SQLEXPRESS; Initial Catalog = newsSystem; Integrated Security = True";
    conn.Open();
    //设置查询字符串,查找同查询字符串传递的用户名一致的记录
    string selectSql = "select * from users where username ='" + Label1.Text + "'";
    SqlDataAdapter da = new SqlDataAdapter();  //创建DataAdapter对象
```

```
        da.SelectCommand = new SqlCommand(selectSql, conn);
        DataSet ds = new DataSet(); //创建一个空 DataSet 对象
        //将 DataAdapter 执行 SQL 语句的结果填充到 DataSet 对象
        da.Fill(ds);
        conn.Close();
        if (ds.Tables[0].Rows.Count == 0) //未找到符合条件的记录
        {
            Response.Write("<script language = javascript>alert('用户名不存
在!');</script>");
            return;
        }
        DataRow myRow = ds.Tables[0].Rows[0];
                                        //获取用户名为查询字符串值的记录行
        //将记录的第 4 列(即 question 列)值显示到标签控件中
        Label2.Text = myRow[3].ToString().Trim();
    }
```

④ 双击“chapter7-2-1.aspx”页面中的“找回”链接按钮,输入以下代码:

```
    protected void LinkButton1_Click(object sender, EventArgs e)
    {
        SqlConnection conn = new SqlConnection();
        conn.ConnectionString =
        @"Data Source = .\SQLEXPRESS; Initial Catalog = newsSystem; Integrated Se-
curity = True";
        conn.Open(); //打开连接
        string selectSql = "select * from users where username = '" + Label1.Text + "'";
        SqlDataAdapter da = new SqlDataAdapter(); //创建 DataAdapter 对象
        da.SelectCommand = new SqlCommand(selectSql, conn);
        DataSet ds = new DataSet(); //创建一个空 DataSet 对象
        //将 DataAdapter 执行 SQL 语句的结果填充到 DataSet 对象
        da.Fill(ds);
        DataRow myRow = ds.Tables[0].Rows[0];
        if (TextBox1 .Text  == myRow[4].ToString().Trim())
                                        //若用户填写的提示问题答案正确
        {
            //创建 SqlCommandBuilder 对象后,无须再使用 DataAdapter 的
            //UpdataCommand 属性来执行更新操作,但前提是表一定要有主键
            SqlCommandBuilder scb = new SqlCommandBuilder(da);
            Random r = new Random();
            string newPwd = r.Next(100000, 999999).ToString();
```

```
                                                //产生一个6位随机数字密码
            Response.Write("<script language = javascript>alert('你的新密码是:" +
                                    newPwd + ",请牢记并及时更改!');</script>");
            myRow["userpwd"] = newPwd;   //将新密码写入 DataSet
            da.Update(ds);      //将 DataSet 中的数据更改通过适配器回送到数据源
            conn.Close();
        }
        else
        {
            Response.Write("<script language = javascript>alert('您的提示问题
答案不正确!');</script>");
        }
    }
```

(4) 按“Ctrl”+“F5”组合键运行页面，登录页面运行结果如图 7.8 所示，找回密码页面运行结果如图 7.9 所示。

图 7.8　登录页面运行效果

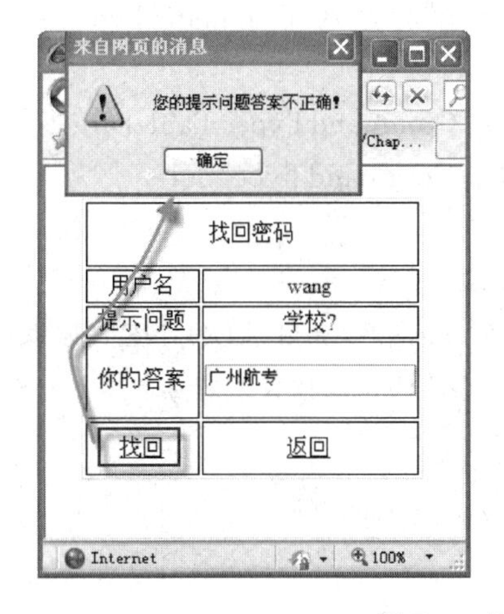

图 7.9　找回密码页面运行效果

习　题

1. 选择题

(1) 下列 ADO. NET 对象中,(　　)可以提供断开式数据访问服务。

A. Connection 对象　　B. Command 对象

C. DataAdapter 对象　　D. DataSet 对象

(2) 下列(　　)是 ADO. NET 的两个核心组件。

A. Command 和 DataAdapter　　B. DataSet 和 DataTable

C. . NET 数据提供程序和 DataSet　　D. . NET 数据提供程序和 DataAdapter

(3) 使用 ADO. NET 访问数据时,Connection 对象的连接字符串中 Initial catalog 子串的含义是(　　)。

A. Connection 对象连接到的数据库的名称　　B. Connection 对象的身份验证信息

C. Connection 对象的最大连接时间　　D. Connection 对象使用的缓存大小

(4) ADO. NET 使用(　　)命名空间的类访问 SQL Server 数据库中的数据。

A. System. Data. OleDb　　B. System. Data. SqlClient

C. System. Xml. Serialization　　D. System. IO

(5) 下列代码运行后的输出结果是(　　)。

```
DataTable dt = new DataTable();
dt.Columns.Add ("编号",typeof(System.Int16));
dt.Columns.Add ("标题",typeof(System.String));
Response.write(dt.Columns[1].DataType);
```

A. System. Int16　　B. System. String

C. 编号　　D. 标题

(6) 为了执行一个存储过程,需要把 Command 对象的 CommandType 属性设置为(　　)。

A. CommandType. StoredProcedure　　B. CommandType. TableDirect

C. CommandType. Text　　D. CommandType. Sql

2. 简答与操作题

(1) 简述利用 ADO. NET 访问数据源的基本步骤。

(2) 给定一个连接字符串"connString"和一个表"news",请用 ADO. NET 读取该表的所有数据并将其填充到 DataSet 中,最后将结果通过 GridView 控件显示。

第8章　创建统一风格的网站

在实际的 Web 项目开发中，我们往往需要使网站各页面保持一致的风格与外观，同时也希望网站的这种风格与外观能让访问者耳目一新，增强用户体验。

一个设计良好的网站界面与清晰的布局结构及导航指引往往能够提升访问者对网站的兴趣和继续浏览的耐心。ASP.NET 提供了主题、皮肤、母版页及站点导航等一系列功能用于增强其网页布局和界面优化的能力，借助它们我们即可轻松实现对网站整体风格与外观的控制。

8.1　主题和皮肤

主题和皮肤是自 ASP.NET 2.0 就包括的内容，使用主题和皮肤可以一次性地更换一组服务器控件、HTML 页面的外观样式，该外观样式可以方便地应用于单个页面、整个 Web 应用程序甚至整个服务器，而且借助编程方式可以实现外观的动态切换，增强用户体验。

所谓主题，是指页面和控件外观设置的集合。主题由一组文件构成，其中至少包含一个或多个皮肤文件，另外还可以包含 CSS 文件、图片和其他资源。主题文件必须放在应用程序根目录下的 App_Themes 文件夹下。

皮肤文件是主题的核心内容，用于定义页面中服务器控件的外观。皮肤文件的扩展名是“.skin”，其中包含对页面中出现的各种类型服务器控件的属性设置。

8.1.1　CSS 基础

在网页布局中，CSS 经常被用于页面样式布局和样式控制。熟练地使用 CSS 能够让网页布局更加方便，在页面维护时也能够减少工作量。

通常 CSS 能够支持 3 种定义方式。

- 内联式：直接将样式控制放置于单个 HTML 元素内。适用于对单个标签进行样式控制，使用方便，但在页面维护时需要针对每个页面进行修改，非常不便。
- 嵌入式：在页面的 head 部分进行样式定义。可以控制一个页面的多个样式，当需要对网页样式进行修改时，只需要修改 head 标签中的 style 标签即可，不过这样仍然没有让布局代码和页面代码完全分离。
- 外联式：以扩展名为.css 文件保存样式。能够将布局代码和页面代码相分离，使页面结构清晰简洁，从而在维护时有效减少工作量。

1. 内联式样式表

内联式样式表通过页面元素的style属性进行样式控制,示例代码如下:

```
<body>
    <div style="font-size:10px;"> 内联式样式表</div>
</body>
```

上述代码将style属性设置为font-size:10px,即定义文字的大小为10 px。如果需要同时包含多个属性值时,也可以将其写在同一个style属性中,中间用分号间隔,示例代码如下:

```
<body>
<div style="font-size: 10px; font-weight: bold; color: blue">内联式样式表</div>
</body>
```

上述代码在style属性包含了3个属性,定义了文字的大小为10 px并加粗、颜色为蓝色。

用内联式方法进行样式控制虽然简单方便,但当在页面中加入了过多的内联式样式后,既不利于我们理清页面布局结构,又会在更新维护时因需要单独修改每一处内联样式而增大工作量。

2. 嵌入式样式表

嵌入式样式表将样式定义放于页面的head部分,并以<style type="text/css"></style>标识。示例代码如下:

```
<head>
        <title> 嵌入式样式表 </title>
        <style type="text/css">
        .font1
        {
            font-size:10px;
        }
        .font2
        {
            font-size:10px;
            font-weight:bold;
            color:blue;
        }
        </style>
</head>
```

上述代码定义了两种字体样式,这些样式都是通过"."号加样式名称定义的。在定义了字体样式后,就可以在相应的标签中使用class属性来定义样式,示例代码如下:

```
<body>
    <div class="font1">示例文字 1</div>
```

```
    <div class ="font2">示例文字 2</div>
<div class ="font2">示例文字 3</div>
</body>
```

采用嵌入式样式定义方式，既能带来页面布局代码清晰度的改观，又可以避免内联式的重复定义。但如果有多个页面需要使用同一种样式，则还需在多个页面重复定义。要想避免这种烦琐，可以考虑使用外联式样式表。

3. 外联式样式表

外联式样式表把样式定义单独存放在一个以.css 为后缀名的样式表文件中。在.css 文件中，只需将嵌入式样式表<style type="text/css"></style>中的内容移入即可。在完成.css 文件的设计后，需要在使用的页面的 head 部分添加引用。假设我们已经创建并定义了一个样式表文件 mycss.css，并且存放在网站的 css 文件夹中，当我们需要使用这个样式表文件时需要加以引入，示例代码如下：

```
<link rel ="stylesheet" type ="text/css" href ="/css/mycss.css">
```

上述代码添加了一个对 mycss.css 文件的引用，意在告诉浏览器当前页面使用的样式可以在 css 文件夹下的 mycss.css 文件中找到并解析。

使用外联式能够很好地将页面的布局代码和 HTML 代码相分离，不仅能够让多个页面同时共享一个 CSS 样式表文件，实现统一的样式控制，同时在维护过程中，只需要修改.css文件中的样式属性即可实现引用该文件的页面的全局更新。

4. CSS 选择器

通过嵌入式样式表中的示例，可以知道一个 CSS 样式定义由三部分共同构成。例如，.font1{font-size: 10px;}，其中，font1 被称之为选择器，花括号中的内容则是属性与属性值。即一个 CSS 样式定义是由选择器、属性与属性值三部分共同构成的。准确而简洁地运用 CSS 选择器才能达到最好的效果，最常用的选择器有以下五类。

(1) 标记选择器。顾名思义，标记选择器是直接将 HTML 标记作为选择器，如 body、p、h1 等，它对页面中的所有同类标记有效，示例如下：

```
body
{
    font-family:微软雅黑,verdana ;   /*字体系列*/
    font-size:medium ;              /*字体大小*/
    color:#000000;                  /*文本颜色*/
    margin: 0;                      /*四个外边距的宽度*/
    padding: 0;                     /*四个内边距的宽度*/
    margin-right: 30;               /*右外边距的宽度*/
    text-align: left;               /*文本的水平对齐方式*/
}
```

(2) id 选择器。为了对页面元素加以区分，通常会给它们定义 id。例如，在采用 div+css 模式布局时，定义了一个层 <div id="menubar"></div> ，在样式表里可以这样定义：

```
#menubar
```

```
{
    margin:0 auto;
    background: #ffdab9;              /*层的背景色*/
    color:#cc0000;
}
```

其中,“menubar”是自定义的页面元素的 id 名称,注意在名称前面一定要加“#”号。

(3) class(类别)选择器。class 选择器可以作用在一组页面元素上,在 CSS 里用一个点开头表示 class 选择器定义,例如:

```
.font3
{
    color: #cc0000;
    font-size:14px ;
}
```

在页面中,用 class="类别名"的方法调用,如<div class="font3">示例文字 4</div>。这个方法比较简单灵活,可以随时根据页面需要新建和删除,但也应避免对它的滥用。

(4) 群组选择器。当若干个元素需要使用同样的样式属性时,可以使用群组选择器,元素之间用逗号分隔。例如:

```
p, td, li
{
    line-height:20px;              /*行间距*/
    color:#cc0000;
}
```

使用组群选择器,可以将具有多个相同属性的元素,合并群组进行选择,定义同样的 CSS 属性,这大大提高了编码效率并减小了 CSS 文件体积。

(5) 后代选择器。后代选择器也叫派生选择器。可以使用后代选择器给一个元素里的子元素定义样式,例如:

```
ul  li
{
    height:40px;
    line-height:40px;
    color:#000000;
}
```

上面的 CSS 代码对无序列表 ul 的列表项元素 li 进行了属性设置,它通常被用于创建页面导航条上。

后代选择器的合理使用是非常有好处的,如果父元素内包括的 HTML 元素具有唯一性,则不必给内部元素再指定 class 或 id,直接应用此选择器即可。

8.1.2 皮肤文件

CSS 不能对页面中的服务器控件的样式进行设置,因此在 ASP. NET 中引入了皮肤文件的概念。皮肤文件是主题的核心组成部分，专门用于定义页面中服务器控件的外观。皮肤文件的扩展名是.skin，其中包含了对页面中出现的各种类型服务器控件的属性设置。

Visual Studio 2010 并没有为皮肤文件(.skin)的编写提供控件及控件属性的智能化提示功能，所以我们一般不在皮肤文件中直接编写代码定义控件的外观，而是先将服务器控件拖拽至 Web 窗体中并根据设计需要设置控件的外观属性，然后将自动生成的代码复制到外观文件中，去掉控件的 ID 属性并补充 SkinID 属性，用以标识皮肤文件的作用控件。

皮肤文件中一个 image 控件及一个 Login(登录)控件的样式设置示例代码如下：

```
<asp:image runat="server" Imageurl="Images/logo.jpg" SkinId="logo" />
<asp:Login runat="server" SkinID="LoginView" BackColor="#D6DFF5" BorderColor="#6487DC" BorderPadding="10" BorderStyle="Solid" BorderWidth="1px" Font-Names="微软雅黑" Font-Size="1em" ForeColor="#333333" >
    <LoginButtonStyle BackColor="White" BorderColor="#6487DC" BorderStyle="Solid" BorderWidth="2px" Font-Size="1em" ForeColor="#6487DC" />
    <TextBoxStyle Font-Size="1em" />
    <TitleTextStyle BackColor="#6487DC" Font-Bold="True" Font-Size="1em" ForeColor="White" />
    <InstructionTextStyle Font-Italic="True" ForeColor="Black" />
</asp:Login>
```

使用皮肤文件时，只需在服务器控件中添加 SkinID 属性，代码如下：

```
<asp:Image ID="Image1" runat="server" SkinID="logo" />
<asp:Login ID="Login1" runat="server" SkinID="LoginView">
```

上述代码并没有对控件进行样式控制，只是添加了 SkinID 属性，当添加了 SkinID 属性后，系统会自动在主题的皮肤文件中查找相匹配的 SkinID，若找到则将样式应用到当前控件。

8.1.3　主题

1. 页面主题和全局主题

用户可以为每个页面单独设置主题，这种形式被称为“页面主题”；也可以为应用程序的每个页面都使用同一主题，这种形式被称为“全局主题”。

每个主题都对应一个主题文件夹，其中包括控件的皮肤文件、CSS 文件、图形文件和其他资源文件，这个文件夹是作为网站中的“App_Themes”文件夹的子文件夹创建的。

在使用页面主题时，必须首先在要使用该主题的页面声明主题，示例代码如下：

```
<%@ Page Language="C#" AutoEventWireup="true" CodeFile="Default.aspx.cs" Theme="主题 1" Inherits="_Default" %>
```

或

```
<%@ Page Language="C#" AutoEventWireup="true" CodeFile="Default.aspx.cs" StylesheetThem="主题 1" Inherits="_Default" %>
```

注意：StyleSheetTheme 和 Theme 这两个属性用法基本一样，但页面加载时的优先级不同。

- 当页面上使用 Theme 属性声明主题时，如果页面中有同一元素的样式定义，则采用 Theme 属性指定的主题样式，而不会使用页面上用户再定义的样式。
- 当页面上使用 StyleSheetTheme 属性声明主题时，页面将先加载 StyleSheetTheme 属性指定的主题样式，再合并页面上的样式，如果有相同的样式定义，则取页面中的样式。
- 当页面上同时使用两种属性声明主题时，如 Theme="主题 1" StyleSheetTheme ="主题 2"，页面会先加载 StyleSheetTheme 的主题样式，再加载页面中的样式，最后加载 Theme 的主题样式。如果有相同的样式定义，则用后加载的样式覆盖先加载的样式。

当需要使用全局主题时，则是通过修改 web. config 配置文件中的<pages>配置节进行主题的全局设定，从而使该站点应用程序下的所有 Web 页呈现统一的样式，配置方法如下：

```
<system.web>
  <pages theme="全局主题名称">
    </pages>
</system.web>
```

其中，pages 节的 theme 指定了主题的名称，该名称同样对应网站中 App_Themes 文件夹的一个子文件夹的名字，若配置的主题不存在，则会产生编译错误。此外，对于新创建的. aspx 文件，必须强制其 head 标记具有 runat="server"属性，否则会在运行时抛出异常。

2. 主题的创建和文件组织方式

默认情况下，主题以子文件夹形式存储在网站中的 App_Themes 文件夹下，如果网站中不存在该文件夹，在“解决方案资源管理器”中右击项目名称，选择“添加”→“添加 ASP. NET 文件夹”→“主题”，如图 8.1 所示，系统就可以自动创建该文件夹并添加一个新主题，如果已经存在 App_Themes 文件夹，则只会在该文件夹下添加新的主题。

主题创建后，就可以根据需要向其中添加皮肤文件(外观文件)、样式表文件、图形文件或其他资源文件。一个典型的主题文件组织结构如图 8.2 所示。在 App_Themes 文件夹下包括了两个子文件夹“主题 1”和“主题 2”，表示网站中已经定义了两个主题。每个主题文件夹下都包含了一个外观文件及一个样式表文件，并以文件夹的形式将样式设计所需的图片文件组织起来。

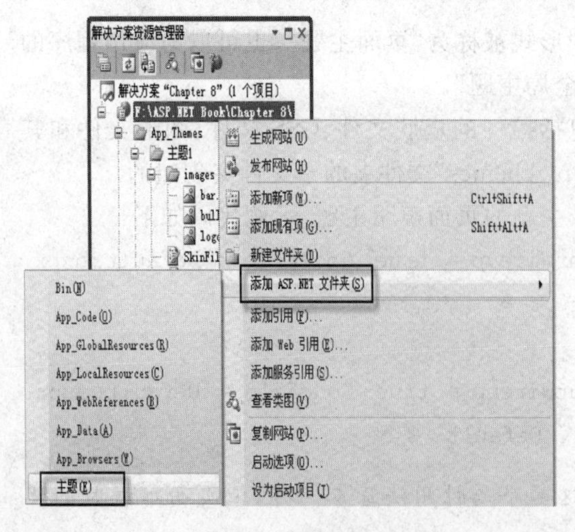

图 8.1 添加主题

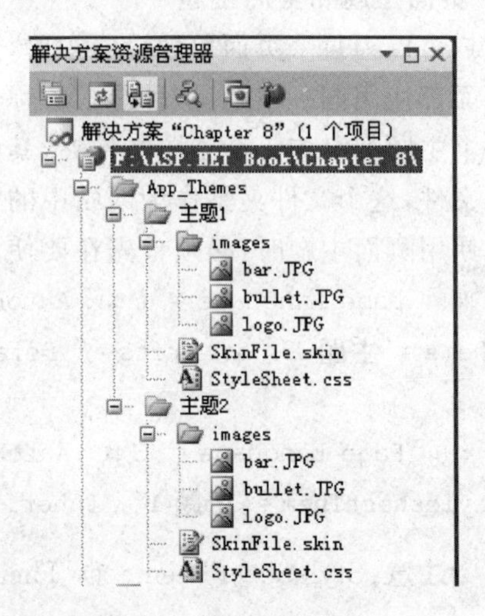

图 8.2 主题文件组织形式

3. 禁用主题

对于有些情况，主题会重写页和控件外观的本地设置。当控件或页面已经定义了外观，而又不希望主题将它进行重写和覆盖时，可以禁用主题的覆盖行为。对于页面，可以用声明的方法进行禁用，示例代码如下：

```
<%@ Page Language = "C#" AutoEventWireup = "true" EnableTheming = "false" %>
```

当页面需要某个主题的样式，而又希望某个控件不被主题影响时，同样可以通过 EnableTheming 属性对控件进行主题禁止，示例代码如下：

```
<asp: Login ID = "Login1" runat = "server" EnableTheming = "False">
</asp: Login >
```

这样就可以保证该控件不会被主题样式描述和控制，而页面和页面的其他元素仍然可以使用主题中的样式。

【案例 8-1】使用表格对页面进行布局，并实现页面主题的动态切换，运行结果如图 8.3 所示。

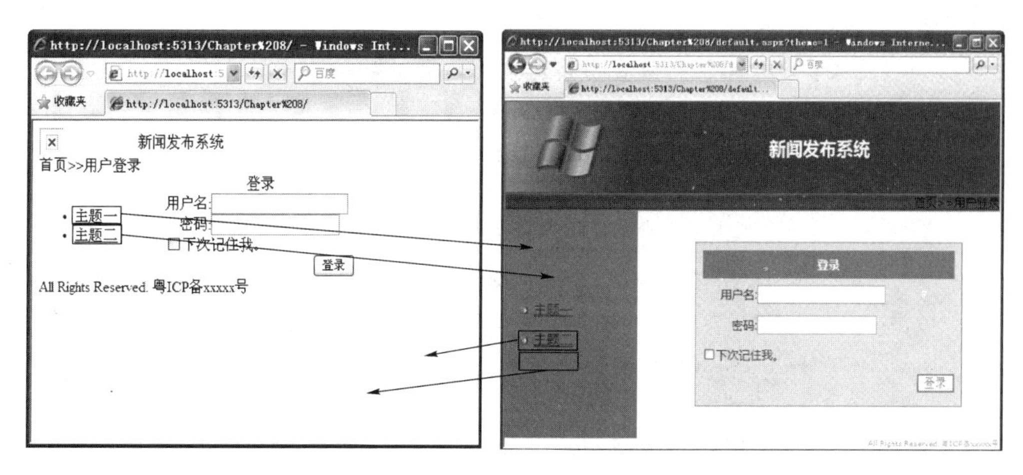

图 8.3　页面运行结果

方法和步骤如下。

(1) 新建一个"ASP. NET 空网站"并命名为"Chapter 8"，然后添加一个 Web 窗体并命名为"Chapter8-1. aspx"，切换至页面的"源"视图利用 HTML 表格完成布局。

注意：在设计视图中拖放表格及其他页面元素时，系统会自动添加内联样式及嵌入式样式，造成布局代码结构混乱。建议直接在页面的"源"视图完成布局，代码如下：

```
<body>
  <form id = "form1" runat = "server">
      <! -- 第一个表格由一行两列构成，用来放置 logo 图像控件和页面标题 -->
      < table width = "100 %" cellspacing = "0" cellpadding = "0" border = "0"
class = "header">
          <tr>
              <td class = "logo">
                  <asp:Image ID = "Image1" runat = "server" />
```

```
            </td>
            <td class="title">
                新闻发布系统
            </td>
        </tr>
    </table>
    <!-- 第二个表格由三行两列构成 -->
    <table width="100%" cellpadding="0" cellspacing="0" border="0">
        <!-- 第一行放置页面导航条 -->
        <tr>
            <td colspan="2" class ="headerbar">
            首页>>用户登录
            </td>
        </tr>
        <!-- 第二行放置切换选单及登录控件 -->
        <tr>
            <td id="leftSide" class="menu">
                <!-- 通过查询字符串传递主题信息 -->
                <ul>
                    <li ><a href="default.aspx?theme=1">主题一</a></li>
                    <li ><a href="default.aspx?theme=2">主题二</a></li>
                </ul>
            </td>
           <td id="rightSide" class="content">
               <asp:Login ID="Login1" runat="server"  >
               </asp:Login>
           </td>
        </tr>
        <!-- 第三行放置页面版权信息 -->
        <tr id="footerSide">
            <td colspan ="2" class="footer">
            All Rights Reserved. 粤<a target="_blank">ICP 备 xxxxx
号</a>
            </td>
        </tr>
    </table>
  </form>
</body>
```

(2) 创建页面主题并向主题文件夹中添加外观文件(皮肤文件)、样式表文件(CSS)及

images 文件夹,如图 8.1、图 8.2 所示。

① 右击 images 文件夹,选择"添加现有项",将 logo.jpg、bar.jpg 及 bullet.jpg 依次添加到文件夹中。

② 打开"主题 1"下的皮肤文件"SkinFile.skin",输入以下代码:

```
<asp:image runat = "server" Imageurl = "images/logo.jpg" SkinId = "logo" />
<% -- 设置登录控件的整体样式,如背景色、边框色、字体类型、字体大小、字体颜色、登录控件的大小等 -- %>
<asp:Login runat = server SkinId = "LoginView" BackColor = " # D6DFF5 " BorderColor = " # 6487DC" BorderPadding = "10" BorderStyle = "Solid" BorderWidth = "1px" Font-Names = "微软雅黑" Font - Size = "1em" ForeColor = " # 333333" Height = "195px"  Width = "357px" >
    <% -- 设置登录按钮的样式,如背景色、边框色、边框类型、边框宽度、字体大小、前景色等 -- %>
    <LoginButtonStyle BackColor = "White" BorderColor = " # 6487DC" BorderStyle = "Solid" BorderWidth = "2px" Font-Size = "1em" ForeColor = " # 6487DC" />
    <% -- 设置登录控件内文本框文字大小 -- %>
    <TextBoxStyle Font-Size = "1em" />
    <% -- 设置登录控件内标题文字样式,如背景色、字体大小、颜色等 -- %>
    <TitleTextStyle BackColor = " # 6487DC" Font-Bold = "True" Font-Size = "1em" ForeColor = "White" />
</asp:Login>
```

③ 打开"主题 1"下的样式文件"StyleSheet.css",输入以下代码:

```
/* 设置页面整体样式 */
body
{
    font-family:微软雅黑,verdana ;
    font-size:medium ;
    color: # 000000;
    margin: 0;
    padding: 0;
    margin-right: 30;
    text-align: left;
}
/* 设置超链接鼠标悬停样式 */
A:hover { color: # 4D9FE1;  cursor:hand; text-decoration:"underline"; }
/* 设置切换选单样式 */
ul
{
    list-style-image: url(Images/bullet.jpg);
    list-style-position: outside;
```

```
    list-style-type: disc;
    font-family: 微软雅黑,verdana ;
    font-size:larger ;
}
/* 设置选单项样式 */
ul li
{
    height:40px;
    line-height:40px;
    color:#000000;
}

/* 设置表格样式 */
table
{
  font-size: 1em;
}
/* 设置页面标题样式 */
table.header
{
    background-color:#2A48CE;
}
/* 设置 logo 单元格样式 */
td.logo
{
    text-align: left;
    width: 184px;
}
/* 设置标题单元格样式 */
td.title
    {
    text-align: center;
    font-family: 微软雅黑,verdana ;
    font-size: x-large;
    font-weight: bolder;
    color: #FFFFFF;
    }
/* 设置导航条单元格样式 */
td.headerbar
```

```
{
    background-image: url(Images/bar.jpg);
    text-align: right;
    height: 24px;
}
/* 设置选单单元格样式 */
td.menu
{
    background-color: #6487DC;
    width: 184px;
    height: 300px;
    vertical-align:middle ;
    line-height: 300px;
    overflow:hidden;
}
/* 设置放置控件的内容单元格样式 */
td.content
{
    margin:auto;
    padding-left:80px;

}
/* 设置底部版权信息单元格样式 */
td.footer
{
    margin-left: 30;
    font-family: Verdana;
    font-size:xx-small;
    font-weight: normal;
    color: #6487DC;
    text-align: right;
}
```

(3) 打开 chapter8-1.aspx.cs 代码页，编写如下代码实现动态切换主题功能：

```
protected void Page_PreInit(object sender, EventArgs e)
{
    //获取通过查询字符串传递的参数值
    switch (Request.QueryString["theme"])
    {
        case "1":
```

```
            Page.Theme = "主题 1";                    //更换主题
            Login1.SkinID = "LoginView";              //为登录控件指定皮肤
            Image1.SkinID = "logo";                   //为图像控件指定皮肤
            break;
        case "2":
            Page.Theme = ""; break;                   //不指定主题
    }
}
```

8.2 母版页与内容页

在网站项目开发过程中，我们往往需要使网站各页面保持一致的风格与外观，如果按照传统的方式则需要为页面进行重复设计，工作烦琐，后期更新维护也比较麻烦。为此，ASP.NET 引入了母版页(Master Page)的概念。

将所有页面公共部分提取并单独创建而成的一个网页，被称为母版页。一个网站可以设置多种类型的母版页，以满足不同显示风格的需要。在母版页的基础上，在各页面独有的一处或多处"自由空间"上创建而成的页面，被称为内容页(Content Page)。在运行过程中，ASP.NET 引擎会将两种页面内容合并执行，最后将结果发送到浏览器。

8.2.1 母版页的创建与代码结构

1. 创建母版页

在 Visual Studio 2010 的"解决方案资源管理器"中右击网站项目文件，选择"添加新项"，在弹出的对话框中选择"母版页"。默认情况下，新建的 Master 页面的默认名称是"MasterPage. master"，如图 8.4 所示。

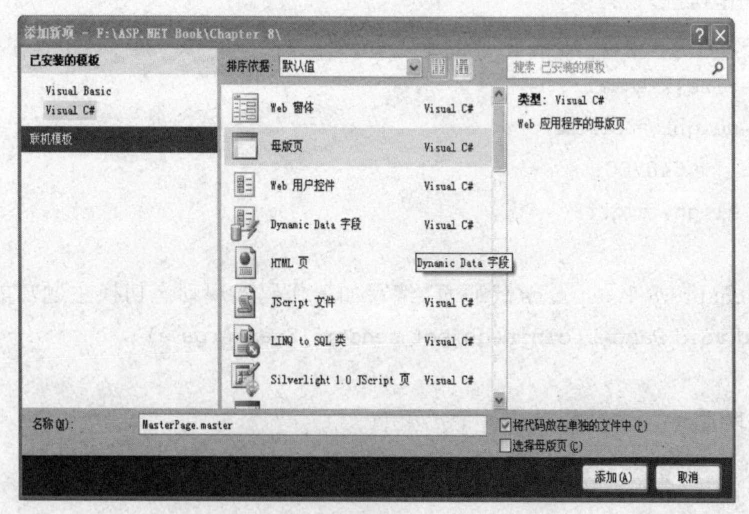

图 8.4 创建母版页

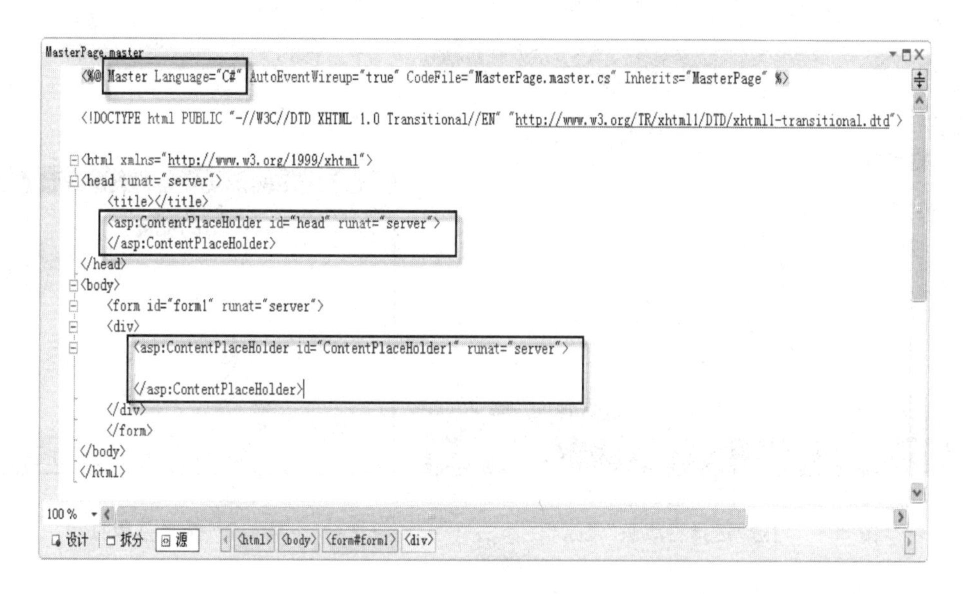

图 8.5　母版页文件结构

2. 母版页的代码结构

从图 8.5 中不难看出母版页代码和普通的 Web 页的代码结构与格式基本一致，仅有如下两点区别。

(1) 母版页由特殊的@ Master 指令识别，而不是普通页面的@ Page 指令，格式如下：

< % @ Master Language = "C＃" CodeFile = "MasterPage.master.cs" Inherits = "MasterPage" % >

(2) 母版页中默认包含两个 ContentPlaceHolder(内容占位符)控件，它们的作用是为内容页预留设计空间，也可以根据需要从工具箱的“标准”分类中拖放 ContentPlaceHolder 控件进行自由调整。

8.2.2　内容页的创建与代码结构

1. 创建内容页

创建内容页的方法有如下两种。

(1) 在母版页任意位置单击右键，选择“添加内容页”，就会以此母版页为基础自动生成内容页，并以“Default＋序号”形式命名。

(2) 在“解决方案资源管理器”中右击项目文件，选择“添加新项”，在弹出的窗口中选择“Web 窗体”，并勾选“选择母版页”复选框，如图 8.6 所示。指定页面名称后单击“添加”按钮，在“选择母版页”对话框中选择相应的母版页，如图 8.7 所示。

2. 内容页的代码结构

创建内容页后，母版页中的内容均呈现为灰色不可编辑状态，仅有放置了内容占位符 ContentPlaceHolder 的区域可以编辑。通过图 8.8 可以看到，在内容页中母版页放置的 ContentPlaceHolder 表现为 Content 控件。内容页中的 Content 控件与母版中的 ContentPlaceHolder 占位符控件一一对应，它们通过 ContentPlaceHolder 控件的 ID 属性绑定。

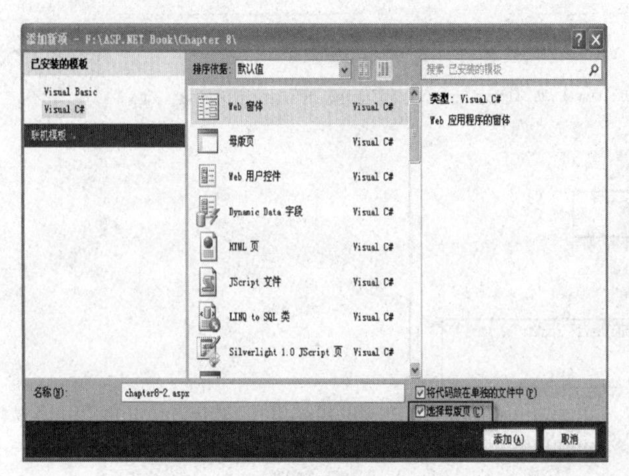

图 8.6　勾选"选择母版页"复选框

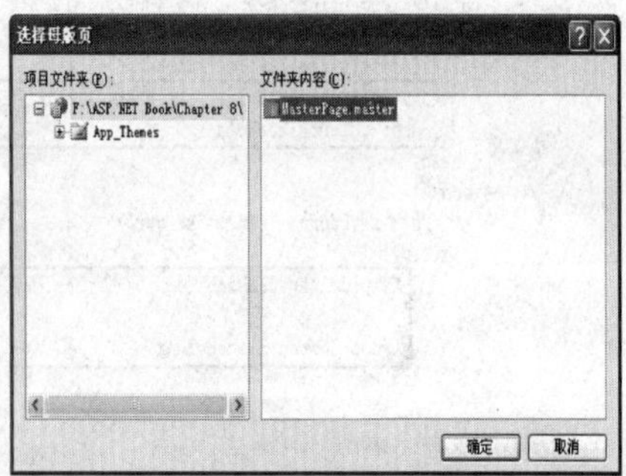

图 8.7　选择母版页

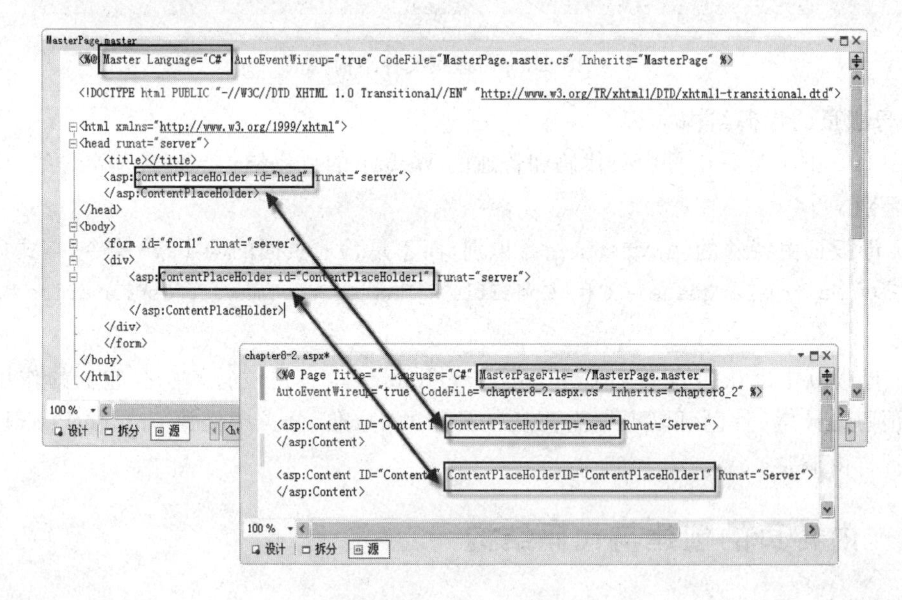

图 8.8　选择母版页

当客户端浏览器请求内容页时，服务器将按以下步骤处理。

(1) 获取该页后，读取 @Page 指令。如果该指令通过"MasterPageFile"引用了一个母版页，则同时读取该母版页。如果是第一次请求这两个页，则两个页都要进行编译。

(2) 将包含更新内容的母版页合并到内容页的控件中。

(3) 将内容页上各个 Content 控件的内容合并到母版页中相应的 ContentPlaceHolder 控件中。

(4) 浏览器解释后将最终呈现得到的合并页。

【案例 8-2】在案例 8-1 的基础上创建母版页与内容页。

方法和步骤如下。

(1) 在网站"Chapter 8"中创建一个母版页并命名为"chapter8-2.master"，打开案例 8-1 中的"chapter8-1.aspx"文件并切换至页面的"源"视图，收缩＜form＞＜/form＞代码并复制，如图 8.9 所示，然后进入母版页的“源”视图并收缩<form></form>代码，选择粘贴。

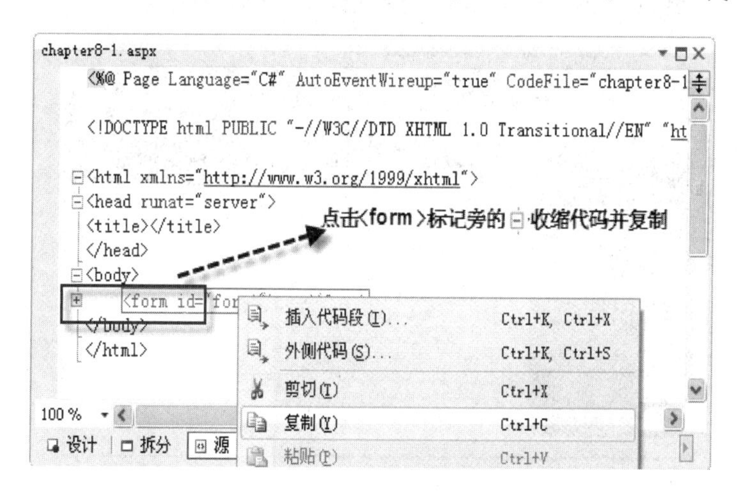

图 8.9　复制 chapter8-1 页面代码

(2) 切换至母版页的设计视图将登录(Login)控件删除，并从工具箱的“标准”分类中拖曳一个 ContentPlaceHolder 控件到已删除登录控件的单元格中。

(3) 创建内容页：在“解决方案资源管理器”中右击项目文件，选择“添加新项”，在弹出的窗口中选择“Web 窗体”命名为“chapter8-2. aspx”，并勾选“选择母版页”复选框，单击“添加”按钮并在“选择母版页”对话框中选择“chapter8-2. master”。

(4) 切换至内容页的设计视图，并从工具箱的“登录”分类中拖曳一个 CreateUserWizard(注册用户向导)控件到 Content 控件中，如图 8.10 所示，然后从属性对话框中选择 DOCUMENT 并设置“StyleSheetTheme”的属性为“主题 1”，如图 8.11 所示。

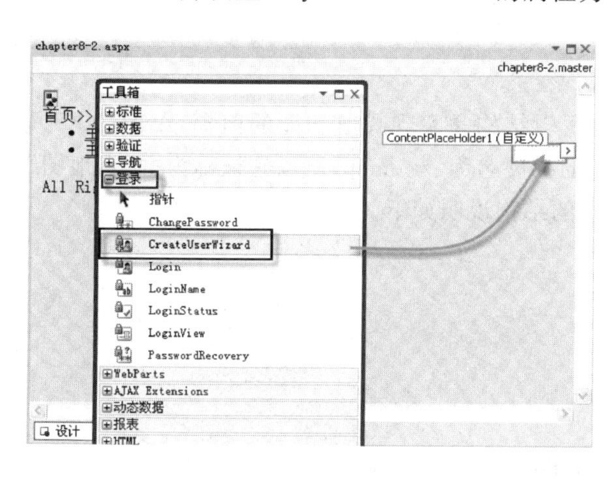

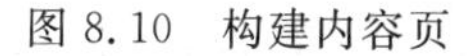
图 8.10　构建内容页

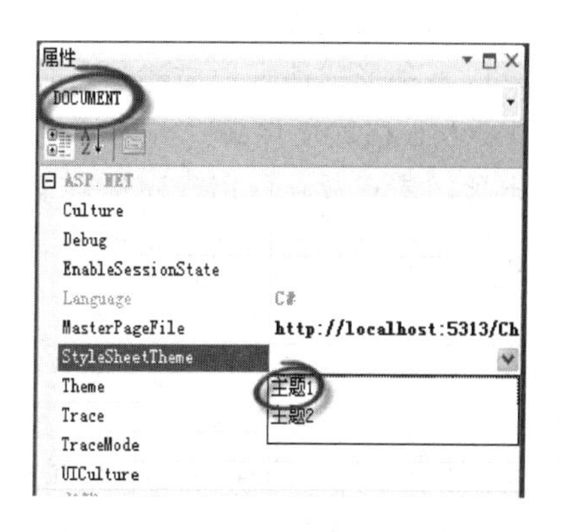

图 8.11　指定页面主题

(5) 按“Ctrl”+“F5”组合键运行页面，运行效果如图 8.12 所示。

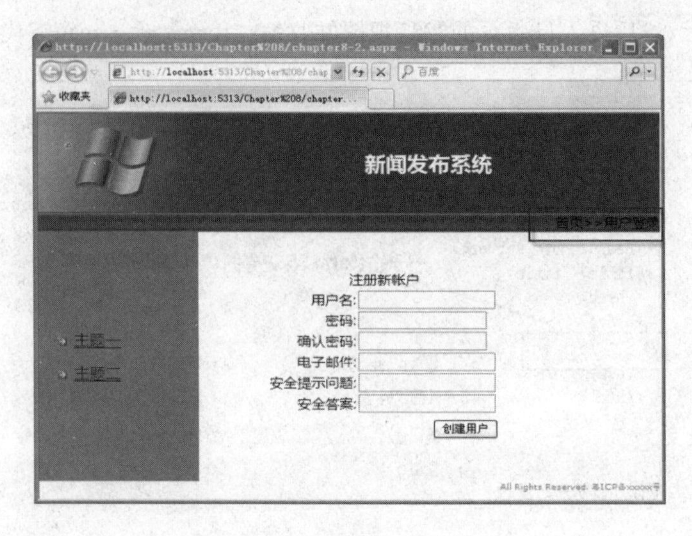

图 8.12　内容页运行效果

8.3　站点导航

一个用户体验良好的网站一定会为用户提供一个便捷而清晰的导航指引，即使网站页面数量庞大，用户也不至"迷失"，在访问任何页面时都能随时了解自己所在的位置，且有方便的途径返回首页或上级网页。在 ASP.NET 中，借助站点地图与 SiteMapPath、Menu 等导航控件就可轻松实现导航功能。

8.3.1　站点地图与 SiteMapPath 控件

1. 站点地图文件结构

以某种形式清晰地描述站点页面间的逻辑结构是实现导航功能的前提，ASP.NET 采用了 XML 格式文件来进行描述，这个文件的扩展名为.sitemap，所以它被称为"站点地图"。站点地图就存放在应用程序根目录中，对它的结构说明如下。

如果要创建的网站结构为

主页

　　　　登录页面

　　　　注册页面

那么，站点地图文件结构的示例代码如下：

```
<?xml version="1.0" encoding="utf-8" ?>
<siteMap xmlns="http://schemas.microsoft.com/AspNet/SiteMap-File-1.0" >
  <siteMapNode url="default.aspx" title="主页" description="主页">
      <siteMapNode url="chapter8-1.aspx" title="登录页面" />
      <siteMapNode url="chapter8-2.aspx" title="注册页面" />
  </siteMapNode>
```

</siteMap>

(1) 每个节点元素都有以下 3 个属性。

- title——提供对链接的文本描述，会在导航条上显示。
- url——页面文件在网站中的相对地址。
- description——说明链接的作用，同时还可以作为链接的提示文本。

(2) 页面的层次关系通过在节点中嵌套子节点来表示。

(3) 子节点的<siteMapNode>标记可以单独使用，但父节点必须成对使用。

2. 站点地图文件的创建

在“解决方案资源管理器”中，右击项目名，选择“添加新项”→“站点地图”，单击“添加”按钮后就可以默认名“Web. sitemap”创建地图文件，如图 8.13 所示，然后在其中添加节点描述代码即可。

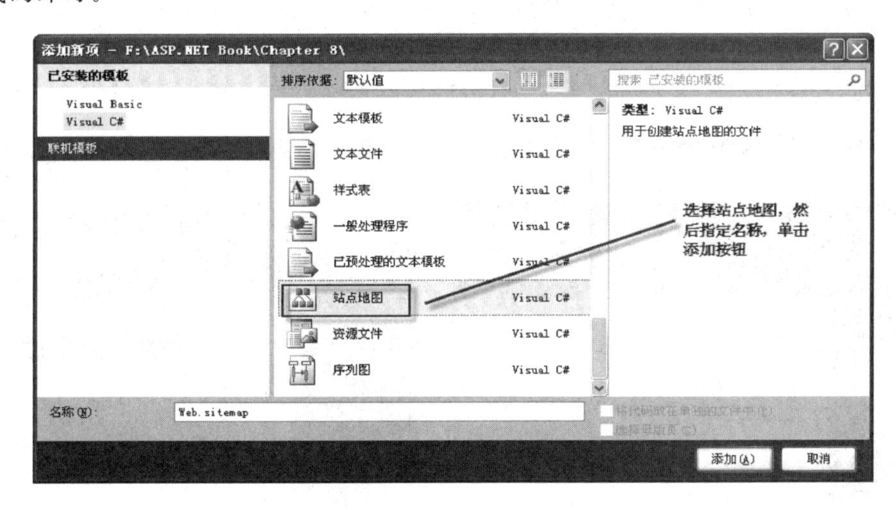

图 8.13　添加站点地图

3. SiteMapPath 控件

创建好站点地图文件意味着网站导航功能完成了大部分，只需要在页面中放置导航控件来显示导航结构，就可以轻松地实现导航了。

SiteMapPath 控件是 ASP. NET 提供的导航控件之一，它会显示一个导航路径来标识当前页的位置，并显示返回主页的路径。

注意：只有在站点地图中列出的页才能在 SiteMapPath 控件中显示导航数据，如果将 SiteMapPath 控件放在站点地图中未列出的页上，该控件不会显示任何信息。

SiteMapPath 控件常用的属性有 PathDirection、PathSeparator 等，还可以通过定义模板来更灵活地设置导航的外观样式。

【案例 8-3】在案例 8-1、案例 8-2 的基础上实现站点导航。

方法和步骤如下。

(1) 在网站“Chapter 8”中以“chapter8-2. master”作为母版页，添加一个新的内容页窗体并命名为“chapter8-3. aspx”，切换至设计视图，在 Content 控件中输入“主页”，并指定“主题 1”作为页面主题。

（2）在网站中按图 8.13 所示添加站点地图文件“Web.sitemap”，并将文件内容替换成如下代码：

```
<? xml version = "1.0" encoding = "utf-8" ? >
<siteMap xmlns = "http://schemas.microsoft.com/AspNet/SiteMap-File-1.0" >
  <siteMapNode url = "chapter8-3.aspx" title = "主页" description = "主页">
      <siteMapNode url = "chapter8-1.aspx" title = "登录页面" />
      <siteMapNode url = "chapter8-2.aspx" title = "注册页面" />
  </siteMapNode>
</siteMap>
```

（3）打开母版页“chapter8-2.master”，将“首页>>用户登录”这一行文字删除，并从工具箱的“导航”分类中拖曳一个 SiteMapPath 控件到该处，打开“chapter8-1.aspx”文件，重复此操作。

（4）按“Ctrl”+“F5”组合键运行页面，运行结果如图 8.14 所示。

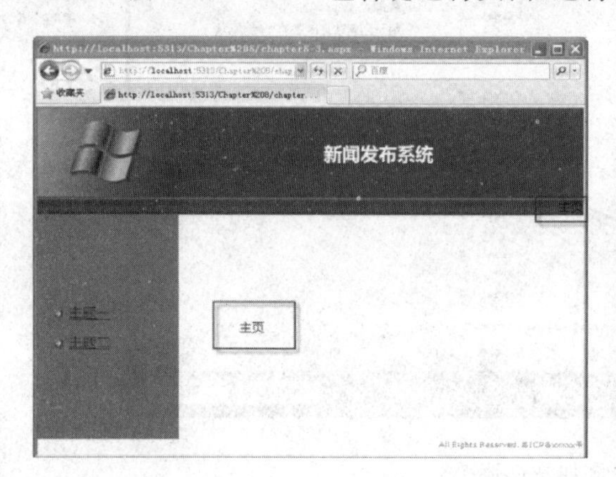

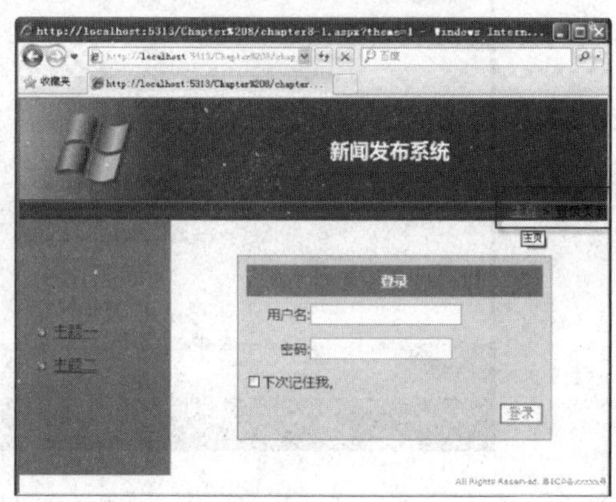

图 8.14　页面运行结果

8.3.2 TreeView 控件

TreeView 控件主要用来以树型结构显示分级数据，且具有灵活的交互功能。它由任意多个 TreeNode(节点)对象组成，每个 TreeNode 还可以继续包括任意多个子 TreeNode 对象。

TreeNode 对象具有 Text 属性和 Value 属性，Text 属性指定在节点显示的文字，Value 属性是获取节点的值。每个节点有选定和导航这两种状态，NavigateUrl 属性决定节点的状态，当该属性不为空字符串("")值时为导航状态，否则为选择状态。默认情况下，会有一个节点处于选择状态。

TreeView 控件的 Nodes 属性是包含了所有节点的集合，可以用节点编辑器为 TreeView 控件静态添加节点，如图 8.15 所示，也可以使用编程的方式动态添加节点。

【案例 8-4】在母版页上以编程的方式添加“新闻发布系统”后台管理界面的树型导航。

方法和步骤如下。

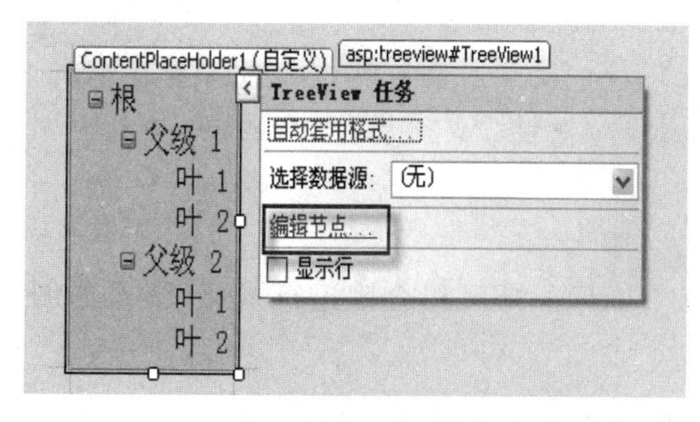

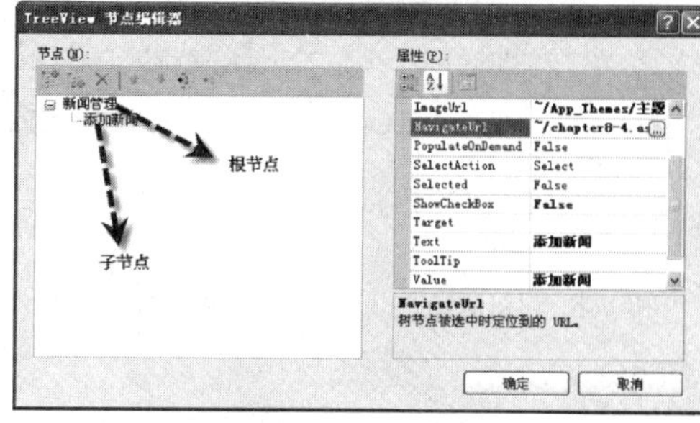

图 8.15　使用节点编辑器添加节点

(1) 在解决方案资源管理器中，打开网站“Chapter 8”中的母版页文件“chapter8-2.master”并切换至设计视图，将原有的主题切换选单删除，然后从工具箱的“导航”分类中拖曳一个 TreeView 控件到该处。

(2) 打开母版页的代码页 chapter8-2.master.cs，在页面加载事件过程中添加如下代码：

```
protected void Page_Load(object sender, EventArgs e)
{
    if (! IsPostBack)
    {
        TreeView1.ShowLines = true;//在控件中显示网格线
        TreeNode rootNode = new TreeNode();//定义新闻管理根节点
        rootNode.Text = "新闻管理";
        TreeNode tr1 = new TreeNode();//定义类别子节点
        tr1.Text = "添加类别";
        tr1.NavigateUrl = "~/categorymanager.aspx";
        rootNode.ChildNodes.Add(tr1);//把子节点添加到根节点
        TreeNode tr2 = new TreeNode();//定义新闻子节点
        tr2.Text = "添加新闻";
        tr2.NavigateUrl = "~/addnews.aspx";
        TreeNode tr21 = new TreeNode();//定义二级子节点
        tr21.Text = "纯文本方式";
        tr21.NavigateUrl = "~/backup1.aspx";
        tr2.ChildNodes.Add(tr21);//添加二级子节点到一级子节点
        TreeNode tr22 = new TreeNode();
        tr22.Text = "编辑器方式";
        tr22.NavigateUrl = "~/backup2.aspx";
        tr2.ChildNodes.Add(tr22);//添加二级子节点到一级子节点
        rootNode.ChildNodes.Add(tr2);//把子节点添加到根节点
        TreeNode rootNode1 = new TreeNode();
        rootNode1.Text = "退出管理";
```

```
        rootNode1.NavigateUrl = "~/logout.aspx";
        TreeView1.Nodes.Add(rootNode);//把根节点添加到 TreeView 控件中
        TreeView1.Nodes.Add(rootNode1);//把根节点添加到 TreeView 控件中
    }
}
```

(3) 将 chapter8-3.aspx 设置为起始页，按“Ctrl”+“F5”组合键运行，运行结果如图 8.16 所示。

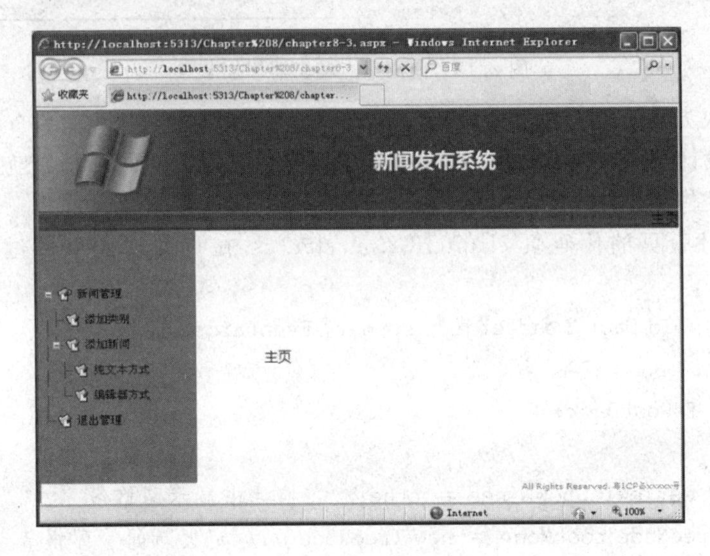

图 8.16　TreeView 控件运行结果

8.3.3　Menu 控件

Menu 控件主要用来构建菜单，并以菜单形式实现站点的快速导航。该控件由任意多个菜单项(MenuItem)组成，每个菜单项还可以继续包括任意多个子菜单项。Menu 控件中的菜单项有以下 3 种类型。

(1) 根菜单项 —— 菜单项的最顶层，其下包含一个或多个子菜单项。

(2) 父菜单项 —— 它有一个父菜单项，并且包含一个或多个子菜单项。

(3) 子菜单项 —— 处于菜单项的最底层，无子菜单项。

Menu 控件主要具有如下的功能与特点。

(1) 支持数据绑定。即允许通过数据绑定方式，使得菜单项与 XML、表格、数据库等结构化数据紧密联系。

(2) 支持站点导航功能。即通过集成 SiteMapDataSource 数据源控件，实现导航。

(3) 支持动态构建功能。即可通过编程方式访问 Menu 对象模型，完成创建菜单、构建菜单项和设置属性等任务。

(4) 可使用样式、主题和模板来定义控件外观。

(5) 可根据不同类型浏览器和设备，自适应地完成控件呈现。

【案例 8-5】在页面中拖放一个 Menu 控件，通过控件的 Items 集合属性手动添加菜单结构。页面运行时,单击某一菜单项则在页面中显示该菜单项的值。

方法和步骤如下。

(1) 在网站"Chapter 8"中以"chapter8-2. master"文件作为母版页,添加一个新的内容页窗体并命名为"chapter8-5. aspx",切换至设计视图,在 Content 控件中拖放一个 Menu 控件和一个 Label 控件。在 Menu 控件的属性对话框中点击"Items"属性后的⋯或在控件的智能任务标记菜单中选择"编辑菜单项",在弹出的"菜单项编辑器"中,添加根菜单项与子菜单项,形成如图 8.17 所示的菜单结构。

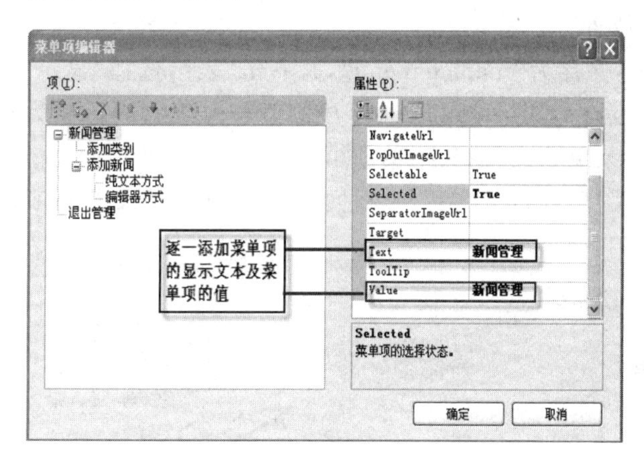

图 8.17　添加并编辑菜单项

(2) 在 Menu 控件上双击或在属性窗口中单击⚡并在事件列表中 MenuItemClick 对应的文本框中双击,系统会自动切换到控件的 MenuItemClick 事件过程中,输入如下代码:

```
protected void Menu1_MenuItemClick(object sender, MenuEventArgs e)
{
    Label1.Text ="你选择了:" + Menu1.SelectedValue;
}
```

(3) 按"Ctrl"+"F5"组合键运行页面,运行结果如图 8.18 所示。

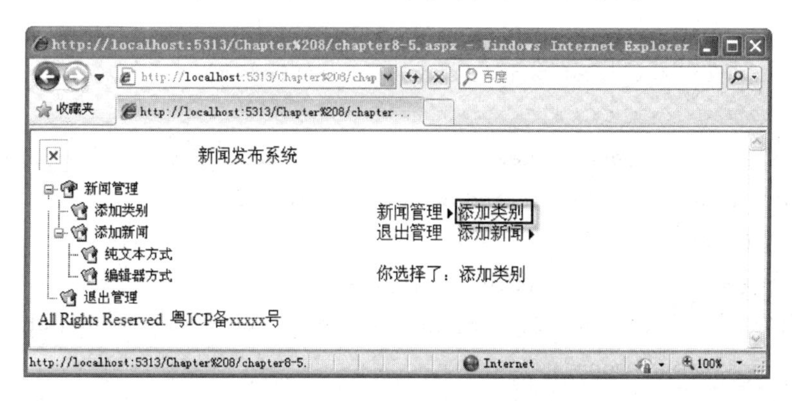

图 8.18　页面运行结果

【案例 8-6】使用 ADO. NET 对象访问数据库实现动态级联菜单。

方法与步骤如下。

(1) 在数据库“newsSystem”中添加一张新表，命名为“managemenu”，即后台管理菜单表。

① 打开“服务器资源管理器”窗口，展开在第 6 章中创建的数据库“newsSystem”，右击“表”，选择“添加新表”选项。

② 参照图 8.19 完成表结构设计，添加字段并指定字段类型。完成字段设计后右击“id”选择“设置主键”选项，将其设置为新表的主键。其中，“id”、“itemType”、“itemText”、“URL”、“position”分别表示“菜单项 id”、“菜单项类型”、“菜单项显示文本”、“链接地址”及“同级菜单项的先后位置”。

③ 表设计完成后保存为“managemenu”，并右击“表”，选择“显示表数据”选项，适当填入数据，如图 8.20 所示。其中，itemType 字段的值若为 0，则表示其为根菜单项，如不为 0，则表示该菜单项有父菜单项，它的父菜单项由 itemType 值所指向的 id 值确定。在图 8.20 中，id=4 的“退出管理”项即是“注销”与“返回首页”菜单项的父菜单项。

dbo.managemenu: 表(tpworld-nblack\sqlexpress.newsSystem)

列名	数据类型	允许为 null
id	int	☐
itemType	int	☐
itemText	nchar(10)	☐
URL	nvarchar(20)	☑
position	int	☑
		☐

图 8.19　managemenu 表结构

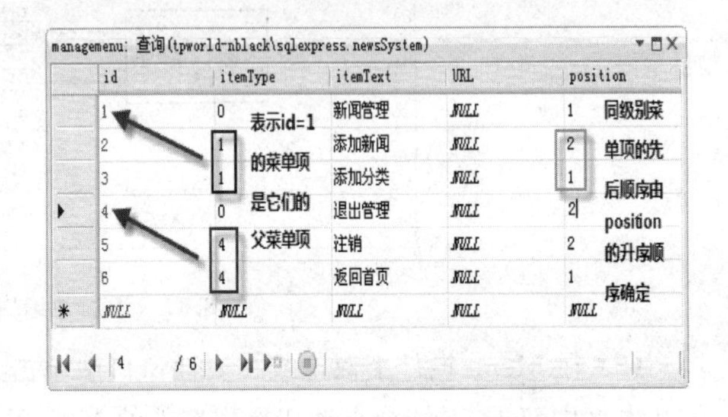
managemenu: 查询(tpworld-nblack\sqlexpress.newsSystem)

id	itemType	itemText	URL	position
1	0	新闻管理	NULL	1
2	1	添加新闻	NULL	2
3	1	添加分类	NULL	1
4	0	退出管理	NULL	2
5	4	注销	NULL	2
6	4	返回首页	NULL	1
NULL	NULL	NULL	NULL	NULL

图 8.20　managemenu 表数据

(2) 在网站“Chapter 8”中以“chapter8-2.master”文件作为母版页，添加一个新的内容页窗体并命名为“chapter8-6.aspx”，切换至设计视图，在 Content 控件中拖放一个 Menu 控件。

(3) 打开 chapter8-6.aspx.cs 代码页，将分部类 partial class chapter8_6 中的代码替换如下：

```
public int itemType;
protected void Page_Load(object sender, EventArgs e)
{
    SqlConnection conn = new SqlConnection("Data Source = .\\SQLEXPRESS;Ini-
tial Catalog = newsSystem;Integrated Security = True");
    conn.Open();
    //查找根菜单项并按 position 升序排序
    SqlCommand cmd = new SqlCommand("select * from managemenu where itemType
 = 0 order by position", conn);
    SqlDataReader sdr = cmd.ExecuteReader(); //执行查询将结果送入 DataReader
    while (sdr.Read()) //循环读取每一行数据
    {
        MenuItem rootItem = new MenuItem();  //创建根菜单项
```

```
            rootItem.Text = sdr["itemText"].ToString(); //依次获取字段的值设置
根菜单项的属性
            rootItem.Value = sdr["id"].ToString();
            rootItem.Enabled = true;
            rootItem.NavigateUrl = sdr["URL"].ToString();
            Menu1.Items.Add(rootItem);          //将根菜单项添加到菜单项集合中
            //获取根菜单项的id值,用于查找它的子菜单项
            itemType = Convert.ToInt16(sdr["id"].ToString());
            addchildmenu(rootItem);
        }
        //关闭数据库连接
        cmd.Connection.Close();
    }
    //将子菜单项添加到parentItem所标识的父菜单项中
    protected void addchildmenu(MenuItem parentItem)
    {
        SqlConnection conn = new SqlConnection("Data Source = .\\SQLEXPRESS;Ini-
tial Catalog = newsSystem;Integrated Security = True");
        conn.Open();
        //根据根菜单项的id值,查找子菜单项并按position升序排序
        SqlCommand cmd1 = new SqlCommand("select * from managemenu where itemType
=" + itemType + "order by position", conn);
        SqlDataReader sdr = cmd1.ExecuteReader();
        while (sdr.Read())
        {
            MenuItem childItem = new MenuItem(); //创建子菜单项
            childItem.Text = sdr["itemText"].ToString(); //依次获取字段的值设置
子菜单项的属性
            childItem.Value = sdr["id"].ToString();
            childItem.Enabled = true;
            childItem.NavigateUrl = sdr["URL"].ToString();
            parentItem.ChildItems.Add(childItem); //为当前父菜单项添加子菜单项
            itemType = Convert.ToInt16(sdr["id"].ToString());
            addchildmenu(childItem); //循环添加当前子菜单项的下一级菜单项
        }
        //关闭数据库连接
        cmd1.Connection.Close();
    }
```

(4) 运行页面,结果如图8.21所示。

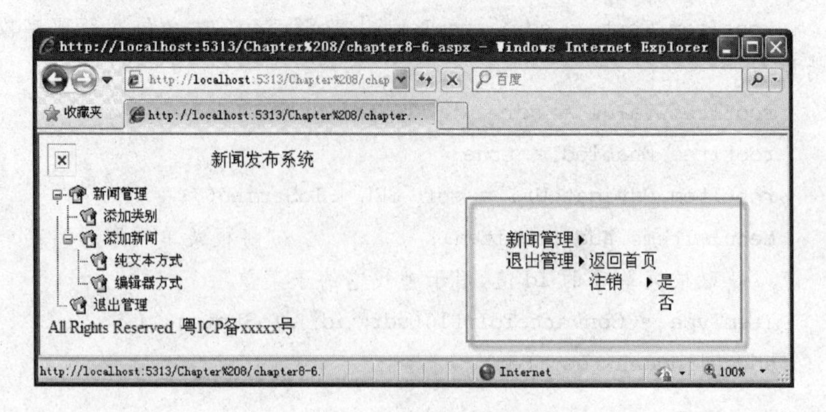

图 8.21　动态级联菜单运行结果

Menu 控件的属性、方法及使用与 TreeView 控件非常相似，可以方便地将以上动态级联菜单的实现方法移植到 TreeView 中实现动态树型导航，有兴趣的读者可以自己动手尝试。

习　题

1. 填空题

(1) 母版页上通常包括一个或多个______控件，也被称为______控件。这些控件用于定义可替换内容出现的区域，可替换内容是在______中定义的。

(2) 设计站点导航时，我们使用______描述站点的逻辑结构，使用______控件在页面上显示导航菜单。

2. 选择题

(1) 使用 TreeView 进行站点导航必须通过与(　　)控件集成实现。

A. SiteMapDataSource　　B. SiteMap　　C. SiteMapPath　　D. Menu

(2) 以下关于导航控件的说法正确的是(　　)。

A. TreeView 控件使用的数据源必须是后缀名为 xml 的文件

B. SiteMapPath 控件必须使用后缀名为 xml 的文件和站点地图为数据源

C. 模板页上不能放置导航控件

D. 只有在站点地图中写明某页面的 url，该页面才能显示 SiteMapPath 导航控件

3. 简答题

(1) 什么是皮肤？主题与皮肤的关系是什么？

(2) 皮肤文件和样式表文件的区别与联系是什么？

(3) 简述在母版页—内容页结构中如何使用主题。

(4) 简述多种导航方式各自的优缺点及适用场合。

第 9 章　项目实践之三层架构新闻发布系统

企业级数据库系统通常需要跟随企业业务的变化而变化，所以在设计与开发初期就要考虑其数据体系结构的合理性、灵活性、健壮性，从而既能满足企业级应用的复杂需求，又能为今后系统的调整和升级留有余地，减少系统维护的开销和难度。本章将以一个基于三层架构模式搭建的新闻发布系统作为入手实践案例，简要介绍如何进行企业级数据库系统的开发。

9.1　三层架构概述

9.1.1　二层架构及其局限性

在完成第 6 章的学习之后，我们陆续接触到了一些与数据库交互的 Web 应用程序，它们大多是基于二层架构实现的，即由用户界面层直接去访问与操作数据源，如图 9.1 所示。二层架构模式下，要求 Web 应用程序开发与设计人员必须兼具美工、代码编写、数据库基础连接方法等一系列背景知识，同时开发出的程序存在着很多局限性，一旦用户的需求发生变化，应用程序就需要随之进行大量修改，甚至重新开发，给系统的维护和升级都带来了极大的不便。而企业级应用程序的业务规则比较丰富，往往要求高灵活性和高可维护性，二层架构模式由于自身的局限性已不能满足其需求，三层架构模式则因其“高内聚、低耦合”的特性应运而生。

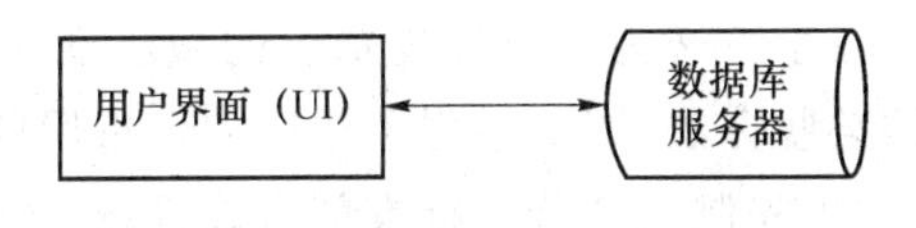

图 9.1　二层架构软件模型

9.1.2　什么是三层架构

所谓三层架构，是指在客户端与数据库之间人为地加入了一个“中间层”，也叫组件层。通用的三层架构模型如图 9.2 所示。

通常，中间层又会被划分成业务逻辑层(Business Logic Layer，BLL)、数据访问层(Database Access Layer，DAL)和数据对象模型层(Database Object Model Layer，简称 Model)。此时的三层架构软件模型如图 9.3 所示。

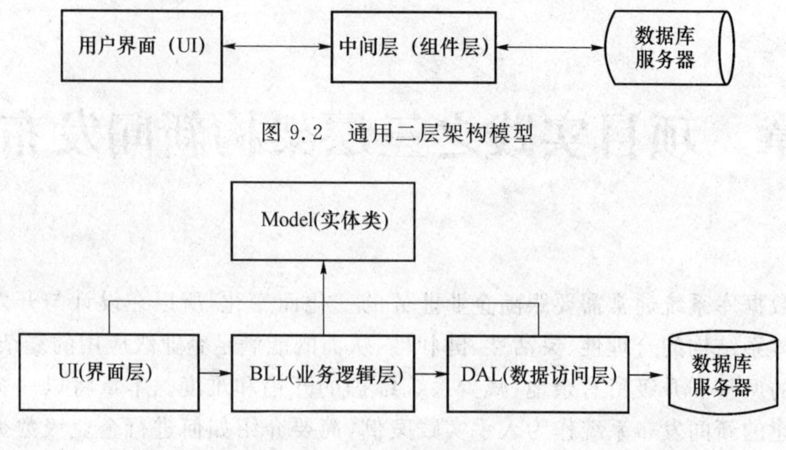

图 9.2　通用二层架构模型

图 9.3　三层架构模型

- 用户界面(User Interface,UI),也称表示层,位于最上层,用于显示和接收用户提交的数据,为用户提供交互式的界面。
- 业务逻辑层是表示层和数据访问层之间沟通的桥梁,主要负责数据的传递和处理。
- 数据访问层主要实现对数据的读取、保存和更新等操作。
- 数据对象模型层即业务实体层,主要用于表示数据存储的持久对象。在实际应用程序中的实体类是跟数据库中的表相对应的,也就是说一个表会有一个对应的实体类。

在三层架构中,表示层直接依赖于业务逻辑层,业务逻辑层直接依赖于数据访问层,数据访问层直接依赖于数据对象模型层。

9.1.3　三层架构的优越性

三层架构主要体现出了对程序分而治之的思想:数据访问层只负责提供对数据的操作,并不需要了解上层业务逻辑;业务逻辑层调用数据访问层提供的方法自定义一些业务逻辑,对数据进行加工,本身不需要了解数据访问层的实现;表示层直接调用业务逻辑提供的方法,将数据呈现给用户。

三层架构最突出的特点在于不必为了业务逻辑上的微小变化而迁至整个程序的修改,只需要修改业务逻辑层中的某些方法,因此增强了代码的可重用性,便于不同工作领域的开发人员"协同作战",只要遵循事先制定的接口标准就可以进行并行开发,最后将各个部分拼接到一起即可构成最终的 Web 应用程序。

9.1.4　三层架构的搭建实例

亲手搭建一个简单的三层架构实例,有助于大家对层次划分方法的掌握,同时可以加深对各层作用的理解,也有利于后续"新闻发布系统"项目实践的开展。

【案例 9-1】下面的操作演示了如何通过三层架构向"newsSystem"数据库(第 6 章中已建立)的"news"数据表中插入数据,为使代码尽可能简化,这里仅以插入"title"字段值为例。

方法与步骤如下。

(1) 在 Visual Studio 2010 中打开"服务器资源管理器",在数据连接中打开"newsSys-

tem”数据库，展开表，修改 news 数据表的定义，如图 9.4 所示。

(2) 打开“文件”菜单→新建项目→其他项目类型→Visual Studio 解决方案→空白解决方案，如图 9.5 所示，输入名称并指定存放路径。

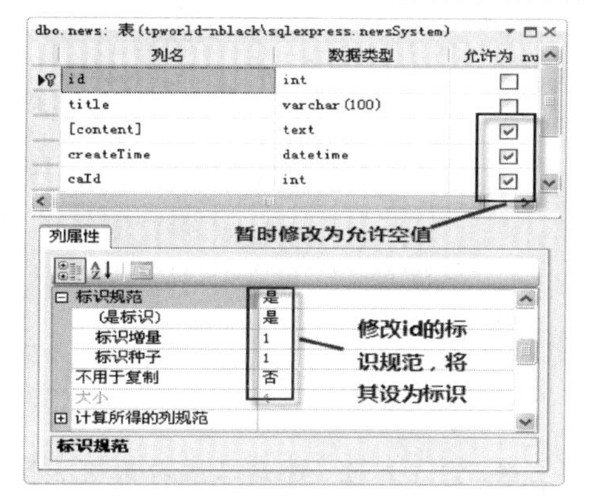

图 9.4　修改 news 数据表的定义

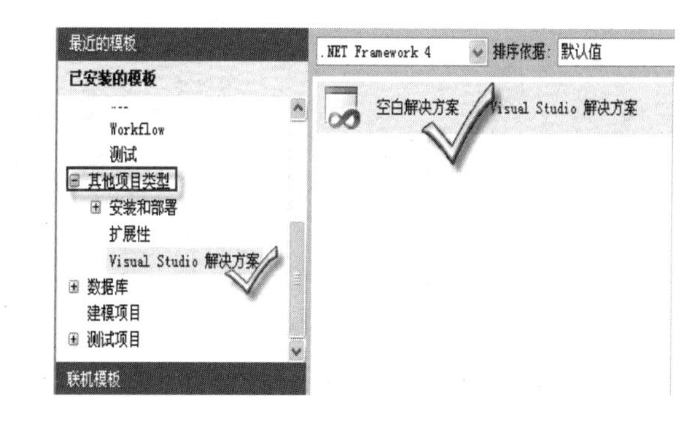

图 9.5　添加空白解决方案

(3) 在解决方案上单击右键→添加→新建项目→Visual C#→类库，命名为“Model”，系统会生成一个“class1.cs”文件，将其重命名为“News.cs”。打开文件，在 News 类中输入以下代码：

```
public News(){ }
private string title;
// 设置新闻标题属性
public string Title
{
    set { title = value; }
    get { return title; }
}
```

可以看到，实体类的代码非常简单，仅仅是将数据表字段以“属性”的方式重新表示，主要负责在层之间传递数据，不包含任何逻辑性内容。

(4) 重复第(3)步的操作，添加“DAL”类库(数据访问层)，添加完成后，将“class1.cs”文件重命名为“NewsDAO.cs”，并在 NewsDAO 类中添加如下代码：

```
public bool addNews(News n)
{
    // 通过 web.config 文件中的<connectionStrings>节获取查询字符串
    string connStr = System.Configuration.ConfigurationManager.Connection-
Strings["ConnectionString"].ToString();
    SqlConnection conn = new SqlConnection(connStr);
    conn.Open();
    // 将 News 实体类的 Title 属性值插入数据表，并返回是否成功的标志
    string sql = "insert into News (title) values (@title)";
    SqlCommand cmd = new SqlCommand(sql, conn);
    cmd.Parameters.AddWithValue("@title", n.Title);
```

```
    if (cmd.ExecuteNonQuery() > 0)
    {
        conn.Close();
        return true;
    }
    else
    {
        conn.Close();
        return false;
    }
}
```

注意:① 连接字符串引用自 web.config 配置文件,需在建立 UI 层后进行配置,见步骤(7)。

② 需要在文件顶部加入引用命名空间的代码:

```
using System.Data;
using System.Data.SqlClient;
using System.Configuration;
using Model;
```

③ “using Model;”下面会有一条绿色的线,表示我们还没有将引用添加至项目,还需要右击“DAL”选择“添加引用”,在弹出窗口的“项目”选项卡中选择“Model”并确定,如图9.6所示。这样在 DAL 下面的引用中就可以看到 Model 被加入进来了。同样地,如果提示 System. Configuration 不在引用中,也需要手动添加一下,添加的方法同刚刚的操作基本相同,只是在“添加引用”对话框中要选择“. NET”选项卡。

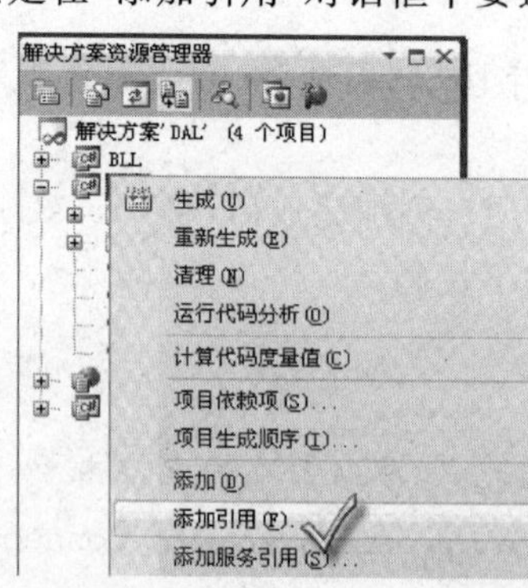

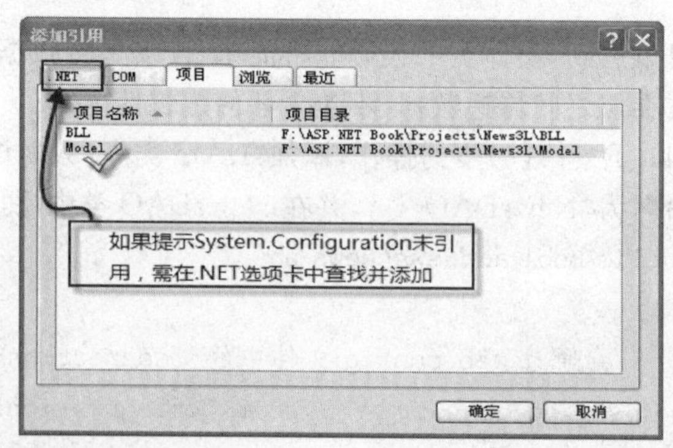

图 9.6 添加引用

【提示】在使用三层架构实现系统时,我们通常需要由具体的业务逻辑(BLL 层负责)确定对应的数据访问操作。本例中的业务逻辑只有一个,即向 News 表插入新闻标题 title。相应地,在 DAL 层创建了插入数据的数据接口 addNews(News n)。

(5) 重复第(3)步的操作,添加“BLL”类库(业务逻辑层),添加完成后,把“class1. cs”文件改名为“NewsManager. cs”,并在 NewsManager 类中添加如下代码:

```
private NewsDAO ndao = null;
// 建立数据访问接口
public NewsManager()
{
    ndao = new NewsDAO();
}
// 通过数据访问接口添加数据
public bool addNews(News n)
{
    return ndao.addNews(n);
}
```

然后在顶部添加“using DAL;”，此时“using DAL;”下面会有一条绿色的线，仍然需要添加引用，操作方法同第(4)步中的【注意】③。

从以上代码不难看出，在有了 Model 实体类与 DAL 数据访问层的支撑后，业务逻辑层只需关心表示层下达的特定业务逻辑，并借助 DAL 层的数据访问接口传递实体类对象参数即可，而无须理会数据操作的具体实现过程。

(6) 在解决方案上单击右键→添加→新建网站→ASP. NET 空网站，Web 位置选项选择“文件系统”，选择一个路径并以“WebUI”为名存储网站。

(7) 在网站的 web. config 配置文件<configuration>配置节中添加如下内容：

```
<connectionStrings>
    <add name="ConnectionString" connectionString="Data Source=.\SQLEXPRESS;Initial Catalog=newsSystem;Integrated Security=True" providerName="System.Data.SqlClient"/>
</connectionStrings>
```

(8) 在 Default. aspx 页面中添加一个 TextBox 控件及一个 Button 控件，并修改 TextBox 控件的“id”属性为“tbTitle”，修改 Button 控件的“Text”属性为“添加”。

(9) 双击 Button 控件，在控件的单击事件过程中加入如下代码：

```
Model.News n = new News();
n.Title = tbTitle.Text.ToString();
BLL.NewsManager nm = new NewsManager();
if (nm.addNews(n))
{
    Response.Write("插入成功");
}
else
{
    Response.Write("插入失败");
}
```

同之前的操作一样，在文件的顶部需要加入命名空间的引入：

using BLL;

using Model;

按第(4)步中的【注意】(3) 操作,添加 BLL 和 Model 引用。

(10) 至此,这个简单的三层架构实例就搭建完毕了,其总体结构如图 9.7 所示。按"Ctrl"+"F5"组合键运行页面,在文本框中输入新闻标题,单击"添加"按钮,当页面输出"成功"时,打开数据库的 News 表验证结果,如图 9.8 所示。

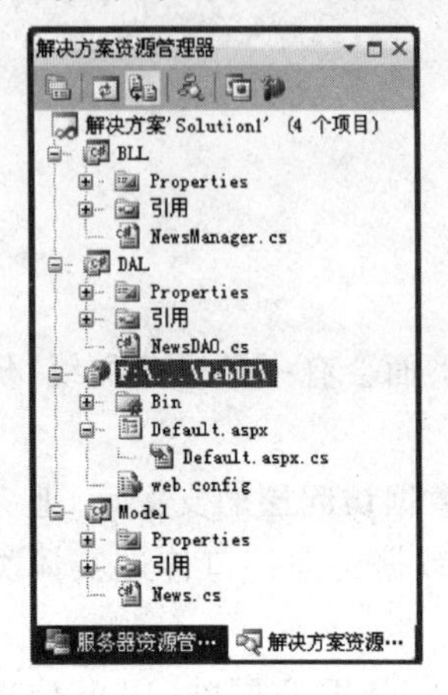

图 9.7 三层架构总体结构

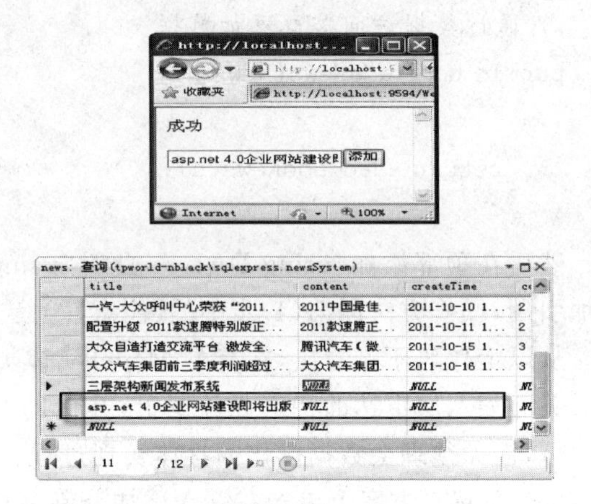

图 9.8 运行结果

9.2 系统需求分析与功能设计

9.2.1 系统功能与流程设计

新闻发布系统由前、后台两部分构成。前台部分主要为用户提供新闻浏览与查询服务,后台部分则允许管理员在进行身份验证后对新闻及新闻分类等信息加以维护。具体操作流程如图 9.9、图 9.10 所示。

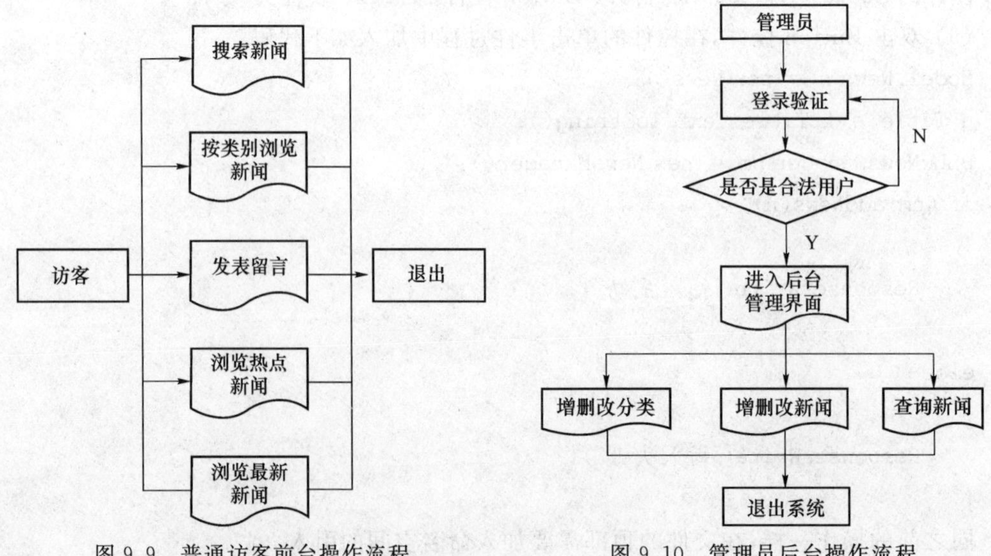

图 9.9 普通访客前台操作流程

图 9.10 管理员后台操作流程

9.2.2　数据库设计

1. 添加数据表

根据前面介绍的功能需求，可以着手设计本系统的数据库“newsSystem”，它由新闻表(news)、新闻分类表(category)及评论表(comment)构成，如图 9.11～9.14 所示。

列名	数据类型	允许为 null	
id	int	☐	编号，是标识
title	varchar(100)	☐	新闻标题
[content]	text	☐	新闻内容
createTime	datetime	☐	发布时间
caId	int	☑	所属分类
		☐	

图 9.11　news 数据表结构

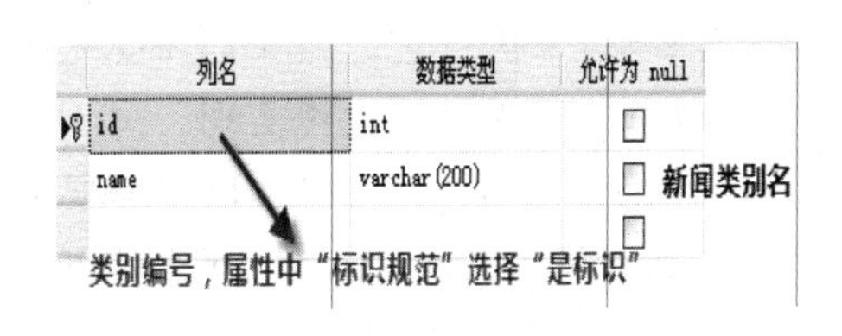

图 9.12　category 数据表结构

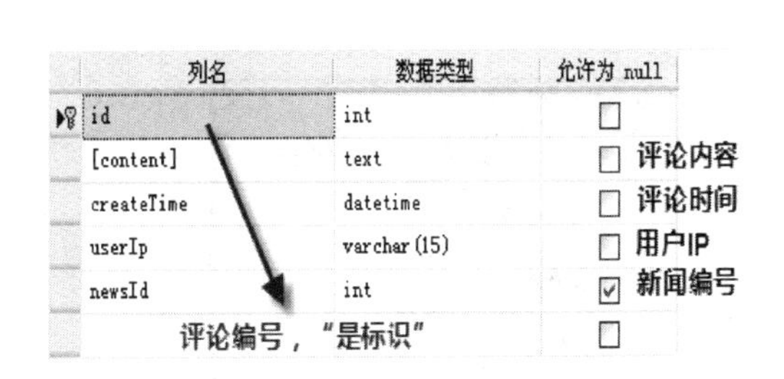

图 9.13　comment 数据表结构

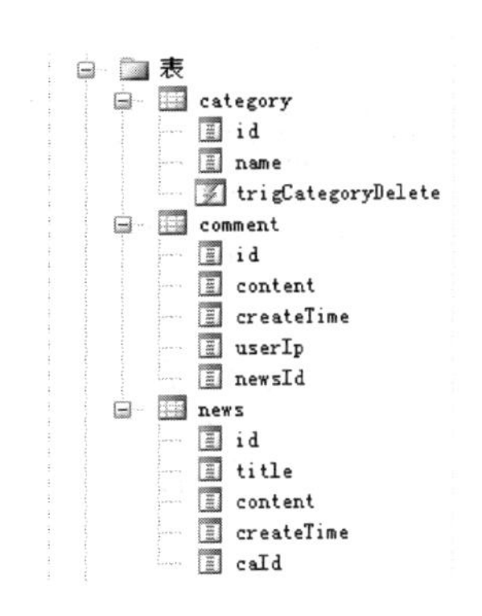

图 9.14　设计完成后的表结构一览

2. 添加触发器

当删除新闻类别时，应首先删除该类别下所有新闻的评论，然后删除该类别下的所有新闻，最后删除新闻类别。此时可以考虑使用触发器应对这种级联式删除，具体操作为：打开“服务器资源管理器”，然后右击“category”表选择“添加新触发器”，在触发器窗口中用如下代码替换原有代码：

```
ALTER TRIGGER [dbo].[trigCategoryDelete]
  ON  dbo.category
  instead of DELETE
AS
BEGIN
     declare @caId int
     select @caId = id from deleted
     -- 删除评论
     delete comment where newsId in (select newsId from news where caId = @caId)
     -- 删除新闻
```

```
    delete news where caId = @caId
    -- 删除类别
    delete category where id = @caId
END
```

3. 创建存储过程

所谓存储过程，就是在大型数据库系统中，一组为了完成某种特定功能而编写的SQL语句集，经编译后存储在数据库中，用户通过指定存储过程的名字并给出参数(如果该存储过程带有参数)来执行它。当我们需要完成的某种功能较为复杂而需要使用多条SQL语句时，就可以考虑采用存储过程实现。

由于系统的功能已经确定，所以需要哪些存储过程也很好确定了。例如，前台访问时需要一个按类别显示新闻的方法，那么就可以创建一个存储过程实现这个功能。本系统数据库共创建了9个存储过程，如图9.15所示。

需要创建存储过程时，在"存储过程"文件夹上单击右键，选择"添加新存储过程"即可，如图9.16所示。下面提供了3个存储过程的实现代码，也较有代表性与参考价值。

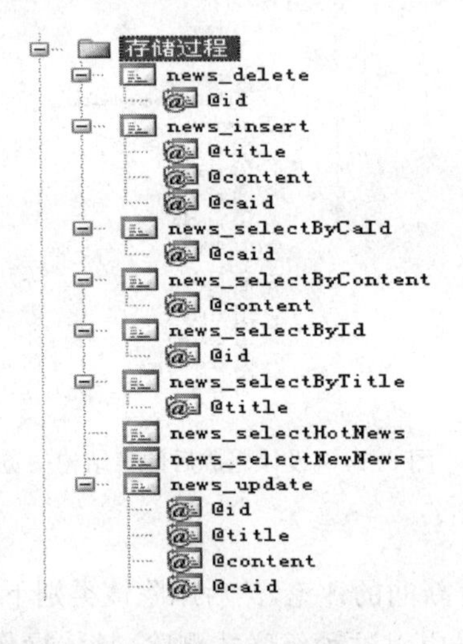

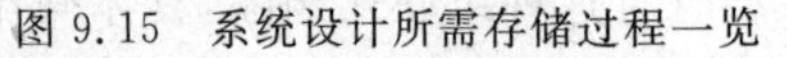
图 9.15　系统设计所需存储过程一览

图 9.16　添加存储过程

(1) 根据类别编号查找新闻。

```
ALTER PROCEDURE [dbo].[news_selectByCaId]
@caid int
AS
BEGIN
    select n.id,n.title,n.createTime,c.[name],n.caId from news n
    inner join category c on n.caId = c.id and n.caId = @caid
    order by n.createTime desc
END
```

(2) 根据新闻内容关键字查找新闻(根据新闻标题关键字查询与其类似)。

```
ALTER PROCEDURE [dbo].[news_selectByContent]
```

```
@content varchar(1000)
AS
BEGIN
    select top 10 n.id,n.title,n.createTime,c.[name],n.caId from news n
    inner join category c on n.caId = c.id
    where n.content like '%' + @content + '%'
    order by n.createTime desc
END
```

(3) 选取新闻评论数最多的前5条新闻作为热点新闻。

```
ALTER PROCEDURE [dbo].[news_selectHotNews]
AS
BEGIN
    select top 5 n.id,n.title,n.createTime,c.[name],count(com.id) as com-
Count,
    c.id as caId
    from news n
    inner join category c on n.caId = c.id
    left join comment com on com.newsId = n.id
    group by n.id,n.title,n.createTime,c.[name],c.id
    order by comCount desc
END
```

9.2.3 Model层(实体层)的设计

通过案例9-1这个简单的实践案例,我们已经获悉Model层里面的每一个类都对应数据库里面的一张表,类里面的每一个属性则对应表中的一个字段。每个属性都有自己的get和set方法,项目中的数据存取就是依靠get和set方法实现的。确切地说,Model不属于纵向中的哪一层,而是所有层都要用到的业务实体层,其最主要的作用是用来在各层之间传递参数。

新闻发布系统数据库中共添加了3张数据表,相应地就需要定义3个实体类News.cs、Category.cs及Comment.cs与其一一对应。各实体类的实现方法完全一致,这里仅以News实体类为例,其完整代码如下:

```
namespace Model
{
    public class News
    {
        private string id;
        public string Id
        {
            get { return id; }
```

```
        set { id = value; }
    }
    private string title;
    public string Title
    {
        get { return title; }
        set { title = value; }
    }
    private string content;
    public string Content
    {
        get { return content; }
        set { content = value; }
    }
    private string createTime;
    public string CreateTime
    {
        get { return createTime; }
        set { createTime = value; }
    }
    private string caId;
    public string CaId
    {
        get { return caId; }
        set { caId = value; }
    }
    public News() { }
    public News(string title, string content, string caid)
    {
        this.title = title;
        this.content = content;
        this.caId = caid;
    }
    public News(string id, string title, string content, string caid)
    {
        this.id = id;
        this.title = title;
        this.content = content;
        this.caId = caid;
```

```
        }
    }
```

9.2.4 DAL 层(数据访问层)的方法设计

DAL 层中的类主要用于完成用户数据的存取操作。数据访问层是与数据库直接交互的层级，如查找数据、更新数据、插入数据等。它的上一级是 BLL(业务逻辑层)。当业务逻辑层需要操作某张数据表的数据时，需要首先调用数据访问层的接口，再由数据访问层通过 ADO.NET 访问 SQL Server 数据库，并最终在表示层呈现数据。本系统中 DAL 层中共包含了以下 4 个类：

- SQLHelper.cs(SQL 数据库助手类)
- NewsDAO.cs(新闻表操作类)
- CategoryDAO.cs(类别表操作类)
- CommentDAO.cs(评论表操作类)

其中，SQL 数据库助手类用于完成建立数据源连接、执行 SQL 查询或存储过程等操作。有了助手类的支撑后，其他表操作类的方法实现上进一步简化，只需向助手类提供查询所需的查询字符串、存储过程参数等。各操作类的具体实现十分类似，这里仅以“新闻表操作类”为例，代码如下：

```
namespace DAL
{
    public class NewsDAO
    {
        private SQLHelper sqlhelper;
        //创建数据库助手类对象,建立连接
        public NewsDAO()
        {
            sqlhelper = new SQLHelper();
        }
        //选择全部新闻
        public DataTable SelectAll()
        {
            DataTable dt = new DataTable();
            string sql = "select * from news";
            dt = new SQLHelper().ExecuteQuery(sql, CommandType.Text);
            return dt;
        }
        //取出最新 10 条新闻(所属分类、新闻标题、发布时间)
        public DataTable SelectNewNews()
        {
            return sqlhelper.ExecuteQuery("news_selectNewNews", CommandType.
```

```
StoredProcedure);
        }
        //根据类别ID取出该类别下的所有新闻
        public DataTable SelectByCaId(string caid)
        {
            DataTable dt = new DataTable();
            string cmdText = "news_selectByCaId";
            SqlParameter[] paras = new SqlParameter[] {
                new SqlParameter("@caid", caid)
            };
            dt = sqlhelper.ExecuteQuery(cmdText, paras, CommandType.Stored-
Procedure);
            return dt;
        }
        //根据新闻ID取出该条新闻主体内容
        public News SelectById(string id)
        {
            News n = new News();
            DataTable dt = new DataTable();
            string cmdText = "news_selectById";
            SqlParameter[] paras = new SqlParameter[] {
                new SqlParameter("@id", id)
            };
            dt = sqlhelper.ExecuteQuery(cmdText, paras, CommandType.Stored-
Procedure);
            n.Id = id;
            n.Title = dt.Rows[0]["title"].ToString();
            n.Content = dt.Rows[0]["content"].ToString();
            n.CreateTime = dt.Rows[0]["createTime"].ToString();
            n.CaId = dt.Rows[0]["caId"].ToString();
            return n;
        }
        //根据标题搜索新闻
        public DataTable SelectByTitle(string title)
        {
            DataTable dt = new DataTable();
            string cmdText = "news_selectByTitle";
            SqlParameter[] paras = new SqlParameter[] {
                new SqlParameter("@title", title)
```

```
            };
            dt = sqlhelper.ExecuteQuery(cmdText, paras, CommandType.Stored-
Procedure);
            return dt;
        }
        // 根据新闻内容搜索新闻
        public DataTable SelectByContent(string content)
        {
            DataTable dt = new DataTable();
            string cmdText = "news_selectByContent";
            SqlParameter[] paras = new SqlParameter[] {
                new SqlParameter("@content", content)
            };
            dt = sqlhelper.ExecuteQuery(cmdText, paras, CommandType.Stored-
Procedure);
            return dt;
        }
        //增加新闻
        public bool Insert(News n)
        {
            bool flag = false;
            string cmdText = "news_insert";
            SqlParameter[] paras = new SqlParameter[] {
                new SqlParameter("@title", n.Title),
                new SqlParameter("@content", n.Content),
                new SqlParameter("@caid", n.CaId)
            };
            int res = sqlhelper.ExecuteNonQuery(cmdText, paras, CommandType.
StoredProcedure);
            if (res > 0)
            {
                flag = true;
            }
            return flag;
        }
        //修改新闻
        public bool Update(News n)
        {
            bool flag = false;
```

```
            string cmdText = "news_update";
            SqlParameter[] paras = new SqlParameter[] {
                new SqlParameter("@id", n.Id),
                new SqlParameter("@title", n.Title),
                new SqlParameter("@content", n.Content),
                new SqlParameter("@caid", n.CaId)
            };
            int res = sqlhelper.ExecuteNonQuery(cmdText, paras, CommandType.
StoredProcedure);
            if (res > 0)
            {
                flag = true;
            }
            return flag;
        }
        //删除新闻
        public bool Delete(string id)
        {
            bool flag = false;
            string cmdText = "news_delete";
            SqlParameter[] paras = new SqlParameter[] {
                new SqlParameter("@id", id)
            };
            int res = sqlhelper.ExecuteNonQuery(cmdText, paras, CommandType.
StoredProcedure);
            if (res > 0)
            {
                flag = true;
            }
            return flag;
        }
    }
}
```

如前所述,表操作类只负责查询参数的构造与传递,具体的建立连接、执行查询等操作还需"SQL 数据库助手类"的协助,其完整代码如下:

```
public class SQLHelper
{
    private SqlConnection conn = null;
    private SqlCommand cmd = null;
```

```
        private SqlDataReader sdr = null;
        //通过构造函数以配置文件连接字符串形式建立连接
        public SQLHelper()
        {
            string connStr = ConfigurationManager.ConnectionStrings["connStr"].
ConnectionString;
            conn = new SqlConnection(connStr);
        }
        //打开连接
        private SqlConnection GetConn()
        {
            if (conn.State == ConnectionState.Closed)
            {
                conn.Open();
            }
            return conn;
        }
        //执行不带参数的SQL语句或存储过程并关闭连接
        public int ExecuteNonQuery(string cmdText, CommandType ct)
        {
            int res;
            try
            {
                cmd = new SqlCommand(cmdText, GetConn());
                cmd.CommandType = ct;
                res = cmd.ExecuteNonQuery();
            }
            catch (Exception ex)
            {
                throw ex;
            }
            finally
            {
                if (conn.State == ConnectionState.Open)
                {
                    conn.Close();
                }
            }
            return res;
```

```
        }
        //执行带参数的 SQL 语句或存储过程
        public int ExecuteNonQuery(string cmdText, SqlParameter[] paras, Command-
Type ct)
        {
            int res;
            using (cmd = new SqlCommand(cmdText, GetConn()))
            {
                cmd.CommandType = ct;
                cmd.Parameters.AddRange(paras);
                res = cmd.ExecuteNonQuery();
            }
            return res;
        }
        //执行不带参数的 SQL 语句或存储过程,返回查询结果
        public DataTable ExecuteQuery(string cmdText, CommandType ct)
        {
            DataTable dt = new DataTable();
            cmd = new SqlCommand(cmdText, GetConn());
            cmd.CommandType = ct;
            using (sdr = cmd.ExecuteReader(CommandBehavior.CloseConnection))
            {
                dt.Load(sdr);
            }
            return dt;
        }
        //执行带参数的查询 SQL 语句或存储过程,返回查询结果
        public DataTable ExecuteQuery(string cmdText, SqlParameter[] paras, Com-
mandType ct)
        {
            DataTable dt = new DataTable();
            cmd = new SqlCommand(cmdText, GetConn());
            cmd.CommandType = ct;
            cmd.Parameters.AddRange(paras);
            using (sdr = cmd.ExecuteReader(CommandBehavior.CloseConnection))
            {
                dt.Load(sdr);
            }
            return dt;
```

```
        }
    }
```

9.2.5 BLL 层(业务逻辑层)的方法设计

一般会为系统中的每个功能模块在业务逻辑层设计一个对应的类,并在该类中实现此模块的所有业务逻辑。以系统中的新闻操作功能模块为例,它所需要的业务逻辑包括:浏览所有新闻、通过类别浏览新闻、通过新闻标题或内容查找新闻、添加新闻、修改新闻及删除新闻等。在 DAL 层的新闻操作类"NewsDAO"中已经为这些业务逻辑构建了数据接口,因此业务逻辑的具体实现就变得非常简单,各业务逻辑的具体实现代码如下:

```
namespace BLL
{
    public class NewsManager
    {
        private NewsDAO ndao = null;
        // 建立数据访问接口
        public NewsManager()
        {
            ndao = new NewsDAO();
        }
        // 通过新闻操作类的 SelectAll 方法选择全部新闻
        public DataTable SelectAll()
        {
            return ndao.SelectAll();
        }
        // 取出最新 10 条新闻
        public DataTable SelectNewNews()
        {
            return ndao.SelectNewNews();
        }
        // 根据类别 ID 取出该类别下的所有新闻
        public DataTable SelectByCaId(string caid)
        {
            return ndao.SelectByCaId(caid);
        }
        // 根据新闻 ID 取出该条新闻的具体内容
        public News SelectById(string id)
        {
            return ndao.SelectById(id);
        }
```

```
        //根据标题搜索新闻
        public DataTable SelectByTitle(string title)
        {
            return ndao.SelectByTitle(title);
        }
        //根据内容搜索新闻
        public DataTable SelectByContent(string content)
        {
            return ndao.SelectByContent(content);
        }
        //增加新闻
        public bool Insert(News n)
        {
            return ndao.Insert(n);
        }
        //修改新闻
        public bool Update(News n)
        {
            return ndao.Update(n);
        }
        //删除新闻
        public bool Delete(string id)
        {
            return ndao.Delete(id);
        }
    }
}
```

9.3 UI层(界面层或表示层)的设计

界面层的设计,首先需要根据用户的功能需求部署合适的控件,然后在特定控件的相应事件过程中调用业务逻辑层的方法实现需要的功能。

对于界面层的设计方法,当前主流的思想是将结构与表现分离:在aspx页面文件中只存储页面结构,不存放任何与外观设置有关的代码,所有与外观设置相关的代码都以CSS样式表文件的形式存放于一个专门的文件夹中。

9.3.1 前台界面的设计与实现

前台界面主要由新闻展示首页“default.aspx”、按类别浏览新闻页“list.aspx”、新闻内容与评论页“newscontent. aspx”及新闻搜索结果展示页“searchres. aspx”构成。考虑到系统整体风格及页面主体结构应保持相对一致，在系统的前台界面实现上使用了母版页技术与 DIV+CSS 的布局模式。

1. 母版页的设计

DIV+CSS 布局模式是结构与表现分离的界面设计思想的突出代表。在母版页的布局设计上就采用了这一模式，将整个页面划分成了“top”(由于放置网站 logo 及 banner)、“search”(搜索区域，根据关键字搜索新闻)、“main”(页面的主体部分，由左右两部分构成)、“footer”(页脚，用于放置版权信息等)4 个 DIV 层。其中，又将主体部分细分成了“category”(以无序列表配合 Repeater 控件呈现新闻分类导航条)与“content”(用于放置 ContentPlaceHolder 控件)两部分，如图 9.17 所示。

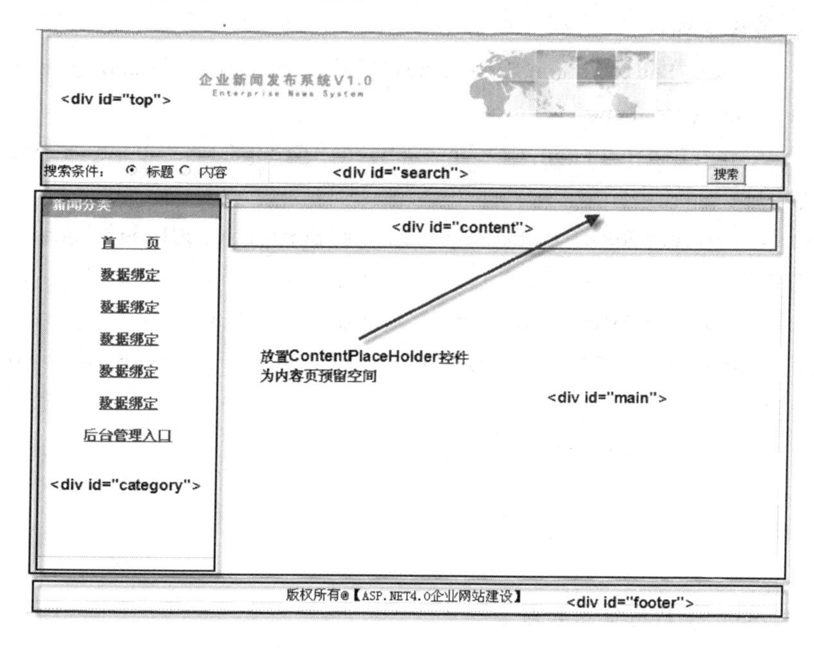

图 9.17　母版页的 DIV 布局结构

页面完整代码如下：

```
<%@ Master Language="C#" AutoEventWireup="true" CodeFile="MasterPage.master.cs" Inherits="MasterPage" %>

<!DOCTYPE html PUBLIC "-//W3C//DTD XHTML 1.0 Transitional//EN" "http://www.w3.org/TR/xhtml1/DTD/xhtml1-transitional.dtd">
<html xmlns="http://www.w3.org/1999/xhtml">
<head runat="server">
<title>新闻发布系统 V1.0</title>
<!--引入外链样式表文件 -->
    <link href="css/common.css" rel="stylesheet" type="text/css" />
    <asp:ContentPlaceHolder ID="head" runat="server"></asp:ContentPlace-
```

```
Holder>
    </head>
    <body>
    <form id="form1" runat="server">
    <!—页面顶部,放置 banner -->
        <div id="top"><a href="Default.aspx" target="_blank"><img src="im-
ages/banner.jpg" width="760px" alt="返回首页"/></a>
        </div>
    <!—搜索层,放置搜索所需的控件 -->
        <div id="search">
            搜索条件:
             <asp:RadioButton ID="radTitle" GroupName="cond" runat="server"
Text=" 标题" Checked="true" />
            <asp:RadioButton ID="radContent" GroupName="cond" runat="server"
Text=" 内容" />
            <asp:TextBox ID="txtKey" runat="server" CssClass="searchkey" Back-
Color="#FAFCFD"
                BorderColor="#CCEFF5"></asp:TextBox>
            <asp:Button ID="btn" UseSubmitBehavior="false" runat="server" Text
="搜索"
                onclick="btn_Click" />
    </div>
    <!—页面主体层,核心部分 -->
    <div id="main">
            <!—类别信息导航条 -->
        <div id="category" class="commonfrm">
            <h4>新闻分类</h4>
          <!—以无序列表配合 Repeater 控件实现的类别导航条->
            <ul>
                <li><a href="Default.aspx">首    页</a></li>
                <asp:Repeater ID="repCategory" runat="server">
                <ItemTemplate>
                    <!—绑定新闻分类表中的 id 字段及类别名字段,并设置链
接跳转->
                    <li><a href='list.aspx? caid=<%# Eval("id") %>'
><%# Eval("name") %></a></li>
                </ItemTemplate>
                </asp:Repeater>
                <li><a href="admin/login.aspx">后台管理入口</a></
```

```
li>
                </ul>
            </div>
            <! —为内容页预留的内容层-->
            <div id="content" class="commonfrm">
                <asp:ContentPlaceHolder ID="ContentPlaceHolder1" runat="serv-
er">
                </asp:ContentPlaceHolder>
             </div>
        </div>
        <! —页脚,放置版权信息等-->
        <div id="footer">
            <span lang="zh-cn">版权所有@【ASP.NET4.0 企业网站建设】</span>
        </div>
        </form>
    </body>
    </html>
```

母版页提供的功能主要包括单击"搜索按钮"时跳转页面并传递搜索条件，以及根据新闻分类表在 Repeater 控件中显示类别信息两部分。相应的程序代码如下：

```
    public partial class MasterPage : System.Web.UI.MasterPage
    {
        protected void Page_Load(object sender, EventArgs e)
        {
            if (! Page.IsPostBack)
            {
                // 通过 BLL 层的 CategoryManager 类执行"选取全部分类"业务逻辑
                // 为 Repeater 控件绑定新闻分类
                repCategory.DataSource = new CategoryManager().SelectAll();
                repCategory.DataBind();
            }
        }
        // 跳转至搜索结果页面,并传递搜索条件
        protected void btn_Click(object sender, EventArgs e)
        {
            string key = txtKey.Text.Trim();
            string action = radTitle.Checked ? "bytitle" : "bycontent";
             Response.Redirect ("~/searchres.aspx? key=" + Server.UrlEncode
(key) + "&action=" + action);
        }
```

```
}
```

2. 内容页的设计

由于篇幅所限，这里仅以新闻展示首页“Default.aspx”的设计为例加以介绍。

首页的主要功能是在页面显示“最新新闻”与“热点新闻”两部分信息，当点击信息中的新闻类别或标题时，跳转至“list.aspx”(按类别浏览新闻页)或“newscontent.aspx”(新闻具体内容与评论页)。实现时，可考虑采用 GridView 控件，并在控件的模板字段中绑定相应数据。其中，“最新新闻”部分的页面设计源代码如下所示(“热点新闻”部分未列出，其实现方法与“最新新闻”完全一致)：

```
<asp:Content ID="Content2" ContentPlaceHolderID="ContentPlaceHolder1"
Runat="Server">
    <!-- 最新新闻展示层 -->
    <div id="latestnews" class="commonfrm">
      <h4>最新新闻</h4>
       <asp:GridView ID="gvNewNews" runat="server" AutoGenerateColumns="
False"
                    BorderWidth="0" GridLines="None">
            <Columns>
            <! —为模板字段“所属类别”绑定数据并提供跳转链接 -->
            <asp:TemplateField HeaderText="所属类别" HeaderStyle-CssClass="th_
category">
            <ItemTemplate>
            <a class="td_category" href='list.aspx?caid=<%#Eval("caId")
%>'>[<%# Eval("name") %>]</a>
          </ItemTemplate>
            <HeaderStyle CssClass="th_category"></HeaderStyle>
            </asp:TemplateField>
            <! —为模板字段“新闻标题”绑定数据并提供跳转链接 -->
            <asp:TemplateField HeaderText="新闻标题">
            <ItemTemplate>
              <a href='newscontent.aspx?newsid=<%#Eval("id") %>' target
="_blank" title='<%# Eval("title") %>'><%# Eval("title") %></a>
             </ItemTemplate>
             </asp:TemplateField>
          <! —为模板字段“发布时间”绑定数据 -->
             <asp:TemplateField HeaderText="发布时间" HeaderStyle-CssClass="th
_time" ItemStyle-CssClass="td_time">
             <ItemTemplate>
             <asp:Label ID="Label3" runat="server" Text='<%# Bind("create-
time") %>'></asp:Label>
```

```
            </ItemTemplate>
            <HeaderStyle CssClass="th_time"></HeaderStyle>
            <ItemStyle CssClass="td_time"></ItemStyle>
          </asp:TemplateField>
        </Columns>
      </asp:GridView>
    </div>
</asp:Content>
```

为使各模板字段绑定的数据能够正确显示，还需要在页面的后台代码中对 GridView 控件指定数据源并进行绑定操作，代码如下：

```
protected void Page_Load(object sender, EventArgs e)
{
        if (! Page.IsPostBack)
        {
            // 通过 BLL 层的 NewsManager 类执行选取最新新闻业务逻辑
            NewsManager nm  =  new NewsManager();
            // 为 GridView 控件绑定最新新闻
            gvNewNews.DataSource  =  nm.SelectNewNews();
            gvNewNews.DataBind();
        }
}
```

首页的运行结果如图 9.18 所示，可以单击“新闻类别”名跳转至按类别展示新闻页“list.aspx”，如图 9.19 所示。还可以单击“新闻标题”跳转至新闻内容与评论页“newscontent.aspx”，如图 9.20 所示。选择搜索项并输入搜索条件后单击“搜索”按钮可跳转至搜索

图 9.18　首页运行结果

结果页“reseachres.aspx”，如图 9.21 所示。

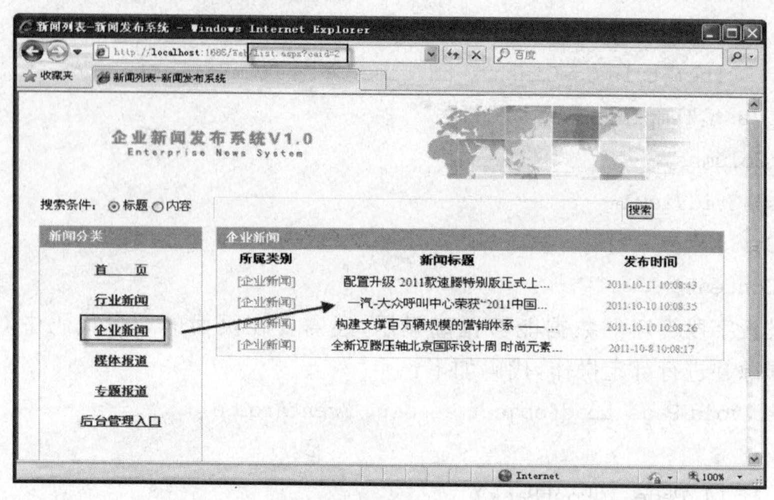

图 9.19　按类别展示新闻页运行结果

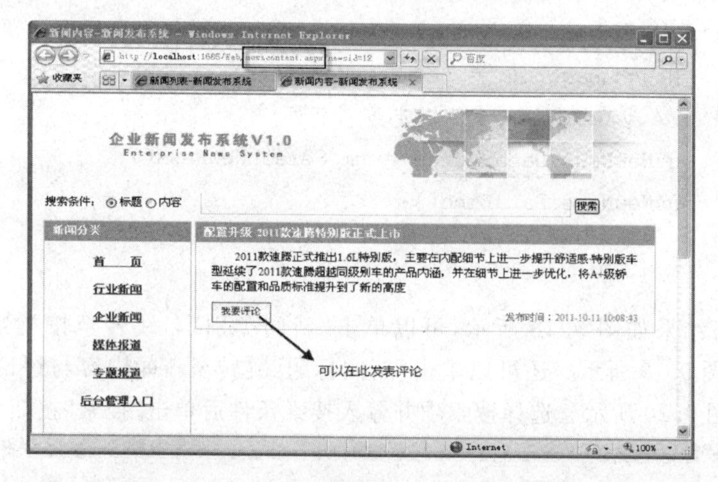

图 9.20　显示新闻内容与评论页运行结果

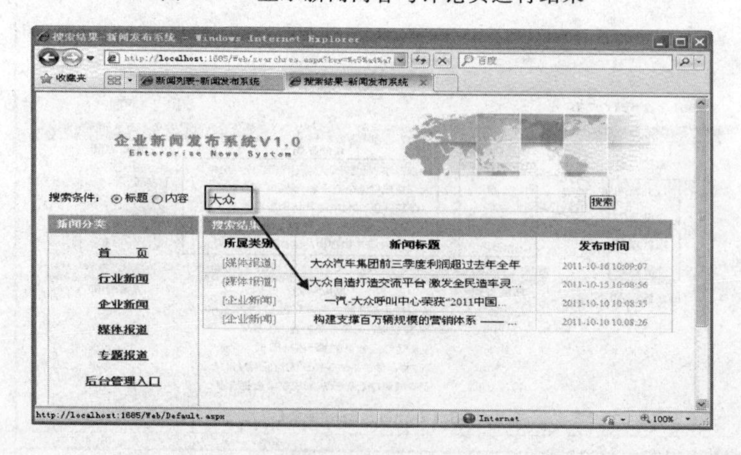

图 9.21　搜索结果展示页运行结果

3. CSS 样式表的设计

在进行界面设计时，采取了 DIV 层的形式进行了页面布局，DIV＋CSS 模式的另一核心就是设计有效的 CSS 样式以实现对 DIV 层的外观控制，前台母版页及内容页中所使用的样式如下：

```
* {   /* 把默认值都设置为 0 */
    margin:0;
    padding:0;
}
body {
    font-size: 14px;
}
a:link,a:visited { /* 超链接与超链接访问后的样式 */
    color: #000000;
    text-decoration: none;
}
a:hover { /* 超链接上鼠标悬停样式 */
    color: #0000FF;
    text-decoration: underline;
}
#top, #search, #main, #footer { /* 母版页四大部分的公共样式 */
    margin: 10px auto 10px auto;
    width: 760px;
}
#top{  /* 顶部层样式 */
    height: 120px;
}
#top img {  /* 顶部 banner 样式 */
    float: left;
    border-width: 0;
}
#search { /* 搜索层样式 */
     height: 27px;
    width: 757px;
}
#category { /* 母版页新闻分类层样式 */
    width: 180px;
    height: 372px ! important; height: 386px;
    margin-right:5px;
    margin-bottom: 10px;
}
```

```
#footer{  /*页脚样式 */
    text-align: center;
    border-top: 1px solid #D6D7D6;
    padding-top: 10px;
    clear: left;
}
.searchkey{ /* 搜索关键字文本框的样式 */
    border: 1px solid #CCEFF5;
    background-color: #FAFCFD;
    height: 25px;
    line-height: 25px;
    width: 450px;
    font-size: 16px;
}
.searchbtn{ /* 搜索按钮的样式 */
    border-style: none;
    background-color: #FAFCFD;
}
input{ /* input 标记样式 */
    vertical-align: middle;
}

ul,li{  /* 项目列表样式 */
    list-style-type:none;
}
li{
    text-align: center;
    margin: 20px;
}
li a:link, li a:visited{ /*项目名称的链接样式 */
    color: #0066CC;
    text-decoration: underline;
    font-weight: bold;
}
li a:hover {/*悬停样式*/
    color: #FF0000;
}

.commonfrm{ /* 母版页与内容页框架公共样式 */
    border: 1px solid #BFD1EB;
```

```
    float: left;
    width: 560px;
    background-color: #F3FaFF;
}
.commonfrm h4 { /* 框架标题样式 */
    color: #FFFFFF;
    background-color: #7EC0EE;
    height: 26px;
    line-height: 26px;
    padding-left: 10px;
    font-size: 14px;
}
#latestnews, #hotnews { /* 首页最新新闻与热点新闻框架样式 */
    margin-left: 5px;
    margin-bottom: 10px;
}
```

9.3.2 后台界面的设计与实现

后台的主要功能是实现新闻信息及新闻类别的添加、修改、删除等管理操作，其界面主要由登录验证页“login. aspx”、添加新闻页“addnews. aspx”、修改新闻页“modnews. aspx”、删除新闻及评论页“newsmanager. aspx”及类别管理页“categorymanager. aspx”等页面联合构成。为方便对前、后台页面文件加以区分，一般都会新建一个类似名为“admin”的文件夹用来存放后台页面文件。

由于篇幅的限制，下面将仅以“添加新闻页”为例对后台界面的设计与实现加以介绍。“addnews. aspx”页面的布局如图 9.22 所示，从中不难看出，该页面的设计上依然采用了母

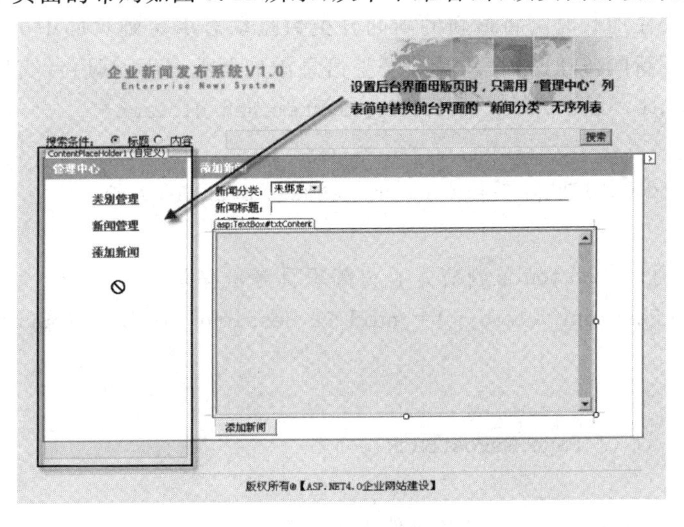

图 9.22　添加新闻页的页面布局

版页技术，而且该母版页与之前设计的前台母版页基本一致，只是用“管理中心”导航条简单地替换了原有的“新闻分类信息”导航条。

在母版页的基础上，“添加新闻页”的设计工作得到了极大的简化，只需要放置 4 个服务器控件即可，该页面的完整源代码如下：

```
<%@ Page Title="后台管理 - 添加新闻" Language="C#" MasterPageFile="~/admin/MasterPage.master" AutoEventWireup="true" ValidateRequest="false" CodeFile="addnews.aspx.cs" Inherits="admin_addnews" %>
<asp:Content ID="Content1" ContentPlaceHolderID="ContentPlaceHolder1" Runat="Server">
<!—为模板字段“发布时间”绑定数据 -->
<div id="addnews" class="commonfrm">
  <h4>添加新闻</h4>
      <p>
      新闻分类:<asp:DropDownList ID="ddlCategory" runat="server"></asp:DropDownList>
      </p>
      <p>新闻标题:<asp:TextBox ID="txtTitle" runat="server" CssClass="newstitle"></asp:TextBox></p>
      <p>新闻内容:</p>
      <p><asp:TextBox ID="txtContent" runat="server" TextMode="MultiLine" CssClass="newscontent"></asp:TextBox></p>
      <p><asp:Button ID="btnAdd" runat="server" Text="添加新闻" onclick="btnAdd_Click" /></p>
</div>
</asp:Content>
```

“添加新闻页”在加载时需将最新的新闻分类数据动态绑定到页面中的下拉列表控件，还需在单击“添加”新闻按钮时，将新闻的完整信息添加至数据库，其后台实现代码如下：

```
public partial class admin_addnews : System.Web.UI.Page
{
    protected void Page_Load(object sender, EventArgs e)
    {
        //通过 session 值判断是否为管理员身份登录
        if (Session["admin"] != null && Session["admin"].ToString() == "admin")
        {
            if (! Page.IsPostBack)
            {
                //为下拉列表控件绑定新闻分类
                DataTable dt = new CategoryManager().SelectAll();
```

```
                ddlCategory.DataSource = dt;
                ddlCategory.DataTextField = "name";
                ddlCategory.DataValueField = "id";
                ddlCategory.DataBind();
            }
        }
        else
        {
            // 未登录或身份不符,跳转回登录验证页
            Response.Redirect("login.aspx");
        }
    }

    // 添加新闻
    protected void btnAdd_Click(object sender, EventArgs e)
    {
        string title = txtTitle.Text.Trim();
        string content = txtContent.Text.Trim();
        string caid = ddlCategory.SelectedValue;
        //创建 News 实体类对象
        News newsInserted = new News(title, content, caid);
        //通过 BLL 层的 NewsManager 类执行"插入新闻"业务逻辑
        bool flag = new NewsManager().Insert(newsInserted);
        //是否插入成功
        if (flag)
        {
            Page.ClientScript.RegisterStartupScript(Page.GetType(), "message", "<script language='javascript' defer>alert('新闻添加成功!');</script>");
        }
        else
        {
            Page.ClientScript.RegisterStartupScript(Page.GetType(), "message", "<script language='javascript' defer>alert('新闻添加失败,请联系管理员!');</script>");
        }
        // 清空标题和内容
        txtTitle.Text = "";
        txtContent.Text = "";
```

```
    }
}
```

后台界面在使用 DIV+CSS 模式布局时，共用了前台界面的大部分 CSS 样式，其独有的样式如下：

```
#categorymanager,#addcategory ,#newsmanager,#addnews
{
    /* 类别与新闻管理公有样式 */
    width: 550px;
    float: left;
    margin-bottom:20px;
    padding-bottom:10px;
}

.newstitle  {/* 添加及修改新闻页新闻标题样式*/
    width: 380px;
}
.newscontent  {/* 添加及修改新闻页新闻内容样式 */
    width: 480px;
    height :236px;
}

/* 类别管理的表格样式 */
.m_table {
    border-collapse: collapse;
    margin: 0 auto;
    width: 560px;
    text-align: center;
}
.m_table th {
    background-color: #F7F3F7;
}
.m_table th, .m_table td{
    border: 1px solid #CECFCE;
    padding: 5px;
    height: 25px;
}
.tips { /* 提示文字样式 */
    color: Red;
    margin-top:10px;
```

```
    margin-bottom: 10px;
    text-align :center;
}
```

习　题

1. 简述三层架构开发模式的适用情况。
2. 简述每一层之间的关系以及这样分层的原因。

参考文献

[1] 马伟. ASP.NET 4 权威指南. 北京:机械工业出版社,2011.

[2] 谢菲尔德. ASP.NET 4 从入门到精通. 北京:清华大学出版社,2011.

[3] 沃尔瑟,等. ASP.NET 4 揭秘:第 1 卷. 北京:人民邮电出版社,2011.

[4] 麦克唐纳,等. ASP.NET 4 高级程序设计. 4 版. 北京:人民邮电出版社,2011.

[5] 庞娅娟,房大伟,等. ASP.NET 从入门到精通. 2 版. 北京:清华大学出版社,2010.

[6] 孙士保,张瑾,张鸣,等. ASP.NET 数据库网站设计教程(C#版). 北京:电子工业出版社,2010.

[7] 郑阿奇,王志瑞. ASP.NET 3.5 应用实践教程. 北京:电子工业出版社,2010.

[8] 张孝祥,徐明华,等. ASP.NET 基础与案例开发详解. 北京:清华大学出版社,2009.

[9] 沈士根,汪承焱,许小东. Web 程序设计——ASP.NET 实用网站开发. 北京:清华大学出版社,2009.

[10] 王岩. 精通 ASP.NET 3.5 企业级开发. 北京:人民邮电出版社,2008.